Beiträge zur Wirtschaftsinformatik

Band 1: Lore Alkier
**Zukunftsweisende Konzepte
für die EDV-Ausbildung**
1992, VIII / 207 Seiten, Brosch. DM 75,-
ISBN 3-7908-0568-8

Band 2: Ulrich Ludwig Küsters
**Entwicklung von regelbasierten
Expertensystemen in APL2**
1992, VIII/238 Seiten, Brosch. DM 79,-
ISBN 3-7908-0589-0

Band 3: Rolf J. N. Hildebrand
**Betriebswirtschaftliche Schwachstellen-
diagnosen im Fertigungsbereich mit
wissensbasierten Systemen**
1992, X/163 Seiten, Brosch. DM 65,-
ISBN 3-7908-0594-7

Band 4: Gerhard Walpoth
**Computergestützte
Informationsbedarfsanalyse**
1993, X/233 Seiten, Brosch. DM 75,-
ISBN 3-7908-0648-X

Band 5: Gerhard A. Kainz
**Computergestütze
Distribuierung von Informations-
und Kommunikationssystemen**
1993, XII/241 Seiten, Brosch. DM 85,-
ISBN 3-7908-0664-1

Band 6: Dieter Steinmann
**Einsatzmöglichkeiten von
Expertensystemen in integrierten
Systemen der Produktionsplanung
und -steuerung (PPS)**
1993, XI/217 Seiten, Brosch. DM 78,-
ISBN 3-7908-0665-X

Band 7: Johannes Walther
**Rechnergestützte Qualitätssicherung
und CIM**
1993, X/281 Seiten, Brosch. DM 90,-
ISBN 3-7908-0684-6

Band 8:
Otto Petrovic
**Workgroup Computing –
Computergestützte Teamarbeit**
1993, XVI/272 Seiten, Brosch. DM 90,-
ISBN 3-7908-0705-2

Band 9: Gustaf Neumann
**Datenmodellierung mit
deduktiven Techniken**
1994, VII/223 Seiten, Brosch. DM 75,-
ISBN 3-7908-0717-6

Hubert Schüle

DV-Unterstützung beim Planen und Einführen von CIM-Lösungen

Mit 90 Abbildungen

Physica-Verlag

Ein Unternehmen des
Springer-Verlags

Reihenherausgeber
Werner A. Müller
Peter Schuster

Autor
Dr. Hubert Schüle
Georg-August-Universität Göttingen
Institut für Wirtschaftsinformatik
Platz der Göttinger Sieben 5
D-37073 Göttingen

Gedruckt mit Hilfe von Forschungsmitteln des Landes Niedersachsen

ISBN 978-3-7908-0741-7   ISBN 978-3-642-51519-4 (eBook)
DOI 10.1007/978-3-642-51519-4

Die Deutsche Bibliothek – CIP-Einheitsaufnahme
Schüle, Hubert:
DV-Unterstützung beim Planen und Einführen von CIM-
Lösungen / Hubert Schüle. – Heidelberg : Physica-Verl., 1994
(Beiträge zur Wirtschaftsinformatik; Bd. 10)
ISBN 978-3-7908-0741-7
NE: GT

Inhaltsverzeichnis

1 Einleitung

1.1 Problemstellung

Computer Integrated Manufacturing (CIM) bezeichnet die organisatorische und DV-technische Verknüpfung von betriebswirtschaftlichen und technischen Abläufen in Fertigungsbetrieben [vgl. u.a. Scheer 90, S. 2]. Zu den betriebswirtschaftlichen Abläufen gehören im wesentlichen das Abwickeln von Kundenaufträgen, das Planen des Produktionsprogramms, die Steuerung der Produktion, das Beschaffen von Rohstoffen und Bezugsteilen, die Verwaltung von Rohstoff-, Zwischenteil- und Endproduktlager sowie das Planen und Steuern von Instandhaltungsaufgaben. Abläufe mit primär technischen Inhalten sind vor allem das Entwickeln und Konstruieren von Erzeugnissen, die Arbeitsvorbereitung, die Fertigung und Montage, einschließlich der damit verbundenen Lager- und Transportaufgaben, sowie die Qualitätssicherung. Diese Vorgänge werden verschiedentlich auch als Geschäftsprozesse oder Vorgangsketten bezeichnet [vgl. u.a. Steffen 91, S. 359].

Die Unternehmen investieren in CIM-Lösungen, um durch qualitative und quantitative Wirkungen, z.B. Verbessern der Produktqualität, Verkürzen der Durchlaufzeiten oder Senken der Lagerbestände, die Rationalisierungspotentiale zu erschließen und ihre Wettbewerbsposition zu behaupten oder zu verbessern. Eine erfolgreiche CIM-Realisierung setzt das Erarbeiten eines auf den Betrieb zugeschnittenen, langfristig ausgerichteten CIM-Konzepts voraus, an dem man sich beim Einführen der CIM-Lösung orientieren kann. Die CIM-Bausteine (im weiteren auch als CIM-Applikationen, -Anwendungen oder -Komponenten bezeichnet) lassen sich unter Beachtung der konzeptionell vorgegebenen Rahmenbedingungen schrittweise implementieren. Dabei kann es durchaus legitim sein, einzelne Komponenten zunächst als Insellösung zu installieren oder weiterzuentwickeln, bevor sie mit anderen CIM-Komponenten integriert werden. Gegebenenfalls kann es im Zeitablauf auch notwendig werden, das CIM-Konzept zu überarbeiten. Dieses ist beispielsweise dann der Fall, wenn aus verschärften Wettbewerbsbedingungen oder technologischen Innovationen neue Anforderungen an eine CIM-Lösung resultieren.

Insbesondere in mittelständischen Fertigungsunternehmen stellt sich für viele Entscheidungsträger die Frage, wie mit vertretbarem Aufwand eine für den Betrieb geeignete, langfristig orientierte CIM-Lösung konzipiert und über mehrere Jahre hinweg realisiert werden kann [vgl. Schulz 90, S. 3]. Häufig verfügen diese Firmen nicht über qualifiziertes Personal oder ausreichende finanzielle Ressourcen, um entsprechende Beratungsleistungen in Anspruch nehmen zu können [vgl. u.a. Eversheim 87, S. 38]. Daraus resultiert die Gefahr, daß die Potentiale von CIM für Wirtschaftlichkeitsverbesserungen in der Produktentwicklung und Fertigung oder für eine stärkere Marktposition nur teilweise erschlossen werden. Dieses kann Wettbewerbsnachteile gegenüber solchen Firmen zur Folge haben, die anspruchsvolle Lösungen realisieren. Für mittelgroße Unternehmen, die eine wesentliche Zielgruppe der CIM-Technologie sind, ist dieses besonders bedeutsam, da sie ein hohes Flexibilitätsniveau bezüglich Produkt- und Prozeßinnovationen sowie speziellen Kundenwünschen sicherstellen müssen [vgl. u.a. Kurz 91, S. 18; Crump 92, S. 8; Scheer 89, S. 3].

1.2 Inhalt und Zielsetzung der Arbeit

Die vorliegende Arbeit beschreibt in ihren zentralen Abschnitten das Konzept, die prototypische Realisierung sowie die Anwendungsbereiche von Werkzeugen zur DV-gestützten CIM-Planung. Diese Werkzeuge (Tools) sind inhaltlich und methodisch aufeinander abgestimmt und können gewissermaßen wie ein "Werkzeugkasten" für die Planung von CIM-Systemen genutzt werden. Ziel dieses "CIM-Planungstools" ist es, speziell in mittelständischen Unternehmen die komplexen Aufgaben der CIM-Planung umfassend zu unterstützen und auf einer einheitlichen Informationsbasis mit festgelegten Vorgehensweisen abzuwickeln. Dadurch soll das Einführen sowie Weiterentwickeln von durchdachten CIM-Lösungen beschleunigt werden.

Das CIM-Planungstool unterstützt vor allem logisch-konzeptionelle Aufgabestellungen der CIM-Planung. Dazu gehören beispielsweise Fragen hinsichtlich der funktionellen Ausstattung der CIM-Bereiche mit einzelnen CIM-Bausteinen, deren Daten- bzw. Informationsbedarfen, den organisatorischen Auswirkungen oder den personellen Effekten der CIM-Technologie. Dagegen werden primär fertigungstechnische Aspekte, z.B. die Auswahl von Bearbeitungstechnologien und Fertigungssystemen, oder informationstechnische Gesichtspunkte, etwa die für eine CIM-Lösung notwendige Hardware-Architektur, nur insoweit behandelt, wie die denkbaren technischen Alternativen zu signifikanten Unterschieden im CIM-Konzept führen.

1.3 Aufbau der Arbeit

Das zweite Kapitel zeigt die logisch-konzeptionellen Planungsaufgaben beim Entwickeln einer betriebsspezifischen CIM-Lösung. Kapitel 3 gibt einen Überblick zu existierenden CIM-Planungsansätzen, insbesondere solchen auf der Basis von Referenzmodellen. Anhand ausgewählter Beispiele werden der Entwicklungsstand und die Leistungsfähigkeit DV-gestützter Werkzeuge in diesem Bereich analysiert. Die dabei gewonnenen Erkenntnisse sind Grundlage für das in Kapitel 4 vorgestellte Konzept des CIM-Planungstools. Darauf aufbauend beschreiben die Kapitel 5, 6 und 7 detailliert die einzelnen Module eines Prototypen. Kapitel 5 zeigt den Aufbau und die Vorgehensweise eines wissensbasierten Systems zum Generieren eines betriebsspezifischen CIM-Systemrahmens, zum Erfassen der CIM-Ist-Situation im Unternehmen und zum Durchführen eines Soll/Ist-Vergleichs. Kapitel 6 stellt betriebstypenspezifische CIM-Soll-Konzepte auf der Grundlage von Referenzmodellen dar, die mit einem CASE-Tool implementiert wurden. Kapitel 7 behandelt ein hypertextbasiertes Werkzeug zur CIM-Einführungsberatung. In Kapitel 8 schließt sich das mögliche Anwendungsspektrum des CIM-Planungstools an. Dabei werden sowohl die Vorteile als auch Schwachstellen und Hemmnisse diskutiert, die beim Anwenden der DV-gestützten Vorgehensweise auftreten können. Kapitel 9 resümiert die vorangegangenen Ausführungen und nimmt einen Ausblick auf weitergehende Entwicklungen vor.

1.4 Literatur zu Kapitel 1

Crump 92   Crump, P., Introducing Computer Integrated Manufacturing for the Smaller Business, Oxford 1992.

Eversheim 87   Eversheim, W., Brachtendorf, T. und Dahl, B., Maßnahmen zur Realisierung von CIM in kleinen und mittleren Unternehmen, VDI-Z 129 (1987) 5, S. 38 - 42.

Kurz 91   Kurz, E., CIM - zwischen Theorie und Praxis, in: Nedeß, Ch. (Hrsg.), CIM-Anwendungen: Erfahrungen und Perspektiven, ONLINE 91, 14. Europäische Kongressmesse für Technische Kommunikation, Hamburg 1991, VII/02.

Scheer 89   Scheer, A.W., Der Mittelstand - Der ideale CIM-Anwender, in: Scheer, A.W. (Hrsg.), CIM im Mittelstand, Berlin u.a. 1989, S. 1 - 15.

Scheer 90   Scheer, A.W., CIM - Computer Integrated Manufacturing, Berlin u.a. 1990.

Schulz 90   Schulz, H., CIM-Planung und Einführung, Berlin u.a. 1990.

Steffen 91   Steffen, R., Verbindung computergestützter Erzeugniskonstruktionen (CAD) mit der Kosten- und Erlösrechnung in CIM-Konzeptionen, zfbf 43 (1991) 4, S. 359 - 375.

2 Aufgaben der CIM-Planung

2.1 Überblick

Die folgenden Ausführungen zeigen die unterschiedlichen logisch-konzeptionellen Aufgaben bzw. Fragestellungen, die beim Entwickeln und Einführen eines betriebsspezifischen CIM-Konzepts auftreten und durch das CIM-Planungstool unterstützt werden sollen. Versucht man diese unterschiedlichen Aufgabenbereiche zu systematisieren, lassen sich im wesentlichen folgende Schwerpunkte feststellen [vgl. u.a. Niess 91, S. 70; Grabowski 89, S. 94]:

1) Fragen, die sich mit der Gestaltung bzw. der Ausstattung des betriebsspezifischen CIM-Systems befassen. Dabei ist zwischen dem Soll-Konzept, d.h. der für das Unternehmen am besten geeigneten Ausstattung, und dem Ist-Zustand, d.h. der zum gegenwärtigen Zeitpunkt tatsächlich vorhandenen Ausstattung, zu unterscheiden.

2) Fragen, welche die strategischen Wirkungen der CIM-Technologien für das betrachtete Unternehmen behandeln. Dabei ist z.B. zu untersuchen, wie CIM-Bausteine auf das Erreichen der Unternehmensziele einwirken können.

3) Fragen, die auf das Einführen von CIM-Lösungen in Unternehmen eingehen.

Darüber hinaus ist zu berücksichtigen, daß zwischen diesen Aufgabenbereichen zahlreiche Wechselwirkungen bestehen, z.B. zwischen den strategischen Unternehmenszielen und der funktionellen Ausstattung des CIM-Systems. Derartige Interdependenzen müssen ebenfalls in das betriebsspezifische CIM-Konzept mit einfließen. Bild 2.1/1 zeigt im Überblick beispielhafte CIM-Planungsaufgaben und typische Wechselwirkungen zwischen den einzelnen Aufgabenbereichen.

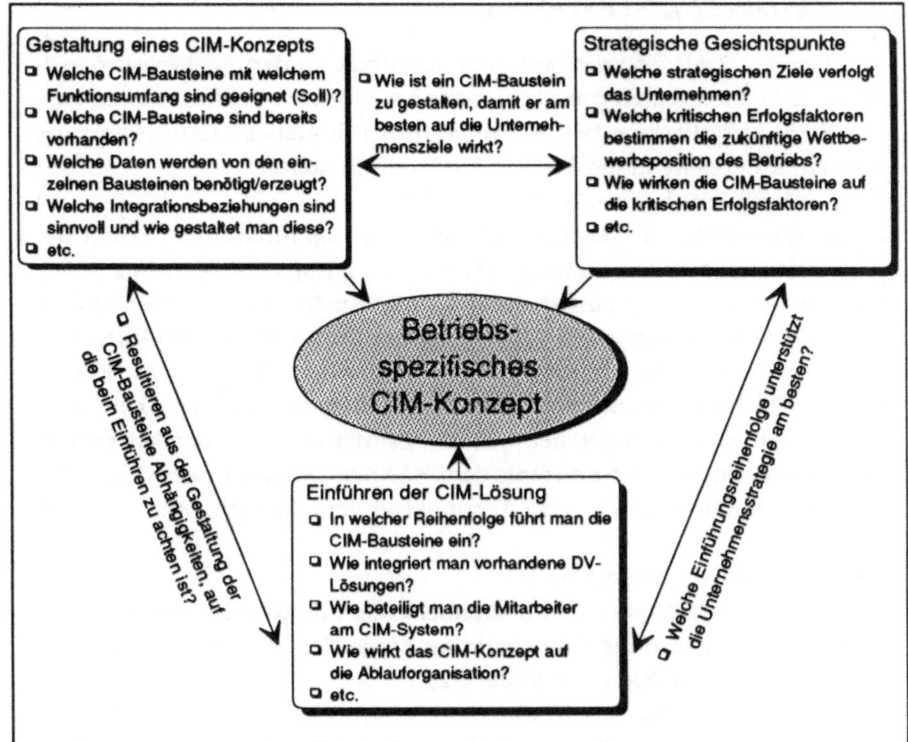

Bild 2.1/1:   Übersicht der CIM-Planungsaufgaben

2.2 Gestaltung eines CIM-Konzepts

Überlegungen zur Gestaltung eines betriebsspezifischen CIM-Konzepts erfolgen weitgehend unabhängig von der einzusetzenden Hard- und Software. Sie sollen im wesentlichen Aufschluß darüber geben, welche CIM-Bausteine für das betrachtete Unternehmen überhaupt relevant sind und mit welchem Funktionsumfang die verschiedenen Komponenten im Betrieb einzusetzen sind. Neben der primär funktionellen Betrachtung ist festzulegen, welche Daten in den einzelnen Teilbereichen verarbeitet und/oder für andere Bereiche bereitgestellt werden. Ziel ist es, die CIM-Applikationen auf einer gemeinsamen und einheitlichen Datenbasis aufzusetzen. Ein weiterer Aspekt betrifft die anzustrebende Verknüpfung der verschiedenen Bausteine. Dabei ist zu spezifizieren, welche Integrationsbeziehungen zwischen den CIM-Komponenten erforderlich sind, um die Einzelfunktionen der Geschäftsprozesse, z.B. die Kundenauftragsabwicklung von der Auftragserfassung über die Konstruktion bis zum Versand, möglichst durchgängig abzuwickeln und umfassend zu unterstützen.

2.2.1 Gestaltung der Funktionen

In funktioneller Hinsicht orientiert sich die Arbeit an den nachfolgend aufgelisteten CIM-Bausteinen mit den jeweils angeführten Teilfunktionen [vgl.
u.a. AWF 85] (detailliertere Betrachtungen zur funktionellen Ausgestaltung
der einzelnen Bereiche finden sich in späteren Kapiteln):

- Produktionsplanung und -steuerung (PPS)

  Diese setzt sich im wesentlichen aus den Teilfunktionen Primärbe-
  darfsplanung, Mengenplanung, Termin- und Kapazitätsplanung sowie
  Produktionssteuerung zusammen [vgl. u.a. Kurbel 93]. Darüber hinaus
  wird die Ausstattung eines PPS-Systems durch das zugrundeliegende
  Planungs- und Steuerungsverfahren determiniert. Neben dem "klassischen" PPS-Konzept mit zweistufiger Terminierung kann man beispielsweise nach dem Konzept der belastungsorientierten Auftragsfreigabe,
  dem Fortschrittszahlen-Konzept, dem KANBAN-Konzept oder dem OPT-
  Prinzip (Optimized Production Technology) vorgehen [vgl. u.a. Dangel-
  maier 92].

- Computer Aided Design (CAD)

  Dem CAD-Bereich sind hauptsächlich die Funktionen Entwicklung,
  Technische Berechnung, Konstruktion sowie Zeichnungserstellung zuzuordnen [vgl. u.a. Klein 91; Maier 91].

- Computer Aided Planning (CAP)

  Hierunter fallen vor allem die DV-gestützte Bearbeitung von Stücklisten, das automatisierte Erstellen von Arbeitsplänen sowie die RC-
  und NC-Programmierung (Robot/Numeric Control).

- Computer Aided Manufacturing (CAM)

  Im CAM-Begriff wird der Einsatz von automatisierten Lager- und
  Transportsystemen (LTS), NC- und CNC-Maschinen (Computerized Nu-
  meric Control), Flexiblen Fertigungssystemen (FFS) sowie Robotern in
  Fertigung und Montage subsummiert.

- Computer Aided Quality Assurance (CAQ)

  Hierunter fallen Aufgaben zur Qualitätsplanung und -durchführung,
  vor allem das DV-unterstützte Planen, Durchführen und Auswerten
  von Qualitätsprüfungen [vgl. u.a. Bläsing 90, Specht 91].

- Leitstand

  Einem Leitstand kommen funktionell ähnliche Aufgaben zu, wie sie
  auch von einem PPS-System wahrgenommen werden. Der wesentliche
  Unterschied besteht in der räumlichen und organisatorischen Nähe zur
  Fertigung und einem wesentlich kürzeren Planungshorizont [vgl. u.a.
  Nietsch 91; Neff 91; Hoff 91, S. 260].

- Betriebsdatenerfassung (BDE)

  Mit der BDE werden zeitpunkt-, zeitraum-, mengen-, produkt-, auf-
  trags- und personenbezogene Informationen in der Fertigung erfaßt

und an entsprechende, diese Daten weiterverarbeitende Systeme wie PPS, Leitstand oder CAQ übertragen [vgl. u.a. Baeuerle 91; Roschmann 90].

Neben diesen Bausteinen des "engeren" CIM-Bereichs werden noch die Komponenten Materialwirtschaft (Disposition, Lagerverwaltung, Einkaufsabwicklung), Vertrieb (Anfrage-, Angebots- und Auftragsbearbeitung), Kalkulation (auftrags- und/oder produktbezogene Vorkalkulation) sowie Instandhaltung (Planen, Durchführen und Kontrolle von Instandhaltungsmaßnahmen) in ein CIM-Konzept mit einbezogen.

2.2.2 Gestaltung der Daten

Jeder der Bausteine verarbeitet Daten, die - zumindest teilweise - von anderen CIM-Komponenten für deren Funktionserfüllung ebenfalls genutzt werden. Beispielsweise läßt sich die in einem Konstruktionssystem erstellte Produktspezifikation von einem System zur Arbeitsplanung, von einem Materialwirtschaftsprogramm oder auch von einem Kalkulationsmodul weiterverwenden [vgl. Scheer 90a, S. 6]. Voraussetzung einer derartig funktionsübergreifenden Nutzung von Daten ist ein applikationsunabhängiger Entwurf der logischen Datenstrukturen für den CIM-Bereich des Unternehmens. Für die Gestaltung dieser Datenstrukturen ist zu analysieren, welche Datenobjekte für die einzelnen Aufgaben bzw. in den verschiedenen Bereichen verarbeitet werden, welche Beziehungen zwischen den Datenobjekten bestehen und durch welche Attribute man die Eigenschaften der Datenobjekte charakterisieren kann.

Grundlage hierfür ist ein Beschreibungsschema, das es gestattet, die Datenstrukturen sowohl technischer Informationssysteme als auch betriebswirtschaftlicher Anwendungen abzubilden. Als "Quasi"-Standard für diesen Zweck hat sich mittlerweile die Entity Relationship-Methode (ERM) etabliert, die auf Chen [Chen 76; Chen 91, S. 15 ff.] zurückgeht und von verschiedenen Autoren weiterentwickelt wurde [vgl. u.a. Sinz 89; Scheer 90b]. (Allerdings verursacht der praktische Einsatz von entsprechenden Datenbanksystemen, die in gleichem Maße betriebswirtschaftliche wie technische Anforderungen erfüllen sollen, zum gegenwärtigen Zeitpunkt noch Probleme [vgl. Loos 91; Abramovici 92]. Zur pragmatischen Realisierung des Datenaustauschs werden Schnittstellen-Systeme diskutiert [vgl. u.a. Becker 92; Herterich 92].)

2.2.3 Gestaltung der Integrationsbausteine

Unabhängig davon, wie letztendlich der physische Informationsaustausch erfolgt, sind zur Kopplung der CIM-Komponenten die notwendigen Schnittstellen logisch zu definieren [vgl. Obermayr 88, S. 68]. Dabei legt man, z.B. in Form von Datenflüssen, die Informationsinhalte fest, die jeweils zwischen den Bausteinen übertragen werden. Grundsätzlich können diese CIM-Integrationsbausteine zwischen allen einzusetzenden CIM-(Einzel-) Bausteinen auftreten [vgl. Becker 91, S. 23 ff.]. Nachfolgend sind einige typische und häufig vorkommende Verbindungen aufgelistet und kurz charakterisiert. Ausführlichere Beispiele findet man in den Kapiteln 5 und 6.

- CIM-Integrationsbaustein CAD/CAM

  Die CAD/CAM-Kopplung umfaßt im wesentlichen die automatisierte Übernahme der im Konstruktionsprozeß festgelegten fertigungstechnisch relevanten Produkteigenschaften in die Arbeitsplanung und NC-Programmierung sowie die elektronische Weitergabe und Verwendung der Arbeitspläne und NC-Programme im Produktionsbereich zum Ausführen der spezifizierten Fertigungsschritte [vgl. u.a. Scholz 88, S.116 ff.].

- CIM-Integrationsbaustein CAD/CAP/PPS

  Die Kopplung hat u.a. den Zweck, aus den Zeichnungsdaten des Konstruktionssystems, soweit wie möglich ohne personellen Eingriff, Stücklisten für die Produktionsplanung zu generieren. Gleiches gilt für das Nutzen der Arbeitspläne, z.B. zur Terminierung des Produktionsprogramms [vgl. u.a. Hellwig 89].

- CIM-Integrationsbaustein CAD/Vertrieb

  Speziell bei komplexen, erklärungsbedürftigen Produkten läßt sich diese Kopplung z.B. für eine schnellere und bessere Angebotserstellung nutzen. Somit können beispielsweise Angebotsunterlagen um CAD-Zeichnungen ergänzt oder im Rahmen von Beratungsgesprächen Konstruktionsalternativen rasch erzeugt werden [vgl. u.a. Steppan 90].

- CIM-Integrationsbaustein CAM/PPS (über BDE)

  Dabei geht es im wesentlichen darum, die in der Fertigung anfallenden Auftrags-, Mengen- und Termininformationen zeitnah zu erfassen und der PPS rückzumelden. Dort werden sie z.B. zur Auftragsfortschrittskontrolle oder zum Durchführen von Soll/Ist-Vergleichen verwendet.

- CIM-Integrationsbaustein PPS/CAQ

  Die Integration der Qualitätssicherung in den Fertigungsablauf erfordert u.a. die Einplanung der notwendigen Ressourcen, wie Betriebsmittel und Personal, im Rahmen der Kapazitätsterminierung [vgl. Becker 91, S. 85] oder das Bereitstellen von Informationen, wie z.B. technische

Lieferbedingungen für die Wareneingangsprüfung [vgl. Schreuder 88, S. 334].

2.3 Strategische Gesichtspunkte

Nach Porter [vgl. u.a. Porter 86, S. 32 ff.] lassen sich grundsätzlich drei strategische Zielrichtungen unterscheiden, die ein Unternehmen einschlagen kann, um Wettbewerbsvorteile zu erzielen. Bei der Strategie der Kostenführerschaft sind sämtliche Kostensenkungspotentiale auszuschöpfen, um z.B. bei einer Preiskalkulation auf Basis der Herstellkosten einen Vorsprung gegenüber Konkurrenten aufzubauen. Bei einer Differenzierungsstrategie werden die eigenen Leistungen angereichert, um sie von Konkurrenzprodukten abzugrenzen oder abzuheben. Im Rahmen der Konzentrationsstrategie beschränkt sich das Unternehmen auf ein bestimmtes Segment und wendet dort eine Kostenführerschafts- und/oder Differenzierungsstrategie an.

Ein Zusammenhang zwischen einem CIM-Konzept und der Unternehmensstrategie läßt sich über die kritischen Erfolgsfaktoren (KEF) herstellen [vgl. u.a. Bullers 92, S. 852; Weitzendorf 92]. Unter KEF versteht man Schlüsselmerkmale, die den Erfolg eines Unternehmens wesentlich bestimmen [vgl. Boynton 84]. Je nachdem, welche Strategie das Unternehmen verfolgt, weisen die KEF eine unterschiedliche Bedeutung für den Betrieb auf [vgl. Wildemann 88]. Möchte sich eine Firma beispielsweise durch besonders zuverlässige und hochwertige Produkte von Wettbewerbern differenzieren, stellen die Endproduktqualität, die Qualität von Rohstoffen und Fremdbezugsteilen sowie die Güte der Herstellprozesse die wichtigsten KEF dar. Dagegen ist der KEF Herstellkosten von nachrangiger Bedeutung. Eine gegenläufige Tendenz zeigt sich bei preis-/kostenorientierten Betrieben. Dort haben die Herstellkosten das höchste Gewicht.

Die verschiedenen CIM-Bausteine beeinflussen den Erfüllungsgrad der KEF in unterschiedlichem Maße [vgl. u.a. Wildemann 90, S. 74]. Beispielsweise ist davon auszugehen, daß sich durch das Einführen der Komponente CAQ die KEF Produkt- und Prozeßqualität verbessern, dagegen werden sich die Herstellkosten u.U. erhöhen (hier wären Kosten für Systeminstallation und -betrieb den reduzierbaren Ausschuß-, Nachbearbeitungs- und Fehlerfolgekosten gegenüberzustellen). Durch CAM-Systeme, etwa zur Fertigungsautomatisierung, lassen sich Kostenvorteile hinsichtlich der Herstellkosten erzielen [vgl. u.a. Schumann 92]. Darüber hinaus ergeben sich Flexibilitätsvorteile.

Somit lassen sich anhand der Unternehmensstrategie und den erfolgsrele-
vanten KEF die erforderlichen CIM-Bausteine präferieren [vgl. Börsch 89;
Grant 91, S. 46]. Bild 2.3/1 enthält eine Auswahl möglicher kritischer Erfolgsfaktoren und entsprechende CIM-Bausteine, die diese Faktoren positiv
beeinflussen.

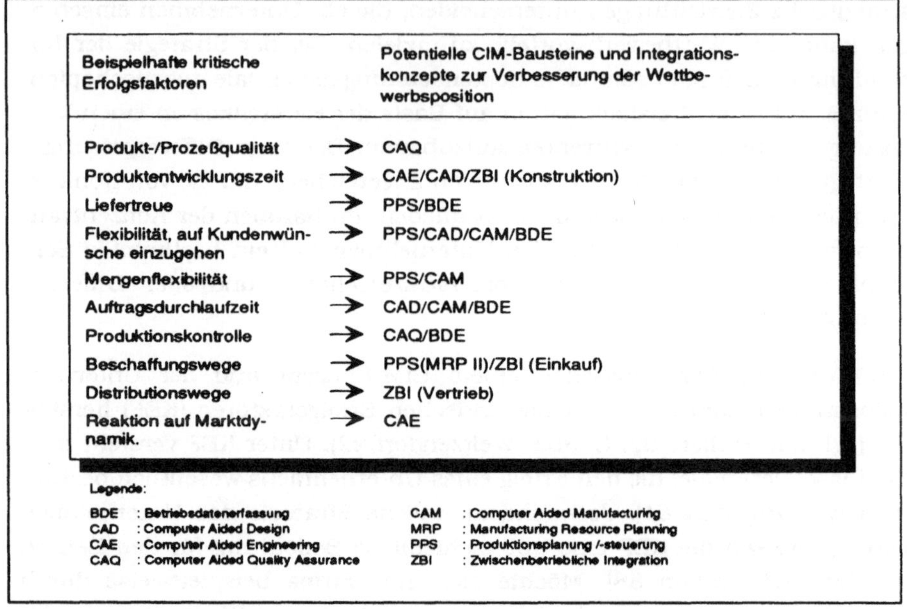

Bild 2.3/1:   KEF und entsprechende CIM-Bausteine

Zu beachten ist, daß die Wichtigkeit der relevanten KEF im Zeitablauf einem gewissen Wandel unterliegen kann. In einer Marktsituation beispielsweise, in der ein Nachfrageüberhang nach einem bestimmten Produkt besteht (Verkäufermarkt), ist es das Ziel des Unternehmens, möglichst viele
Produkteinheiten herzustellen und abzusetzen. Dadurch kommt den KEF
kurze Herstell- und Auftragsdurchlaufzeiten eine sehr hohe Bedeutung zu.
Entwickelt sich jedoch die Marktlage zu einem Käufermarkt, sind andere
KEF, wie z.B. Termin-, Liefertreue oder Herstellkosten, stärker zu gewich-
ten. Deshalb ist es notwendig, die betrieblichen KEF periodisch, beispielsweise einmal jährlich, zu überprüfen.

2.4 Einführen der CIM-Lösung

Die Ausgangssituation eines Unternehmens vor einer CIM-Einführung ist
oftmals durch die nachfolgend aufgeführten Charakteristika gekennzeich-

net. Aus diesen resultieren weitere Anforderungen und Aufgaben beim Gestalten des CIM-Konzepts sowie dessen Umsetzung im Unternehmen:

1) Das zum Realisieren des CIM-Gesamtkonzepts erforderliche Investitionsvolumen übersteigt die zur Verfügung stehenden Geldmittel bei weitem.
   Die CIM-Bausteine können somit nicht in einem Schritt, sondern müssen sukzessive eingeführt werden. Letzteres kann u.U. auch angestrebt werden, wenn z.B. zu befürchten ist, daß eine Komplettimplementierung zu unvertretbar hohen Anlaufschwierigkeiten führt [vgl. u.a. Scheer 90a, S. 59]. Ein schrittweises Vorgehen macht das Festlegen einer Implementierungsreihenfolge für die CIM-Einzel- und -Integrationsbausteine notwendig.

2) CIM-Teillösungen, z.B. einzelne Module eines PPS-Systems oder eine CAD-Anwendung, sind bereits realisiert.
   In solchen Fällen ist zu überprüfen, ob und auf welche Weise diese sich mit den hinzukommenden CIM-Applikationen zu einer Gesamtlösung verknüpfen lassen. Man muß z.B. feststellen, welche Aufgaben bereits DV-technisch unterstützt und welche Daten in den Systemen verwendet werden und somit bereits in einer für die elektronische Verarbeitung geeigneten Form vorliegen. Darüber hinaus sind Verbindungen zu vorhandenen "klassischen" DV-Lösungen wie Kostenrechnungs- oder Personalwirtschaftssystemen herzustellen [vgl. Schüle 89].

3) Die Aufbau- und Ablauforganisation ist in vielen Betrieben durch starke Arbeitsteilung (Taylorismus) gekennzeichnet [vgl. u.a. Westkämper 91, S. 7; Heiermann 90, S. 36 ff.]. Diesem steht der bereichs-/unternehmensweit integrierende CIM-Ansatz gegenüber.
   Um möglichst viele Nutzenpotentiale der CIM-Technologie ausschöpfen zu können, werden deshalb organisatorische Anpassungen notwendig. Dieses betrifft hauptsächlich den Ablauf der Geschäftsprozesse [vgl. Scheel 90, S. 32], indem man beispielsweise bislang getrennte Vorgänge an einem Arbeitsplatz zusammenführt. Aufbauorganisatorische Konsequenzen, z.B. ein Zusammenfassen von Produktentwicklung und Arbeitsvorbereitung zu einer Organisationseinheit [vgl. u.a. Schröder 91; Scheer 89], können ebenfalls zu effizienteren Abläufen führen. Derartige Veränderungen lassen sich meistens jedoch nur unter Partizipation der Mitarbeiter durchführen und bedürfen einer sorgfältigen Vorbereitung. Deshalb sind die organisatorischen Modifikationen frühzeitig abzuschätzen und Beteiligungskonzepte für die Betroffenen einzuleiten.

4) Geänderte Abläufe und moderne Technologien erfordern entsprechendes Know-how in der Anwendung, über das Unternehmen jedoch nicht immer in ausreichendem Maße verfügen.

Neben der Akzeptanz durch die Beteiligten trägt somit die Qualifikation der Mitarbeiter dazu bei, daß ein CIM-System erfolgreich implementiert und genutzt wird. Beim Gestalten eines CIM-Konzepts ist deshalb festzustellen, welche Qualifikationen notwendig sind und wie deren Verfügbarkeit zum Einführungszeitpunkt sichergestellt werden kann. Entsprechende Weiterbildungsmaßnahmen betreffen u.a. Schlüsselqualifikationen, z.B. die Fähigkeit, im Team kooperativ zu arbeiten [vgl. Kochan 85, S. 120], fachliche Kenntnisse, etwa die Bedienung von CAD- oder Fertigungssystemen, oder die Befähigung, zusammenhängende Sachverhalte zu verstehen ("integriertes Denken").

Es läßt sich festhalten, daß die logisch-konzeptionellen Aufgaben der CIM-Planung und -Einführung eine hohe Komplexität aufweisen. Diese Komplexität resultiert zum einen aus dem bereichsübergreifenden Ansatz von CIM, der sowohl technische als auch betriebswirtschaftliche Sachverhalte umfaßt. Zum anderen muß sich ein CIM-Planer bzw. -Planungsteam mit sehr unterschiedlichen Aufgabeninhalten auseinandersetzen. So sind beispielsweise die Wirkungen der CIM-Technologien auf die Unternehmensstrategie genauso zu berücksichtigen wie die personellen Effekte von CIM-Systemen. Im folgenden Kapitel wird ein Überblick über Hilfsmittel gegeben, mit denen diese Aufgaben methodisch und inhaltlich unterstützt werden können.

2.5 Literatur zu Kapitel 2

Abramovici 92	Abramovici, M., Einsatz der Datenverarbeitung im CIM-Umfeld, ZwF 87 (1992) 2, S. 71 - 74.
AWF 85	Ausschuß für wirtschaftliche Fertigung (Hrsg.), Integrierter Einsatz in der Produktion, CIM - Computer Integrated Manufacturing (Begriffe, Definitionen, Funktionszuordnungen), Eschborn 1985.
Baeuerle 91	Baeuerle, H.J., BDE als Teil eines CIM-Konzepts, CIM Management 7 (1991) 3, S. 43 - 49.
Becker 91	Becker , J., CIM-Integrationsmodell, Berlin u.a. 1991.
Becker 92	Becker, J. und Priemer, J., Die universelle CIM-Schnittstelle - mehr als ein Data Dictionary?, HMD Sonderdruck 1992.
Bläsing 90	Bläsing, J.P., CAQ. Qualitätssicherung unter CIM-Zielen, Braunschweig, Wiesbaden 1990.
Börsch 89	Börsch-Suppan, H., Modellansatz zur Priorisierung von CIM-Projekten, Information Management 4 (1989) 2, S. 54 - 61.
Boynton 84	Boynton, A., und Zmud, R., An Assessment of Critical Success Factors, Sloan Management Review 25 (1984) 2, S. 17 - 27.

Bullers 92	Bullers, W.I. und Reid, R.A., Organizational and Artificial Intelligence for Information Systems Development in Computer Integrated Manufacturing, 1992 Proceedings Decision Sciences Institute, 1992 Annual Meeting San Francisco, Volume 2, S. 852 - 854.
Chen 76	Chen, P., The Entity-Relationship Model: Towards a Unified View of Data, ACM Transactions on Database-Systems, 1 (1976) 1, S. 9 - 36.
Chen 91	Chen, P. und Knöll, H.D., Der Entity-Relationship-Ansatz zum logischen Systementwurf, Mannheim u.a. 1991.
Dangelmaier 92	Dangelmaier, W., Strategien der Fertigungssteuerung im Leistungsvergleich, ZwF 87 (1992) 2, S. 84 - 88.
Grabowski 89	Grabowski, H. und Watterott, R., Komponenten einer strategischen CIM-Planung, in: Wildemann, H. (Hrsg.), Gestaltung CIM-fähiger Unternehmen, München 1989, S. 85 - 121.
Grant 91	Grant, R.M., Krishnan, R., Shani, A.B. und Baer, R., Appropriate Manufacturing Technology: A Strategic Approach, Sloan Management Review 33 (1991) 3, S. 43 - 54.
Heiermann 90	Heiermann, K., CIM als unternehmerische Entscheidung in einem mittelständischen Betrieb, in: Scheer, A.W. (Hrsg.), CIM im Mittelstand, Berlin u.a. 1990, S. 19 - 64.
Hellwig 89	Hellwig, H.E. und Kunhenn, J., CAD/PPS-Verbindungen, VDI-Z 131 (1989) 6, S. 32 - 39.
Herterich 92	Herterich, R., Ein Lösungsansatz für das Datenmanagement in der Fertigung, in: Scheer, A.W. (Hrsg.), Fertigungssteuerung - Expertenwissen für die Praxis, Berlin u.a. 1991, S. 173 - 201.
Hoff 91	Hoff, H. und Hammer, H.J., Elektronische Leitstände, FB/IE 40 (1991) 6, S. 260 - 272.
Klein 91	Klein, W., CAD Berechnungsmethoden, in: Geitner, U.W. (Hrsg.), CIM Handbuch, 2. Aufl., Braunschweig 1991, S. 199 - 212.
Kochan 85	Kochan, A. und Kowan, D., Implementing CIM, Berlin u.a. 1985.
Kurbel 93	Kurbel, K., Produktionsplanung und -steuerung, München Wien 1993.
Loos 91	Loos, P., Probleme des Datenbankeinsatzes in der Fertigung, in: Scheer, A.W. (Hrsg.), Fertigungssteuerung - Expertenwissen für die Praxis, Berlin u.a. 1991, S. 153 - 172.
Maier 91	Maier, H., Zweidimensionales Zeichnen und Konstruieren, in: Geitner, U.W., CIM-Handbuch, 2. Aufl., Braunschweig 1991.
Neff 91	Neff, W., Fertigungsleitstände. Funktionen, Entwicklungstendenzen und Systeme, in: Westkämper, E. (Hrsg.), CIM: Strategien, Konzepte und Systeme zur Gestaltung der Produktion, ONLINE 91, 14. Europäische Kongressmesse für Technische Kommunikation, Hamburg 1991, VIII/14.
Niess 91	Niess, P.S., CIM kann Personalkosten nur unwesentlich senken, io Management Zeitschrift 60 (1991) 2, S. 69 - 72.
Nietsch 91	Nietsch, M., Nietsch, T., Rautenstrauch, C., Rinschede, M. und Siedenkopf, J., Anforderungen mittelständischer Industriebetriebe an einen elektronischen Leitstand, Arbeitsbericht Nr. 4 des Instituts für Wirtschaftsinformatik der Westfälischen Wilhelms-Universität Münster, Münster 1991.

Obermayr 88   Obermayr, N.R. und Lehner, F., Schnittstellen bei der Realisie-
                   rung integrierter Informationsverarbeitung, Information Manage-
                   ment 3 (1988) 4, S. 68 - 75.

Porter 86   Porter, M.E., Wettbewerbsstrategie, Frankfurt New York 1986.

Roschmann 90   Roschmann, K., Stand und Entwicklungstendenzen der Betriebs-
                   datenerfassung im CIM-Konzept, CIM Management 6 (1990) 3, S.
                   4 - 9.

Scheel 90   Scheel, J., Erfolgsfaktor Ablauforganisation, Köln 1990.

Scheer 89   Scheer, A.W., Keller, G. und Bartels, R., Organisatorische Konse-
                   quenzen des Einsatzes von Computer Aided Design (CAD) im
                   Rahmen von CIM, Veröffentlichungen des Instituts für Wirt-
                   schaftsinformatik an der Universität des Saarlandes, Nr. 61,
                   Saarbrücken 1989.

Scheer 90a   Scheer, A.W., CIM-Strategie als Teil der Unternehmensstrategie,
                   Berlin u.a. 1990.

Scheer 90b   Scheer, A.W., Wirtschaftsinformatik - Informationssysteme im
                   Industriebetrieb, Berlin u.a. 1990.

Scholz 88   Scholz, B., CIM-Schnittstellen, München Wien 1988.

Schreuder 88   Schreuder, S. und Upmann, R., CIM-Wirtschaftlichkeit, Köln
                   1988.

Schröder 91   Schröder, H., Modellierung von CIM-Vorgangsketten aus der
                   Sichtweise der Produktentwicklung und Produktion für ein Un-
                   ternehmen mit Auftragsfertigung, Diplomarbeit, Göttingen 1991.

Schüle 89   Schüle, H., Eine Systematik der Beziehungen zwischen her-
                   kömmlichen CIM-Konzepten und den Funktionsbereichen Ein-
                   kauf, Materialwirtschaft, Logistik, Rechnungswesen und Perso-
                   nalwirtschaft, Diplomarbeit, Nürnberg 1989.

Schumann 92   Schumann, M., Betriebliche Nutzeffekte und Strategiebeiträge
                   der großintegrierten Datenverarbeitung, Berlin u.a. 1992.

Sinz 89   Sinz, E.J., Konzeptionelle Datenmodellierung im Strukturierten
                   Entity-Relationship-Modell (SER-Modell), in: Müller-Ettrich, G.
                   (Hrsg.), Effektives Datendesign, Köln 1989, S. 76 - 108.

Specht 91   Specht, G. und Schmelzer, H.J., Qualitätsmanagement in der
                   Produktentwicklung, Stuttgart 1991.

Steppan 90   Steppan, G., Informationsverarbeitung im industriellen Außen-
                   dienst, Berlin u.a. 1990.

Weitzendorf 92   Weitzendorf, T. und Wigand, R.T., Informationstechnologie im
                   Einklang mit Erfolgsfaktoren - Eine Fallstudie in einem US-ame-
                   rikanischen Produktionsunternehmen, Information Management
                   7 (1992) 3, S. 46 - 50.

Westkämper 91   Westkämper, E., CIM: Generalplanung, Strategien und Konzepte,
                   in: Westkämper, E. (Hrsg.), CIM: Strategien, Konzepte und Sy-
                   steme zur Gestaltung der Produktion, ONLINE 91, 14. Europä-
                   ische Kongressmesse für Technische Kommunikation, Hamburg
                   1991, VIII/01.

Wildemann 88   Wildemann, H., Einführungsstrategien und Verbreitung von CIM,
                   in: Wildemann, H. (Hrsg.), Arbeitsunterlagen zur 5. Arbeitskreis-
                   sitzung "Einführung in neue Technologien in Produktion und Lo-
                   gistik", Universität Passau 1988, S. 15 - 101.

Wildemann 90   Wildemann, H., Einführungsstrategien für die computerinte-
                   grierte Produktion (CIM), München 1990.

3 Hilfsmittel zur CIM-Planung

3.1 Überblick

In den vergangenen Jahren erstellten Forschungsinstitute, Beratungsunternehmen, Hard- und Softwarehersteller sowie Großanwender eine Vielzahl von Übersichten, um die Kernidee von CIM zu verdeutlichen. Darüber hinaus wurden Planungsansätze und Vorgehensweisen entwickelt, um CIM-Konzepte systematisch zu entwerfen und zu beschreiben (oftmals werden hierfür auch die Begriffe Verfahren oder Vorgehensmodell verwendet). Sammlungen und Klassifikationen zu diesen Arbeiten geben u.a. Koch [Koch 91], Scholz [Scholz 88], Hellwig [Hellwig 86] oder Erkes [Erkes 88, S. 28 ff.]. Grundlage und wesentlicher Bestandteil der meisten Ansätze sind sogenannte Referenzmodelle.

Moderne Verfahren zur CIM-Planung sollen es ermöglichen, die Aufgaben bei der Entwicklung von unternehmensspezifischen CIM-Konzepten auch DV-unterstützt durchzuführen [vgl. Scholz-Reiter 90, S. 136 ff.]. Diese zum Teil erst angedachten oder als Prototypen realisierten Planungsansätze sind im wesentlichen dadurch gekennzeichnet, daß 1) die zugrundeliegenden Referenzmodelle nicht mehr "nur" in Papierform vorliegen, sondern mit einem Tool implementiert sind und 2) ein Anwender durch DV-technisch implementierte Vorgehensschritte methodisch geführt wird.

Um darzustellen, welchen Entwicklungsstand diese Hilfsmittel zur CIM-Planung aufweisen, werden in den folgenden Abschnitten ausgewählte Übersichtsmodelle, Referenzmodelle sowie DV-gestützte Vorgehensweisen behandelt. Bei den Referenzmodellen wird unterschieden, ob sie sich auf das gesamte Unternehmen oder speziell auf die CIM-Bereiche beziehen. Die Auswahl der präsentierten Beispiele orientiert sich daran, inwieweit die Arbeiten insbesondere die in Kapitel 2 aufgezeigten Fragestellungen der CIM-Planung berücksichtigen und somit Anregungen für die Entwicklung des CIM-Planungstools liefern.

Zum Schluß dieses Kapitels finden sich einige weitere Werkzeuge, die sich mit spezielleren Aspekten, z.B. dem Modellieren von technischen Abläufen, beschäftigen. Diese Werkzeuge ergänzen die logisch-konzeptionelle Sicht auf ein CIM-System, wie sie dieser Arbeit zugrundeliegt, und ermöglichen so einen umfassenderen Überblick zum Entwicklungsstand der Hilfsmittel zur CIM-Planung. Generelle Planungshilfsmittel, die keinen speziellen CIM-Bezug aufweisen, jedoch prinzipiell auch für die CIM-Planung eingesetzt werden können, z.B. Projekt-Management-Systeme, wurden nicht berücksichtigt.

Bild 3.1/1 skizziert die Klassifikation der Hilfsmittel, um den Entwicklungsstand der CIM-Planung darzustellen.

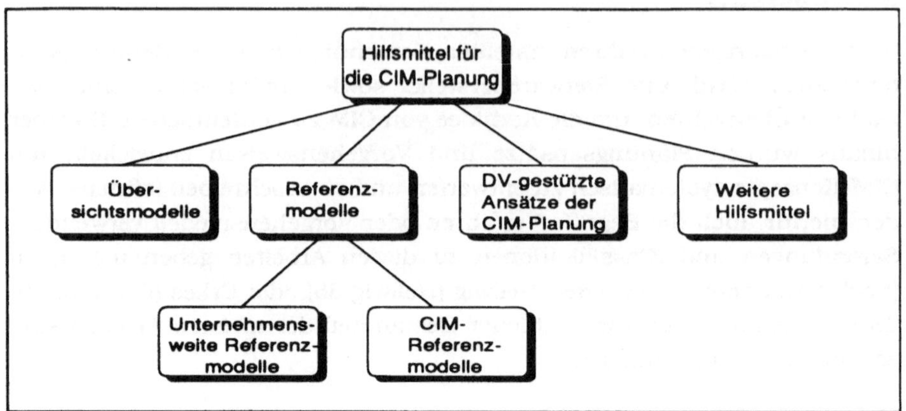

Bild 3.1/1:   Klassifikation der Hilfsmittel zur CIM-Planung

3.2 Übersichtsmodelle

Übersichtsmodelle zu CIM haben u.a. zum Ziel, einem "CIM-Neuling" die
grundlegende Idee von CIM sehr rasch zu vermitteln. Es werden drei besonders charakteristische Modelle vorgestellt, die sich u.a. durch ihre
leicht verständliche Struktur auszeichnen. Weitere Übersichtsmodelle findet man beispielsweise bei Dernbach [Dernbach 90] oder Vajna [Vajna 90].

Y-CIM-Modell

Ein sehr bekanntes und häufig zitiertes Übersichtsmodell ist das Y-CIM-
Modell nach Scheer [vgl. u.a. Scheer 90b, S. 2]. Scheer unterscheidet 21
Teilfunktionen, ordnet diese den CIM-Kürzeln (PPS und CAx) zu und
strukturiert die Teilfunktionen zum einen nach primär betriebswirtschaftlichen und primär technischen Funktionen sowie zum anderen nach Pla-
nungs- und Realisierungsaufgaben. Die Integration der Teilfunktionen erfolgt über eine gemeinsame Datenbasis, in der Stücklisteninformationen,
Arbeitspläne sowie Betriebsmitteldaten hinterlegt sind (vgl. Bild 3.2/1).

CIM-Modell des CAD/CAM-Labors Karlsruhe

Dieses Modell [vgl. CADCAM 87; Vajna 90, S. 25] ist informationsfluß-
orientiert und gliedert die CIM-Bausteine in eine kundenbezogene und in
eine produktbezogene Aufgabenfolge. Die Fertigung bildet die Schnittstelle
zwischen diesen stark vereinfachten Funktionsabläufen. Es werden insgesamt 10 Teilfunktionen unterschieden. Der Datenaustausch zwischen den

Einzelaufgaben erfolgt wie auch beim Y-Modell über eine gemeinsame Datenbasis (vgl. Bild 3.2/2).

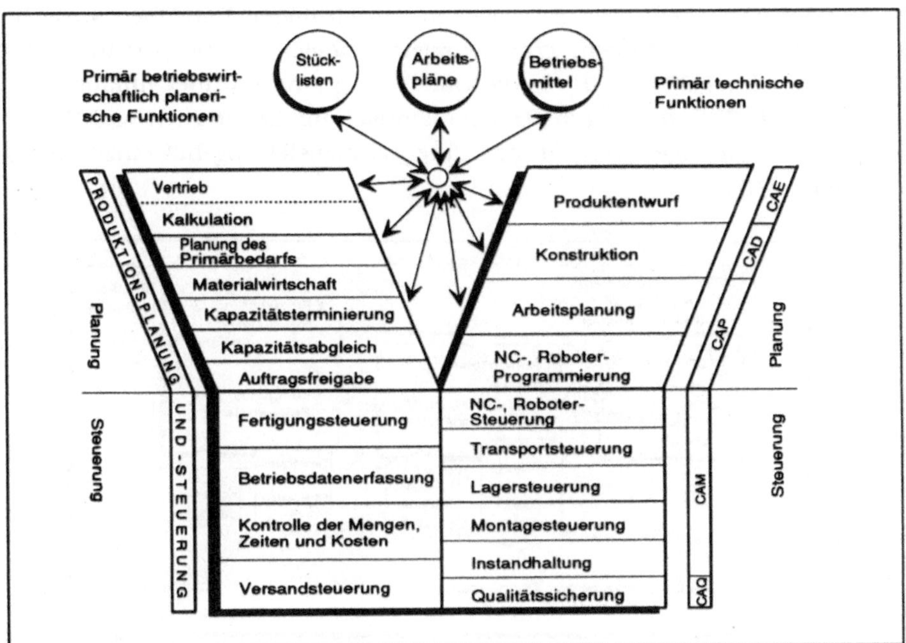

Bild 3.2/1:   Y-CIM-Modell

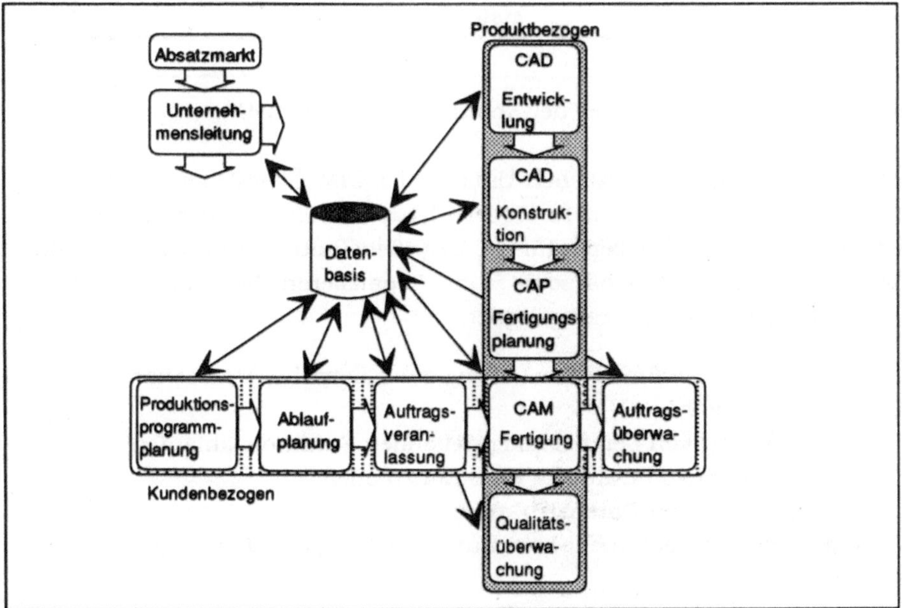

Bild 3.2/2:   CIM-Modell des CAD/CAM-Labors Karlsruhe

CIM-Modell der Kommission CIM im DIN

Ein Übersichtsmodell, das sowohl die CIM-Teilfunktionen als auch die logischen Schnittstellen, d.h. die zwischen den einzelnen Bereichen auszutauschenden Informationen, grob skizziert, entwickelte die Kommission CIM im DIN [DIN 87, S. 17]. In die Darstellung sind darüber hinaus der Material-/Teilefluß, der externe Datenaustausch mit Lieferanten und Kunden sowie langfristige Vorgaben der Unternehmensleitung mit einbezogen (vgl. Bild 3.2/3).

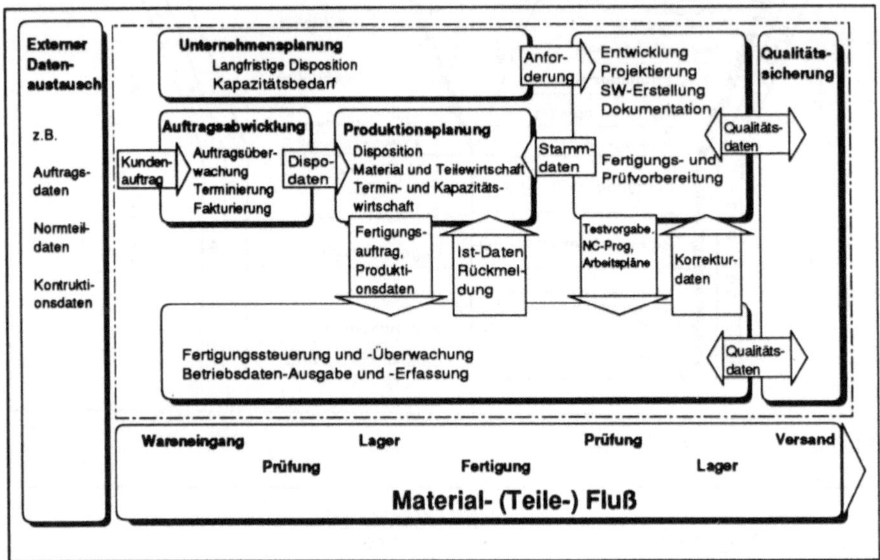

Bild 3.2/3:   CIM-Modell der Kommission CIM im DIN

Betrachtet man den inhaltlichen Umfang der CIM-Übersichtsmodelle, läßt sich festhalten, daß sich diese Modelle hauptsächlich zu Beginn der Entwicklung eines CIM-Konzepts für die Begriffsdefinition und das -verständnis nutzen lassen. Sie sind somit zum Visualisieren der CIM-Idee auf einem hohen Aggregationsgrad geeignet.

Konkretere Hinweise für die Gestaltung einer betriebsspezifischen CIM-Lösung, z.B. bezüglich
- der Gestaltung von bereichsübergreifenden Funktionsabläufen,
- der Zuordnung von Daten zu Funktionen oder
- der Gestaltung von Datenstrukturen,
gehen aus ihnen jedoch nicht bzw. nur andeutungsweise hervor.

3.3 Referenzmodelle

3.3.1 Charakterisierung von Referenzmodellen

Referenzmodelle beschreiben einen Sachverhalt anhand charakteristischer Eigenschaften sowie deren generell gültigen Ausprägungsformen. Sie werden eingesetzt, um unter Beachtung individueller Rahmenbedingungen fallspezifische Lösungen abzuleiten.

Referenzmodelle für CIM beinhalten allgemein verwendbare Strukturen der Daten und Funktionen in den betriebswirtschaftlichen und technischen Bereichen von Fertigungsunternehmen. Diese Modelle berücksichtigen außerdem die möglichen Integrationsbeziehungen [vgl. Schüle 92, S. 57].

3.3.1.1 Einsatzmöglichkeiten von Referenzmodellen

Referenzmodelle können beim Entwurf einer CIM-Lösung als Planungsgrundlage herangezogen werden. Die im Modell definierten, unternehmensneutralen Strukturen lassen sich übernehmen, um darauf aufbauend ein betriebsspezifisches CIM-Modell zu entwickeln.

Aus dem Einsatz von Referenzmodellen für die CIM-Planung verspricht man sich im wesentlichen die folgenden Vorteile.

- In den Modellen sind umfassendes Know-how und Entwicklungsarbeiten zur Gestaltung integrierter Funktionsabläufe sowie der zugrundeliegenden Datenstrukturen enthalten, die für das individuelle CIM-System zur Verfügung stehen. Dieses CIM-Wissen wäre in vielen Unternehmen mit eigenen Ressourcen nicht oder nur sehr aufwendig zu erarbeiten.

- Die in einem Referenzmodell abgebildeten CIM-Strukturen sind weitgehend frei von betriebsspezifischen Sachzwängen, wie z.B. einer gewachsenen Aufbauorganisation oder der verfügbaren Hardware, auf der CIM-Systeme installiert werden können. Ein Referenzmodell unterliegt damit keinerlei Einschränkungen und kann das gesamte Integrationspotential der CIM-Technologie besser darstellen.

- In den vordefinierten Modellen ist ein Fachkonzept oftmals schon implizit enthalten. Darauf aufbauend erleichtert und beschleunigt man die Einführung der CIM-Technologie in einem Unternehmen. Der Gesamtaufwand einer CIM-Einführung reduziert sich, und Nutzeffekte, die aus einer effizienteren Verarbeitung der Abläufe resultieren können, treten früher ein.

- Möchte man zunächst nur einzelne CIM-Komponenten implementieren, ermöglicht die Kenntnis über den Aufbau und die Struktur einer umfassenden CIM-Lösung eine systematische Vorgehensweise, um ein langfristiges CIM-Konzept zu entwickeln. Dabei können beispielsweise Restriktionen, die erst mit später einzuführenden Bausteinen auftreten würden, bereits frühzeitig erkannt und deren Einhaltung beachtet werden.

- In einen CIM-Planungsprozeß sind meist mehrere Personen aus verschiedenen Abteilungen mit unterschiedlichen Vorkenntnissen und Ansichten bezüglich CIM, z.B. Techniker und Kaufleute oder Systemanalytiker und Anwender, eingebunden. Das Zugrundelegen eines Referenzmodells kann dazu beitragen, daß bereits in einem frühen Planungsstadium unter den Beteiligten eine Diskussion verschiedener Meinungen, Interpretationen und Vorstellungen über das Gestalten eines CIM-Konzepts stattfindet. Dadurch werden der Aufwand zur Konsensfindung und das Risiko, daß Mißverständnisse zu unterschiedlichen Planungsergebnissen führen, vermindert.

Die Verwendung vorgefertigter Modelle zur CIM-Planung birgt allerdings auch verschiedene Nachteile und Gefahren in sich, z. B.:

- Unternehmensspezifische Besonderheiten können durch die Übernahme vordefinierter CIM-Strukturen nicht umfassend berücksichtigt werden. Damit läuft man Gefahr, bei einer Konzentration auf das Referenzmodell firmenindividuelle Sachverhalte nicht angemessen in die Planung einzubeziehen.
- Der Einsatz von CIM-Referenzmodellen kann zur Folge haben, daß betriebsspezifisches Know-how über Ursache-Wirkungs-Zusammenhänge bei Funktionsabläufen im Produktionsbereich in geringerem Maße gebildet wird, als wenn man sich das erforderliche Wissen über diese Zusammenhänge durch entsprechende eigene Studien aneignen würde.

Als Konsequenz aus den Vor- und Nachteilen kann man festhalten, daß Referenzmodelle eine gute Ausgangsbasis bei der Gestaltung von CIM-Systemen darstellen. Es muß aber möglich sein, betriebsspezifische Veränderungen vorzunehmen, um für einzelne Unternehmen maßgeschneiderte Lösungskonzepte entwickeln zu können.

3.3.1.2 Merkmale von Referenzmodellen

Zum Charakterisieren und Systematisieren der unterschiedlichen Erscheinungsformen der hier vorzustellenden Referenzmodelle werden die folgenden Merkmale verwendet [vgl. Brecker 91; Scholz-Reiter 92]:

- Modellorientierung
  Sind hauptsächlich die Daten bzw. Informationen sowie deren Strukturen und Beziehungen beschrieben, spricht man von datenorientierten Modellen. Referenzmodelle, bei denen der Beschreibungsschwerpunkt

auf den betrieblichen Funktionen und deren Zerlegung in Teilfunktionen liegt, bezeichnet man als funktionsorientiert. Informationsflußorientierte Modelle beschreiben primär die zwischen den Funktionen fließenden Informationen. Organisationsorientierte Modelle beinhalten die Gestaltung des betrieblichen Umfeldes, in dem ein CIM-System eingeführt werden soll, z.B. die Zuordnung der Teilfunktionen auf Funktionsträger. Technikorientierte Modelle zeigen die für ein CIM-System notwendigen DV- und Fertigungstechnologien.

- Umfang
  Hier sind zwei Aspekte zu beachten. Anhand dieses Merkmals charakterisiert man zum einen, welche der verschiedenen CIM-Bausteine in dem Modell abgebildet werden. Zum anderen ist zu analysieren, wie differenziert die einzelnen Bausteine beschrieben sind.

- Detaillierungsgrad
  Der Detaillierungsgrad bezieht sich, je nach Modellorientierung, auf Funktionen und/oder Daten bzw. Informationsflüsse. Für die funktionellen Aspekte resultiert er aus der Zerlegung der betrieblichen Gesamtaufgabe in Teilaufgaben und der Anzahl der sich ergebenden Beschreibungsebenen (ähnlich wie beim Merkmal Umfang). Bei Datenbeschreibungen kann man z.B. lediglich einen Informationsfluß bezeichnen, etwa Stücklisteninformationen. Detaillierte Darstellungen beinhalten darüber hinaus z.B. den Aufbau konkreter Datensätze oder eine Merkmalsliste (Attribute) zum differenzierten Beschreiben von Datenobjekten. Beim Festlegen des Detaillierungsgrades besteht ein Zielkonflikt. Die Beschreibungen dürfen einerseits nicht zu umfangreich sein, da sonst die Übersichtlichkeit verloren geht. Andererseits sollten die Strukturen nicht zu einfach gehalten werden, da sonst nur Trivialwissen in das Modell einfließen kann und keine wesentliche Unterstützung des CIM-Planungsprozesses möglich ist.

- Darstellungsart
  Referenzmodelle können in Form von verbalen Beschreibungen, tabellarischen Übersichten oder graphischen Darstellungen gestaltet werden. Dieses ist vor allem von der Methode abhängig, die man zur Modellerstellung verwendet hat. Häufig findet man eine Kombination der verschiedenen Beschreibungsformen, indem beispielsweise Tabellen oder Texte Übersichtsgraphiken ergänzen.

- Aggregationsstufen
  Unterschiedliche Aggregationsstufen eines Referenzmodells liegen dann vor, wenn die abgebildeten Sachverhalte in verschiedenen Abstrakti-

onsgraden vorliegen, z.B. wenn ein grobes Übersichtsmodell mehrere detaillierte Teilmodelle verdichtet. Dieses Merkmal ermöglicht somit insbesondere eine Aussage über die strukturelle Anordnung eines Modells. Es ist zu unterscheiden, ob das Modell auf einer oder mehreren Aggregationsstufen beschrieben ist.

- Anpaßbarkeit
  Ein Unternehmen muß in der Lage sein, auf der Basis des neutralen Modells ein spezifisches CIM-Konzept entwickeln zu können, indem die Firma allgemeine CIM-Strukturen übernimmt und dieses "Gerüst" um die individuellen Anforderungen ergänzt. Dabei sollte sowohl eine Neuplanung als auch die Integration von bereits vorhandenen CIM-Komponenten möglich sein. Zudem sind die Auswirkungen zu beachten, die sich ergeben, wenn Komponenten des neutralen Modells für das betrachtete Unternehmen ohne Relevanz sind und nicht in das betriebsspezifische CIM-System einfließen. (Gehen dann z.B. Informationsquellen verloren?)

- Übertragbarkeit
  Wesentliches Kennzeichen von Referenzmodellen ist deren Verwendbarkeit für Unternehmen, unabhängig von der Ausprägung der Unternehmensmerkmale, wie z.B. der Größe, der gefertigten Produkte oder der Fertigungsart sowie sonstiger Unternehmensmerkmale, so daß die CIM-Strukturen auf verschiedenste Fertigungsbetriebe übertragbar sind.

Bild 3.3.1.2/1 zeigt die verwendeten Merkmale zum Charakterisieren eines Referenzmodells sowie die möglichen Merkmalsausprägungen.

MERKMAL	MÖGLICHE AUSPRÄGUNGEN
Modellorientierung	Daten, Funktionen, Informationsflüsse, Technik, Organisation (jeweils sehr stark, stark, mittel, schwach)
Umfang	CIM-Bausteine (jeweils sehr hoch, hoch, mittel, gering)
Detaillierungsgrad	sehr hoch, hoch, mittel, gering
Darstellungsart	graphisch, tabellarisch, textuell
Aggregationsstufen	eine, mehrere
Anpaßbarkeit	sehr hoch, hoch, mittel, gering
Übertragbarkeit	sehr hoch, hoch, mittel, gering

Bild 3.3.1.2/1:   Merkmale von Referenzmodellen und mögliche Merkmalsausprägungen

3.3.2 Unternehmensweite Referenzmodelle der Informationsverarbeitung

Unternehmensweite Referenzmodelle der Informationsverarbeitung entstanden weitgehend unabhängig von der CIM-Diskussion. Sie haben die Abbildung einer unternehmensweiten Integration betrieblicher Aufgaben mittels der Informationsverarbeitung zum Ziel und sind somit auch für CIM relevant. Es werden folgende Beispiele betrachtet: "Integrierte Datenverarbeitung im Industriebetrieb" nach Mertens [Mertens 91a], "Kölner Integrationsmodell" von Grochla [Grochla 74] sowie das "Unternehmensweite Datenmodell" nach Scheer [vgl. Scheer 90a]. Diese Modelle zeichnen sich insbesondere dadurch aus, daß sie Funktionen, Daten und Integrationsbeziehungen sehr umfassend darstellen. Weitere Beispiele zu unternehmensweiten Referenzmodellen findet man bei Mertens und Holzner [Mertens 91b].

Integrierte Datenverarbeitung im Industriebetrieb

Mertens gliedert das Modell der integrierten Datenverarbeitung im Industriebetrieb zum einen nach Administrations-, Dispositions-, Planungs- und Kontrollsystemen. Zum anderen erfolgt eine Strukturierung nach den betrieblichen Funktionalbereichen Forschung und Produktentwicklung, Marketing und Verkauf, Beschaffung und Lagerhaltung, Produktion, Versand, Finanzen, Rechnungswesen sowie Personal. Innerhalb der Funktionalbereiche werden einzelne Programmodule (insgesamt 54) unterschieden, wobei Schwerpunkte im Produktionssektor (13 Module) sowie im Bereich der Beschaffung und Lagerhaltung (8 Module) liegen. In Tabellen sind für jedes Modul die wichtigsten Eingaben, Anzeigen, Ausdrucke, Dialogfunktionen, zu verwendende Daten, Nutzeffekte sowie die Beziehungen zu anderen Modulen aufgezeigt. Letzteres erfolgt durch die Bezeichnung der Datenart, z.B. Kundenaufträge, und des vor- bzw. nachgelagerten Programms. Die Tabellen werden durch Graphiken ergänzt, die mit den Symbolen des Datenflußplans [vgl. u.a. Stahlknecht 89, S. 433] die Integrationsbeziehungen der Module veranschaulichen. Darüber hinaus sind diese Darstellungen zu einem Schaubild verdichtet, wobei sich der Autor an einer Kundenauftragsabwicklung orientiert. Zur besseren Übersichtlichkeit enthält dieses Gesamtschema nur die wichtigeren Module und Integrationsbeziehungen.

Das betrachtete Modell ist primär funktionsorientiert. Datenaspekte werden durch die Bezeichnung der zwischen den Programmodulen zu übertragenden Datenarten berücksichtigt, wobei der Detaillierungsgrad der Datenflüsse hinter dem der Funktionen zurückbleibt. Vom Modellumfang her sind sämtliche der unter 2.2 angeführten CIM-Komponenten enthalten, wenngleich die Tiefe der Betrachtung einzelner Bausteine stark differiert. So wird der PPS-Bereich sehr ausführlich behandelt, die Diskussion der CAx-Bausteine ist kürzer. Zielgruppe des Referenzmodells sind Industriebetriebe. Eine stärkere Differenzierung, z.B. nach Branchen oder Betriebsgrößen, erfolgt nicht. Dadurch bleibt die Übertragbarkeit des Modells auf eine Vielzahl von Unternehmen gewahrt. Die Anpaßbarkeit wird dadurch unterstützt, daß zahlreiche Beispiele für Praxisanwendungen die Tabellen und Graphiken ergänzen. Diese Beispiele geben Anregungen, wie sich die theoretischen Konzepte an praktische Rahmenbedingungen anpassen lassen.

Kölner Integrationsmodell (KIM)

Strukturell lassen sich im KIM die Teilmodelle Planung, Realisierung und Kontrolle differenzieren. Das Planungsmodell enthält die mittel- bis langfristigen Planungsaufgaben, z.B. des Produktionsprogramms. Das Realisierungsmodell beinhaltet kurzfristige Steuerungsfunktionen sowie Abrechnungs- und Dokumentationsaufgaben, wie etwa die Bestandsführung. Im Kontrollmodell führt man einen Abgleich der Soll-Daten (aus der Planung) mit den Ist-Daten (aus der Realisierung) durch und nimmt Auswertungen, z.B. Abweichungsanalysen, vor.

Insgesamt unterscheidet das KIM ca. 350 Einzelaufgaben, die durch über 1400 sogenannte Kanäle, die sachlogische Informationsbeziehungen beinhalten, verbunden sind. Zur Veranschaulichung der sehr detaillierten Ausführungen verwendet man verschiedene Beschreibungsformen. In der graphischen Darstellung werden die Aufgaben durch Rechtecke gekennzeichnet und durch numerierte Pfeile (Kanäle) miteinander verbunden. Beziehungen zwischen im Schaubild räumlich entfernten, d.h. auf verschiedenen Seiten abgebildeten, Aufgaben werden über sogenannte Konnektoren hergestellt. Beschreibungslisten ergänzen die Schaubilder. Die Aufgabenbeschreibungsliste enthält in Stichworten eine Kurzdarstellung der Aufgabeninhalte. Die Kanalbeschreibungsliste zeigt sehr detailliert, welche Dateninhalte in den Kanälen übertragen werden. Die Konnektorenliste bezeichnet für jeden Konnektor die jeweils durch ihn verknüpften Aufgaben.

Das KIM ist sowohl funktions- als auch datenorientiert und weist in den abgebildeten Bereichen einen hohen Detaillierungsgrad auf. Von den CIM-Bausteinen werden jedoch nur der betriebswirtschaftliche Bereich und dessen Integrationsbeziehungen ausführlich behandelt. Das Modell ist allgemein auf Industrieunternehmen ausgerichtet. Die Übertragbarkeit und Anpaßbarkeit sind jedoch dadurch eingeschränkt, daß, bedingt durch das Entwicklungsalter, betriebswirtschaftliche und informationstechnische

Entwicklungen der letzten 20 Jahre in dem Modell nicht berücksichtigt sind.

Unternehmensweites Datenmodell (UDM)

Einen datenorientierten Ansatz für unternehmensweit integrierte Informationssysteme in Betrieben der Fertigungsindustrie verfolgt Scheer im Rahmen des UDM. Er betrachtet die Daten jedoch nicht unter dem Blickwinkel des Datenflusses zwischen Applikationen, wie bei Mertens und Grochla, sondern anwendungsunabhängig. Dazu werden die in einem Unternehmen generell zu verarbeitenden Datenobjekte, z.B. Kunden, Artikel, oder Betriebsmittel, gesammelt, strukturiert und zueinander in Beziehung gesetzt. Die Modellentwicklung und -darstellung erfolgt nach der Entity Relationship-Methode, wobei diese um verschiedene Konstrukte ergänzt wird.

Ähnlich wie Mertens entwickelt Scheer für verschiedene Einzelaufgaben, z.B. Kapazitätsplanung oder Auftragsfreigabe, zunächst Teilmodelle. Diese werden zu Bereichsmodellen aggregiert, etwa für eine integrierte PPS-Datenstruktur, bevor eine weitere Aggregation zum UDM erfolgt. Dabei gehen jedoch keine Informationen verloren, vielmehr werden bei jeder Aggregation Redundanzen, d.h. identische Datenobjekte in verschiedenen Bereichsmodellen, eliminiert.

Das Gesamtmodell umfaßt 341 Datenobjekte und Beziehungen. Diese werden durch eine Attributeliste ergänzt, die für jedes Element Schlüsselattribute und weitere Informationen zeigt. Das UDM enthält Datenstrukturen für sämtliche CIM-Bausteine, wobei der Schwerpunkt auf den betriebswirtschaftlichen Bereichen liegt. Die Bezeichnungen sind so allgemein gehalten, daß sie für verschiedenste Fertigungsunternehmen verwendbar sind. Nach Meinung des Autors stellt das UDM eine Ausgangslösung dar. Die betriebsspezifische Modifikation erfolgt durch eine Verfeinerung der Datenstrukturen, das Ergänzen um spezielle Attribute sowie das Anpassen der Bezeichnungen an individuelle Terminologien.

3.3.3 CIM-Referenzmodelle

Die in diesem Abschnitt zu untersuchenden CIM-Referenzmodelle unterscheiden sich von den eben dargestellten unternehmensweiten Referenzmodellen der Informationsverarbeitung hauptsächlich in zweierlei Hinsicht. Zum einen beziehen sie die Funktionen und Integrationsbeziehungen der technischen Bereiche Produktentwicklung, Fertigung und Qualitätssicherung stärker in das Gesamtkonzept mit ein. Zum anderen verweisen sie neben dem logischen Konzept, d.h. den relevanten Funktionen, Daten und Integrationsbeziehungen, teilweise auch auf personelle und organisatorische Aspekte sowie auf technische Gesichtspunkte einer CIM-Realisierung.

CIM-Integrationsmodell

Das CIM-Integrationsmodell von Becker [vgl. Becker 91] basiert auf dem Y-CIM-Modell von Scheer (vgl. 3.2) und übernimmt die dort vorgenommene funktionelle Strukturierung der CIM-Funktionen. Becker ergänzt das Y-Modell um die betriebswirtschaftlichen Funktionalbereiche Finanzbuchhaltung, Kostenrechnung und Personalwirtschaft. Dadurch erhält das Modell auch einen unternehmensweiten Charakter.

Der Autor zeigt sehr detailliert die zwischen den insgesamt 24 Teilbereichen auftretenden Integrationsbeziehungen auf, indem er beispielsweise gemeinsam zu nutzende Stammdaten oder die zwischen den Aufgaben zu übertragenden Informationen auflistet. Dem Modell liegen verschiedene Annahmen zugrunde, wie z.B. daß Teile- und Stücklistenstammsätze der Materialwirtschaft und Kundenstammdaten dem Vertrieb zugeordnet sind. Die Modellinhalte bedingen jedoch nicht unbedingt eine DV-technische Realisierung. Das Ziel des Autors ist "die geschlossene Darstellung der Informationsbeziehungen, die das Integrationspotential von CIM ausmachen" [Becker 91, S. 23]. Insofern gibt das Modell auch organisatorische Gestaltungsempfehlungen.

Die Darstellung erfolgt überwiegend verbal. Übersichtsgraphiken, die die Integrationsbeziehungen jeweils eines Bereichs zu allen anderen zeigen, ergänzen die textlichen Ausführungen. Es wird keine allgemeingültige Verwendbarkeit sämtlicher Verknüpfungen unterstellt. Entsprechende Prämissen, z.B. die Zugehörigkeit des Unternehmens zu einer bestimmten Branche, sind angeführt.

Design Rules for a CIM System

Ein sehr detailliertes CIM-Referenzmodell, das Vorgänge, insbesondere in den technischen Bereichen, in den Vordergrund stellt, wurde im Rahmen des Esprit-Projektes "Design Rules for a CIM System" entwickelt [vgl. Yeomans 85]. Die Bereiche CAD, CAP, CAM (differenziert in Fertigung und Transport/Lagerung) sowie PPS sind in eine Vielzahl von Einzelfunktionen zerlegt (beispielsweise 41 für CAP). Aus logisch zusammenhängenden Teilfunktionen bilden die Autoren 24 einzelne Funktionsabläufe, die in der Modellterminologie als "sub-systems" bezeichnet werden. So unterscheidet das Modell für CAP sechs "sub-systems", z.B. Selektion der Bearbeitungsmaschinen oder Werkzeugauswahl.

Die graphische Darstellung der verschiedenen Funktionsabläufe verwendet eine Mischung aus Datenflußdiagramm- und Programmablaufplantechnik. Die Teilfunktionen sind mit Rechtecken dargestellt und durch Pfeile miteinander verbunden. Entscheidungsknoten sind in Form von Rauten abgebildet. Informationen, die in den Vorgängen erzeugt bzw. verwendet werden, sind durch das Datenspeichersymbol visualiert. Beziehungen zu anderen "sub-systems" werden durch Verknüpfungsknoten hergestellt. Umfangreiche verbale Ausführungen ergänzen die Schaubilder. Darin sind die Teilfunktionen detailliert kommentiert und die zur Ausführung erforderlichen Informationen beschrieben.

Zielgruppe der "Design Rules for a CIM System" sind Maschinenbauunternehmen [Yeomans 87; S. 397]. Durch diese Beschränkung auf eine bestimmte Branche lassen sich mehr Annahmen bezüglich der im Modell abzubildenden Realität treffen. Daraus resultiert zwar ein hoher Detaillierungsgrad, jedoch ergeben sich Restriktionen bezüglich der Übertragbarkeit und Anpassung des Referenzmodells auf unterschiedliche Fertigungsunternehmen, da die dem Modell zugrundeliegenden Annahmen nicht immer mit den in einem Unternehmen vorliegenden Bedingungen übereinstimmen.

ICAM

Ein funktional ausgerichtetes Referenzmodell mit einem Schwerpunkt im Bereich der Herstellung von Flugzeugen wurde im Rahmen des ICAM-Projekts (Integrated Computer Aided Manufacturing) entwickelt [vgl. Harrington 84; Spur 89]. Die Darstellung des Modells erfolgt mit den eigens für dieses Projekt entwickelten IDEF-Planungs- und Strukturierungsmethoden (IDEF = ICAM Definitions). IDEF setzt sich aus den Methoden IDEF0, IDEF1 und IDEF2 zusammen.

IDEF0 zerlegt die relevanten Funktionen in Anlehnung an die SADT-Technik (Structured Analysis and Design Technique) [vgl. u.a. Czernik 92, S. 55] hierarchisch in Teilfunktionen, bis auf der untersten Ebene konkrete Systemfunktionen vorliegen. Die Funktionen werden als Rechtecke dargestellt und durch Pfeile miteinander verbunden, die u.a. Ein- und Ausgangsdaten, Steuerdaten sowie die von der betrachteten Funktion zu nutzenden Ressourcen nennen. Mit IDEF1 erstellt man ein zu dem Funktionsmodell konsistentes Modell der zu verwendenden Informationen. Dieses weist starke Ähnlichkeiten mit der Entity Relationship-Darstellung auf. Zeitliche Beziehungen zwischen den Funktionen lassen sich mit IDEF2 abbilden (eine detaillierte Methodenbeschreibung zu IDEF2 geht aus der verfügbaren Literatur jedoch nicht hervor).

Im Referenzmodell werden drei Betrachtungsebenen unterschieden [vgl. Scholz-Reiter 90, S.118]. Die Gesamtsicht enthält eine unternehmensneutrale Ausprägung der Funktionen und Informationsflüsse, die für das Herstellen von Flugzeugen notwendig sind. Diese Sicht besteht aus 82 IDEF0-Diagrammen mit ca. 300 Funktionen und 1500 Informationsflüssen auf bis zu sechs Hierarchieebenen. Die Gesamtsicht wird in die fünf Basissichten Fabrikplanung, Betriebsmittelplanung, Betriebsmittelherstellung und Betriebsmittelinstandhaltung, Qualitätssicherung sowie Produktmanagement (hierzu zählen z.B. der Vertrieb oder die Produktionsprogrammplanung) zerlegt. Die Basissichten zeigen die Funktionen der Gesamtsicht aus dem Blickwinkel der Anwendungssysteme, d.h. sie sind Grundlage für die Spezifikation konkreter Applikationen. Eine Unternehmenssicht entsteht durch die Zuordnung der Teilfunktionen auf eine unternehmensspezifische Organisationsstruktur.

Zentraler Bestandteil der bisher diskutierten Referenzmodelle sind logisch-konzeptionelle, allgemeingültige Ausprägungen von Funktionen, Daten sowie deren Verknüpfung. Die im folgenden vorgestellten Beispiele CIMOSA und das CIM-Modell nach Produktzyklen verfolgen einen breiteren Ansatz mit verschiedenen Blickwinkeln, z.B. einer personellen oder technischen Sicht, auf ein CIM-System. Sie stellen somit eher ein umfassendes Rahmenwerk für das Entwickeln von betrieblichen CIM-Konzepten dar. Die logische Ausgestaltung der Referenzmodelle ist dabei lediglich ein Teilbereich des Gesamtkonzepts.

CIMOSA

Das ESPRIT Projekt CIMOSA (OSA = Open System Architecture) hat die Definition einer offenen CIM-Systemarchitektur für verschiedene Unternehmen zum Ziel [vgl. Stotko 89, S. 9]. Dabei unterscheiden die am Projekt Beteiligten (ca. 20 europäische DV-Hersteller, Softwarehäuser, Universitäten und Anwender) die drei Dimensionen Modellierungsstufe, Modellklasse und Modellsicht [vgl. Klittich 91, S. 12; König 92, S. 7]. In jeder Dimension findet eine weitere Verfeinerung statt (vgl. Bild 3.3.3/1).

-   Bezüglich der Modellierungsstufe orientiert man sich an einem 3-stufigen Vorgehen mit den Stufen (bzw. Phasen) Anforderung, Entwurf und Implementierung [vgl. Tönshoff 92a, S. 62]. Dieses bedeutet, daß CIMOSA standardisierte Beschreibungsschemata zum Erfassen der betrieblichen Anforderungen an CIM-Systeme (Anforderungsphase), Entwurfssprachen für CIM-Applikationen (Entwurfsphase) sowie genormte Implementierungssprachen, mit denen die lauffähigen Module implementiert werden sollen (Implementierungsphase), bereitstellt.

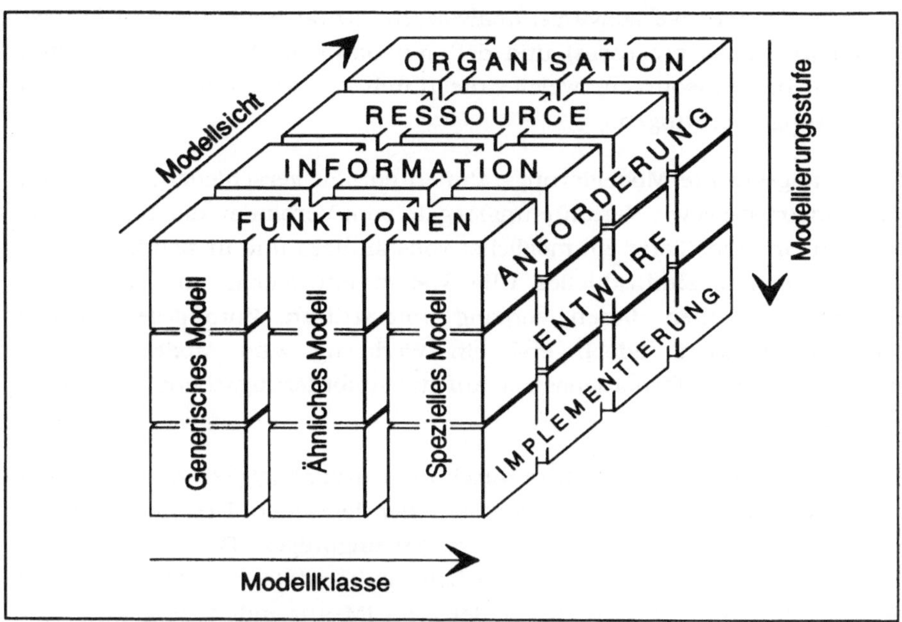

Bild 3.3.3/1:   CIMOSA-Rahmenwerk

-   Hinsichtlich der Modellklasse differenziert CIMOSA generische (gene-
    ric), ähnliche (partial) sowie individuelle (particular) Modelle. Generi-
    sche Modelle sind allgemein verwendbare Konstrukte, sogenannte
    Grundbausteine, die in Anwendungen sämtlicher Unternehmen einge-
    setzt werden können, z.B. Kommunikations- oder Datenverwaltungs-
    dienste. Eine Einengung bilden die ähnlichen Modelle. Diese beinhalten
    Konstrukte, die in vergleichbaren Unternehmen, z.B. einer Branche,
    nutzbar sind. Individuelle Modelle dagegen sind vollständig unterneh-
    mensspezifisch.

-   Die Dimension Modellsicht unterscheidet nach Prozessen und Funktio-
    nen (function view), Informationen (information view), Ressourcen und
    Betriebsmitteln (resource view) sowie Organisation und Entschei-
    dungen (organisation view). Die Funktionssicht zeigt in einer hierarchi-
    schen Struktur die Logik der betrieblichen Geschäftsabläufe. In der In-
    formationssicht werden alle für das Unternehmen relevanten Informa-
    tionen abgelegt und in Anlehnung an ISO-Normen beschrieben. Die
    Ressourcensicht enthält die systematische Beschreibung der Unter-
    nehmensressourcen. Die Organisationssicht strukturiert Zuständigkei-
    ten für Funktionen, Informationen sowie Ressourcen. Mit welcher Sicht
    eine Modellierung beginnt, ist nicht vorgeschrieben. So kann man z.B.
    für einen bestimmten Bereich (Domain) zunächst die relevanten Funk-

tionen (Enterprise activities) analysieren, strukturiert diese zu Prozessen (Business processes) und definiert dann die Informationssichten sowie die Ressourcen, welche die durch die Funktionen definierten Leistungen erbringen.

Der so abgesteckte Modellierungsrahmen enthält verschiedene Methoden und Konstrukte sowie Verknüpfungsregeln zum Verbinden der Teilmodelle. So kann ein Modellierer ein möglichst vollständiges und in sich konsistentes unternehmensindividuelles CIM-System entwickeln und darstellen. Softwaretools sollen diesen Vorgang unterstützen. Zum gegenwärtigen Zeitpunkt existiert jedoch erst ein Werkzeug zum Modellieren der Funktions- und Informationssicht auf der Anforderungsebene [vgl. König 92, S. 8].

CIMOSA zeichnet sich vor allem durch die Durchgängigkeit des Modellansatzes aus. Dieser erstreckt sich von der logischen Beschreibung der Funktionen und Daten auf einer allgemeingültigen Basis bis hin zu unternehmensspezifisch realisierten Softwarebausteinen. CIMOSA soll als Standard für Anwender und Hersteller von CIM-Anwendungen gelten. Eine konkrete Nutzung ist gegenwärtig jedoch nur ansatzweise erkennbar.

CIM-Modell nach Produktzyklen

Dieses CIM-Modell [vgl. Vajna 90; Vajna 89a; Vajna 89b] orientiert sich am Produktzyklus und ordnet die dabei auftretenden Sachverhalte in vier Gruppen. Diese sind:
1) sequenziell zu durchlaufende Funktionen, wie z.B. Angebotsbearbeitung, Konstruktion oder Fertigung,
2) begleitende Querschnittsfunktionen, wie Qualitätssicherung oder Materialfluß,
3) Stoffe und Hilfsmittel, denen z.B. Betriebsmittel oder auch die Informationstechnologie zugeordnet sind, sowie
4) Rahmenbedingungen, insbesondere Personal, Organisation, strategische Planung und Unternehmensumwelt.

Gegenseitige Abhängigkeiten, Einflüsse und Beziehungen zwischen den Elementen einer Gruppe werden in Matrizen dargestellt, wobei in der Horizontalen und Vertikalen jeweils identische Elemente aufgeführt sind. Die aus der Kombination von Zeilen und Spalten entstehenden Matrixfelder werden dann mit den jeweils relevanten Inhalten gefüllt. Felder der Hauptdiagonalen beschreiben den Inhalt des entsprechenden Zeilen- bzw. Spaltenelements. Ein Feld, das sich beispielsweise an der Schnittstelle des Spaltenelements Konstruktion mit dem Zeilenelement Arbeitsvorbereitung befindet, enthält die sachlogischen Einflüsse der Konstruktion auf die

Arbeitsvorbereitung. Um die Einflüsse und Beziehungen zwischen Elementen verschiedener Gruppen darzustellen, fügt man die Einzelmatrizen zu einer Gesamtmatrix zusammen.

Um weitere Zusammenhänge abbilden zu können, beispielsweise die Verknüpfung von Funktionen speziell unter dem Blickwinkel der Organisation, der Informationstechnologie oder des Personals, legen die Modellautoren für jedes Element der vier Gruppen, d.h. für jede Funktion, jede Querschnittsfunktion usw., eine Gesamtmatrix an. Dadurch entsteht gewissermaßen die Struktur eines Karteikastens, die eine vielschichtige Beschreibung eines CIM-Systems erlaubt (vgl. Bild 3.3.3/2).

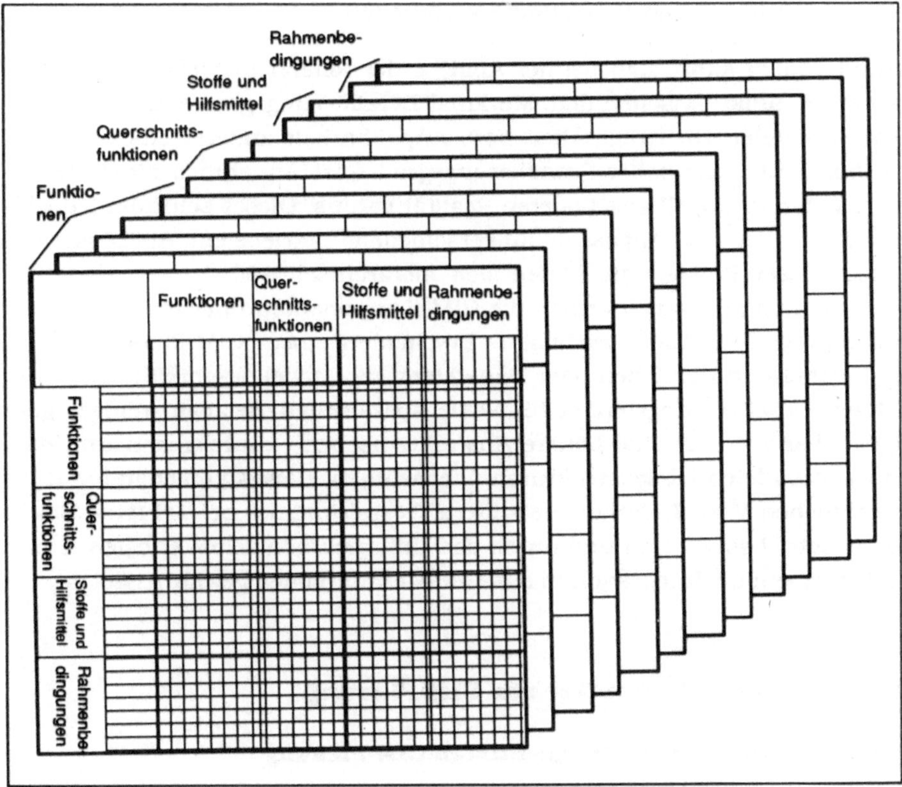

Bild 3.3.3/2:   Struktur des CIM-Modells nach Produktzyklen

3.3.4 Beurteilung der Referenzmodelle

Bild 3.3.4/1 zeigt im Überblick eine Bewertung der vorgestellten Referenzmodelle anhand der im Abschnitt 3.3.1.2 aufgezeigten Merkmale.

Die Beurteilungsergebnisse zeigen, daß einzelne Referenzmodelle die logisch-konzeptionellen Strukturen von CIM-Systemen sehr umfassend beschreiben. Diese Modelle sind somit prinzipiell als Basis zum Ableiten eines betrieblichen CIM-Konzepts geeignet. Jedoch zeigen sich bei allen Beispielen auch einzelne inhaltliche Lücken. Kein Modell bietet somit für sich
alleine betrachtet eine ausreichende Planungsgrundlage. Kombiniert man
jedoch die Inhalte der verschiedenen Arbeiten, lassen sich für annähernd
alle der in Kapitel 2 aufgezeigten Aufgaben nützliche Gestaltungshilfen
zum Entwurf von CIM-Lösungen finden. Insbesondere für die Entwicklung
eines logischen CIM-Konzepts, auf dem der Schwerpunkt dieser Arbeit
liegt, finden sich mit den Arbeiten von Mertens, Grochla, Scheer, Yeomans,
Becker oder dem ICAM-Projekt gute Vorarbeiten.

Grundsätzlich kann man bei der Analyse der Referenzmodelle feststellen,
daß ein Konflikt zwischen dem Merkmal Detaillierungsgrad einerseits und
den Merkmalen Übertragbarkeit bzw. Anpaßbarkeit andererseits besteht.
Ein hoher bis sehr hoher Detaillierungsgrad setzt Annahmen hinsichtlich
der durch das Modell abgebildeten Realität voraus. Dieses schränkt jedoch
das Übertragen und Anpassen auf verschiedene Betriebe ein. Als Lösungs-
ansatz dieser Problematik bieten sich hierarchisch aufgebaute Beschreibungsebenen an. Dabei werden die CIM-Komponenten über mehrere Ebenen hinweg vollständig modelliert. Erscheinen einem CIM-Planer jedoch
bei bestimmten Bereichen oder Bausteinen die Modellbeschreibungen auf
tieferen Beschreibungsstufen für seine spezifischen Belange weniger geeignet, kann er auf eine höhere Abstraktionsebene zurückgehen und die
dort abgebildeten Modellstrukturen übernehmen. Dieses Vorgehen hat den
wesentlichen Vorteil, daß die detaillierte Gestaltung des betrachteten Bausteins betriebsspezifisch und durch das Unternehmen selbst erfolgen kann
und trotzdem die Integration in das CIM-Gesamtmodell gewährleistet ist.

3.4 DV-gestützte Ansätze zur CIM-Planung

3.4.1   Motivation zur DV-gestützten CIM-Planung

Im wesentlichen kommt die Motivation zur DV-gestützten CIM-Planung
aus zwei Richtungen. Erstens läßt sich in einem Tool eine systematische
Vorgehensweise mit exakt definierten Ablaufschritten zum Abarbeiten der
verschiedenen Planungsaufgaben abbilden. Zweitens kann ein CIM-Planer
von Routineaufgaben, beispielsweise der schriftlichen Fixierung des CIM-
Konzepts, entlastet werden.

Beurteilungskriterien		unternehmensweit			speziell für den CIM-Bereich				
		Integrierte Datenverarbeitung (Mertens)	Kölner Integrationsmodell (Grochla)	Unternehmensdatenmodell (Scheer)	CIM-Ingegrationsmodell (Becker)	Design Rules for a CIM System (Yeomans)	ICAM	CIMOSA *	CIM-Modell nach Produktzyklen (Vayna) *
Modellorientierung	Funktionen	+++	+++	+	++	+++	+++	+++	++
	Daten	+	++/+++	++++	+	++	++	+++	+
	Info.fluß	+++	++++	+	++++	+++	++++	+++	+
	Organisation	–	–	–	+	++	++	+++	++/+++
	Technik	–	–	–	–	–	–	–	++/+++
Umfang	PPS	+++	+++	+++	++/+++	+++	++++	–	–
	CAD/CAE	++	+	++/+++	++/+++	+++	+	–	–
	CAP	++	+	++/+++	++/+++	+++	++	–	–
	CAM	++	+	++/+++	++/+++	+++/++++	++++	–	–
	CAQ	++	+	++/+++	++	+	++	–	–
Darstellungsart	graphisch	X	X	X	X	X	X	X	X
	tabellarisch	X	X	X	X	X	X	X	X
	textuell	X			X	X	X		
Aggregationsstufen	eine		X		X	X			X
	mehrere	X		X			X	X	
Detaillierungsgrad		++/+++	++/+++	+++	+++	+++/++++	+++/++++	–	–
Übertragbarkeit		++/+++	+/++	+++	++	++	+	+++	+++
Anpaßbarkeit		++/+++	+/++	+++	++/+++	++	++	+++	+++

Legende:
* CIM-Rahmenwerk
++++ sehr stark/hoch   +++ stark/hoch   ++ mittel   + schwach/gering
x trifft zu   – keine Bewertung möglich

Bild 3.3.4/1:   Beurteilung der Referenzmodelle

1) Systematisieren der Vorgehensweise
   Die Vielfalt unterschiedlicher Fragestellungen, die mit der CIM-Planung
   verbunden sind (vgl. Kapitel 2), macht das Festlegen einer möglichst
   sinnvollen Abfolge der einzelnen Planungsschritte notwendig. Ebenso
   können sich innerhalb eines Schrittes Alternativen bei der detaillierten
   Vorgehensweise ergeben (plant man beispielsweise die Funktionen vor
   den Daten, oder umgekehrt?). Wendet man eine falsche Schrittfolge an,
   steigt eventuell der Planungsaufwand und ggf. verschlechtern sich die
   Planungsergebnisse. Diese Problematik läßt sich reduzieren, wenn gewisse Regeln zum Steuern des Planungsprozesses DV-technisch festgelegt werden. Eine systematische Vorgehensweise läßt sich auch dadurch erzielen, daß ein Planungstool als "Checkliste" dient und somit
   im Planungsprozeß nichts "vergessen" wird.

2) Entlastung bei Routinetätigkeiten/Dokumenterstellung
   Will man auf Basis eines Referenzmodells das betriebsspezifische CIM-
   Konzept entwickeln, ist ein entsprechend hoher Aufwand für die umfangreiche Dokumentation der modifizierten Sachverhalte notwendig.
   Als Hilfsmittel können dabei z.B. Graphikeditoren eingesetzt werden.
   Speziellere Zeichnungstools, die über die Zeichnungserstellung hinaus
   Funktionalitäten, z.B. Konsistenzprüfungen bezüglich der Übereinstimmung verwendeter Begriffe bieten, wurden im ICAM-Modell verwendet. Eine weitere Entlastung von derartigen Routinearbeiten stellt
   sich dann ein, wenn die Referenzmodelle nicht mehr nur in Papierform
   vorliegen (und somit in weiten Teilen redundant nachgezeichnet werden
   müssen), sondern bereits DV-technisch mit einem Tool implementiert
   und "nur" noch betriebsspezifisch zu modifizieren sind.

Des weiteren tritt mit einem DV-gestützten Planungswerkzeug auch ein
"Image-Effekt" ein, insbesondere dann, wenn derartige Vorgehensweisen
durch ein Beratungsunternehmen in Kundenprojekten eingesetzt werden
[vgl. Scheer 91a]. Bislang ist das Umfeld der DV-Beratungen dadurch gekennzeichnet, daß moderne DV-Anwendungen empfohlen werden, die Berater überwiegend jedoch mit konventionellen Hilfsmitteln, vor allem Pa-
pier und Bleistift, arbeiten. Somit könnte der Tool-Einsatz gewissermaßen
zu einer besseren "Glaubwürdigkeit" entsprechender Beratungsleistungen
führen.

3.4.2 Beispiele zur DV-gestützten CIM-Planung

3.4.2.1 Generelle Merkmale der Planungsansätze

Die nachfolgend aufgeführten Ansätze beruhen weitgehend auf der Idee,
daß die Rahmenbedingungen beim Entwickeln eines CIM-Konzepts bei vie-

len Unternehmen, unabhängig von Branche, Größe oder weiteren Merkmalen, vergleichbar sind. Beispielsweise muß sich jeder Betrieb, der in CIM-Lösungen investiert, bewußt sein, daß CIM-Investitionen einen hohen strategischen Gehalt aufweisen. Dieser ist bei einer CIM-Planung entsprechend zu berücksichtigen. In den meisten Fällen ist das Planungsumfeld auch dadurch gekennzeichnet, daß in den Unternehmen bereits DV-Lösungen eingesetzt werden, die ggf. in das CIM-Konzept zu integrieren sind. Darüber hinaus zeigen Praxisbeispiele, daß Funktionsabläufe und Informationsflüsse in den CIM-Bereichen vieler Unternehmen Übereinstimmungen aufweisen, so daß es für ihre Gestaltung einen gewissen Grad an Gemeinsamkeiten gibt.

Entsprechend den prinzipiell ähnlichen CIM-Planungsbedingungen weisen die vorgeschlagenen Ansätze folgende generellen Merkmale auf:
- Die CIM-Planung orientiert sich an den strategischen Zielen und den für die Zielerreichung maßgebenden kritischen Erfolgsfaktoren des Unternehmens.
- Der CIM-Ist-Status der betrachteten Firma, d.h. die vorhandene Unterstützung der betrieblichen Funktionen durch technische und kommerzielle Datenverarbeitung sowie der Integrationsgrad dieser Systeme, wird analysiert.
- Anhand von typischen Unternehmensmerkmalen (darauf wird im vierten Kapitel noch detaillierter eingegangen), z.B. der Produktkomplexität oder Fertigungsart, werden die technisch sinnvollen und wirtschaftlich nutzbaren CIM-Komponenten identifiziert.
- Aus einem Referenzmodell der rechnerintegrierten Fertigung extrahiert man die für den betrachteten Betrieb zutreffenden CIM-(Soll-)Bausteine und leitet daraus das unternehmensspezifische CIM-System ab.

Als Beispiele für Werkzeuge, die im wesentlichen nach dem skizzierten Prinzip vorgehen, werden in den folgenden Abschnitten der "CIM-Analyzer", die "CIM-Kommunikationsstrukturanalyse", die "Systematischen CIM-Analyse-Tools", die "Planung Rechnerintegrierter Informationssysteme im Maschinen- und Anlagenbau" sowie die "Systematische Entwicklung und Einführung von CIM-Systemen" behandelt.

3.4.2.2 Kurzbeschreibung ausgewählter Planungsansätze

CIM-Analyzer

CIM-Analyzer soll die Y*CIM-Methodik [vgl. u.a. Pocsay 91, S. 68 ff.], eine Vorgehensweise zum Erarbeiten von CIM-Konzepten, unterstützen. Dem Tool liegen als Referenzmodelle das Y-CIM-Modell von Scheer [Scheer 90b] für die Darstellung von Informationsflußbeziehungen zwischen den Funktionen der Produktionsplanung und -steuerung und den CAx-Komponenten sowie hierarchisch aufgebaute Funktionsmodelle der verschiedenen CIM-Bausteine zugrunde [Greiner-Dürr 90; Scheer 90c; Jost 90].

Den Ausgangspunkt für das Konzipieren einer CIM-Architektur mit Hilfe des Tools bildet eine expertensystemgestützte Ist-Analyse. Im Dialog mit dem Benutzer stellt das System Fragen zu den strategischen Unternehmenszielen, den Unternehmensmerkmalen, dem Funktionsumfang und dem Integrationsgrad der vorhandenen DV-Systeme sowie den Zeit- und Mengendaten der innerbetrieblichen Logistikkette.

Mit Hilfe dieser Informationen führt das Tool einen Abgleich mit den im System abgelegten Referenzmodellen durch und leitet daraus ein betriebsspezifisches Soll-Rahmenkonzept ab. Dieses besteht aus den Teilen Funktionskonzept, Integrationskonzept und Einführungskonzept. Ersteres bezeichnet die für den Betrieb zukünftig relevanten CIM-Funktionsbausteine. Im Rahmen einer Funktionsanalyse untersucht man, ob und in welcher Form (DV-gestützt oder manuell) die einzelnen Funktionen im Betrieb ausgeführt werden. Im Integrationskonzept sind in Form von Datenflüssen die möglichen Beziehungen zwischen den (Soll-)Funktionen abgebildet. Darauf baut eine Prüfung auf, inwieweit die Informationsübermittlung zwischen einzelnen Bearbeitungsstationen ohne ein Verlassen des elektronischen Mediums möglich ist. Im Rahmen einer Vorgangskettenanalyse ist zu untersuchen, ob die aus einer ablauforientierten Verknüpfung verschiedener Funktionen resultierenden Vorgangsketten in unterschiedlichen Anwendungssystemen und/oder Organisationseinheiten ablaufen. Das Einführungskonzept skizziert ein schrittweises Vorgehen zur Realisierung des CIM-Systems.

Das Tool CIM-Analyzer entstand in einem Kooperationsprojekt der Siemens AG mit dem Institut für Wirtschaftsinformatik an der Universität Saarbrücken. Mittlerweile wurde das Tool um Referenzmodelle, die über den CIM-Bereich hinausgehen, z.B. für den Vertrieb, erweitert, und es erhielt die Bezeichnung ARIS-Analyzer [vgl. Jost 93]. Das Werkzeug gehört zu einer Gruppe von Beratungstools, die auf der ARIS-Architektur (Architektur Integrierter Informationssysteme) aufbauen [Scheer 91b] und das Ziel verfolgen, die Entwicklung integrierter DV-Systeme umfassend zu unterstützen.

CIM-Kommunikationsstrukturanalyse (CIM-KSA)

CIM-KSA ist die Weiterentwicklung eines Analyse- und Planungswerkzeugs, das zur Gestaltung von Informations- und Kommunikationssystemen im Verwaltungsbereich am Fachbereich Systemanalyse und EDV der TU Berlin entwickelt wurde [Scholz-Reiter 90]. Kern der CIM-KSA ist ein allgemeines unternehmensneutrales Referenzmodell des Informations- und Kommunikationssystems für den Fertigungsbereich. Darin sind logische Vorgangsketten und deren mögliche technisch-organisatorische Ausprägungen hinterlegt. Das Modell beruht weitgehend auf den Ergebnissen des ESPRIT-Projektes "Design Rules for a CIM-System" (vgl. 3.3.3). Aus diesem Modell wird schrittweise ein unternehmensindividuelles Implementierungsmodell abgeleitet.

Expertensystemgestützt werden im Benutzerdialog zunächst anhand eines Kataloges die betriebsspezifischen Merkmale festgestellt und daraus auf relevante CIM-Funktionen und Vorgangsketten geschlossen. Es folgt eine Priorisierung der Vorgangsketten. Hohe Priorität erhalten Vorgänge, welche die kritischen Erfolgsfaktoren des Unternehmens am nachhaltigsten unterstützen, z.B. der Produktentwurf, wenn kurze Entwicklungszyklen einen kritischen Erfolgsfaktor darstellen. Auf Basis der Erfolgsfaktoren werden Bewertungskriterien, z.B. die Durchlaufzeit, festgelegt. Diese Kriterien sind notwendig, um die für den Betrieb am besten geeigneten Vorgangsketten auszuwählen. Anschließend erfolgt das Bearbeiten der Vorgänge.

Dabei präzisiert das System zunächst weitere Bewertungskriterien, mit denen die gerade zu bearbeitende Vorgangskette näher untersucht wird. Mit Hilfe eines Erfassungsprogramms füllt man in zwei Stufen die Vorgangsketten mit betriebsspezifischen Daten, z.B. der Häufigkeit einzelner Aufgaben. Diese Eingaben werten Analyse- und Simulationsprogramme aus und bestimmen die am besten geeignete Alternative zur Gestaltung der Vorgangskette. Im letzten Schritt fließen betriebsspezifische Rahmenbedingungen in die ausgewählten Vorgänge ein, etwa eine Reihenfolgeänderung der Einzelfunktionen. Somit liegen mit Abschluß der Modellierungsphase praxisgerechte Soll-Vorgangsketten vor, aus denen dann Anwendungssysteme abgeleitet werden können. Für die Phase der Systemrealisierung ist in CIM-KSA jedoch keine spezielle Rechnerunterstützung vorgesehen.

Systematische CIM-Analyse-Tools (SYCAT)

Ziel von SYCAT [vgl. Binner 91, Binner 93, Scholz-Reiter 90, S. 101 ff.) ist das Strukturieren einer betriebsspezifischen CIM-System-Architektur, anhand derer ein CIM-System realisiert werden kann, das den unternehmensindividuellen Anforderungen entspricht. Die zugrundeliegende Planungsmethodik setzt sich aus drei Blöcken bzw. Ebenen zusammen. Jeder dieser Ebenen sind einzelne Planungswerkzeuge zugeordnet.

Die Methoden sowie Werkzeuge der ersten SYCAT-Ebene weisen eine funktionale Sicht auf das Unternehmen aus. Die Tools dienen dem Beschreiben der betrieblichen Aufgaben in den verschiedenen Unternehmensbereichen in Form von Prozeßketten. Zunächst sind die herzustellenden Produkte nach den Dimensionen Produktart (z.B. Einzelteil oder Baugruppe) und Fertigungsart (Einzel-/Wiederholfertigung) zu systematisieren. Es folgt das Erfassen der zur Produkterstellung benötigten Funktionen und Arbeitsfolgen. Dabei orientiert man sich an einem funktionellen Referenzmodell. Die relevanten Funktionen lassen sich entsprechend ihrer zeitlichen Abfolge anordnen und zu Vorgangsketten verbinden. In der funktionellen Ebene kann man des weiteren die Mitarbeiter sowie die Produkte den Funktionen zuordnen. Die zweite SYCAT-Ebene beschreibt die Informationsebene und dient dem Erheben des zwischen den ermittelten Funktionen ablaufenden Informationsflusses in einer unternehmensneutralen Form. Es sind u.a. Mengengerüste der zu übertragenden Daten festzustellen. In der dritten Ebene stehen Auswahlwerkzeuge für die informationstechnischen Aspekte wie Hardware, Netzwerke oder Datenbanken zur Verfügung. Dabei sollen u.a. DV-Einzelanforderungen, Kostenaufstellungen oder Nutzenbewertungen unterstützt werden.

In der gegenwärtigen Ausbaustufe des Systems sind die beschriebenden Analysen manuell bzw. formulargestützt durchzuführen. Die entsprechenden Planungswerkzeuge sind erst in Ansätzen DV-technisch realisiert.

Planung Rechnerintegrierter Informationssysteme im Maschinen- und Anlagenbau (PRISMA)

Im Rahmen des Forschungsprojektes PRISMA [vgl. Grabowski 91, Grabowski 92a,b] wurde ein Instrumentarium entwickelt, das speziell die Planung der Integration des Konstruktionsbereiches mit dem Fertigungsbereich für Unternehmen des Anlagen- und Maschinenbaus unterstützen soll. Grundlagen des Ansatzes sind ein Vorgehensmodell mit vier Teilphasen sowie ein funktionales Referenzmodell, welches in der SADT-Technik und mit einem entsprechenden Werkzeug implementiert ist.

Phase 1, die Ist-Analyse, erfaßt, welche Informationen durch welche Funktionen verarbeitet werden und leitet daraus eine betriebsspezifische Funktionsstruktur ab. Diesem Schritt liegt das Referenzmodell zugrunde, d.h. die allgemeingültigen Beschreibungen werden durch Anpassungsmechanismen auf firmenindividuelle Bedingungen abgestimmt. Aus sachlogisch zusammenhängenden Funktionen (z.B. alle Funktionen, die Freiformflächen verarbeiten) extrahiert man dann Prozeßketten, welche unter Berücksichtigung der aktuell eingesetzten Technologie systematisch auf Schwachstellen untersucht werden.

In der sich anschließenden Phase CAD/CAM-Gesamtkonzeption erstellt man unter Verwendung der Referenzstrukturen für jede der extrahierten Prozeßketten alternative Soll-Lösungen. Diese werden mit einem auf Petri-Netzen [vgl. Starke 90] basierenden Simulationswerkzeug anhand durchlaufzeitbezogener Kriterien bewertet. Es folgt das Erarbeiten einer Realisierungsstrategie (zeitliche Abfolge der Arbeitsschritte für den Ausbau des Gesamtsystems) mit der Definition einzelner Teilprojekte.

In der dritten Phase verfeinert man für jede Teilfunktion auf Basis des Referenzmodells die relevanten Funktionsstrukturen und führt dann eine Vorselektion prinzipiell geeigneter DV-Systeme (Hard- und Software) durch. Der Planungsansatz sieht vor, die selektierten Systemalternativen technisch (anhand von Benchmarktests) und wirtschaftlich (mittels dynamischer Investitionsrechnungen sowie Sensitivitätsanalysen) zu bewerten.

Phase 4, die Strukturelle Teilkonzeption, sieht vor, für jede der konzipierten Prozeßketten die technischen, organisatorischen sowie personellen Strukturen zu planen. Hierunter fallen Aufgaben wie z.B. das Auslegen der Hard- und Softwarekomponenten, das Festlegen der arbeitsplatzspezifischen Informationsbedarfe oder das Ableiten von Stellenbeschreibungen aus Funktionen und Ablaufspezifikationen.

Der Planungsansatz umfaßt verschiedene Werkzeuge für das Erstellen und Verwalten des Referenzmodells und der Prozeßketten, welche die verwendeten Darstellungstechniken SADT, NIAM (Njissens Information Analysis Method) und Petri-Netze unterstützen. Problematisch ist dabei jedoch die Konsistenzsicherung der unterschiedlichen Modellsichten. Darüber hinaus ist auch der Einsatz traditioneller PC-Standardsoftware, wie Textverarbeitung oder Graphik, vorgesehen.

Das zugrundeliegende funktionale Referenzmodell umfaßt insgesamt etwa 100 SADT-Diagramme mit ca. 450 Teilfunktionen auf 11 Hierarchiestufen und weist somit einen sehr hohen Detaillierungsgrad auf, insbesondere wenn man berücksichtigt, daß sich die Inhalte auf den Konstruktions- und Fertigungsbereich konzentrieren. Für den CAD/CAM-Bereich bietet PRISMA somit eine wirksame Planungsunterstützung. Da betriebswirtschaftliche Inhalte kaum modelliert sind, ist das Tool zum Erarbeiten eines umfassenden CIM-Konzepts nur begrenzt geeignet.

Systematische Entwicklung und Einführung von CIM-Systemen (im weiteren SysCIM)

Groditzki [Groditzki 89a,b,c] zeigt in dem Ansatz, wie ein CIM-Konzept unter Verwendung von verschiedenen DV-technischen Hilfsmitteln systematisch entwickelt, eingeführt und dem jeweiligen Stand der Technik angepaßt werden kann. Grundlage der Vorgehensweise ist eine unternehmensneutrale Beschreibung eines CIM-Systems mit der Informationssystem-Beschreibungssprache PSL/PSA (Problem Statement Language/Problem Statement Analyzer), die auf Basis von Entity Relationship-Modellen die Zusammenhänge, z.B. zwischen Abteilungen, Vorgängen und Personen, darstellt. Die Modellinhalte stützen sich auf IBM-interne Unternehmensstudien über die Anwendungsbereiche der Fertigungsindustrie.

Im Benutzerdialog soll das System zunächst die Unternehmensspezifika, etwa Produkt- oder Fertigungsart, erfragen. Aus den neutralen CIM-Beschreibungen werden dann diejenigen Bestandteile identifiziert, die auf das betrachtete Unternehmen zutreffen, und daraus ein "abgeleitetes CIM-System" generiert. Unter Verwendung von PSL/PSA können die CIM-Planer das abgeleitete Modell um individuelle Anforderungen, z.B. spezielle Informationsflüsse, zu einem unternehmensspezifischen CIM-Modell erweitern.

Das Konzept sieht vor, aus den logischen Modellbeschreibungen physische CIM-Modelle mit verschiedenen CIM-Anwendungsbausteinen, einem Data Dictionary sowie operationalen Datenbankdefinitionen als Bestandteilen zu bilden. Dabei nutzt man die PSL/PSA-Definitionen direkt als Programmiervorlage und entwickelt die Anwendungsprogramme durch Verwendung von Programmgeneratoren und Abfragesprachen. Die Trennung in logische und physische Modelle wird deshalb vorgenommen, weil sich die Anwendungsfunktionen eines CIM-Systems nicht so schnell ändern wie die Möglichkeiten der technischen Realisierung in Form von Informations- und Fertigungstechnologien.

Der ursprünglich an einer Mainframe-Umgebung orientierte Planungsansatz wurde mittlerweile auf eine PC-Anwendung mit entsprechenden Werkzeugen und einer Host-Schnittstelle (für die Verwaltung des umfangreichen Modells) übertragen [IBM 92].

3.4.3   Vergleich der Planungsansätze

Wenngleich die Ansätze ein gemeinsames Grundkonzept aufweisen (vgl. 3.4.2.1), zeigen sich Unterschiede in den Planungstools. Diese werden im folgenden anhand der Kriterien Werkzeugart, Unterstützungsreichweite, Zielgruppe, Planungsumfang, Art der Ist-Analyse, Unternehmensmerkmale, Simulationsoptionen, sowie Modifikationseignung kurz charakterisiert.

-   Art der Werkzeuge
    Der CIM-Analyzer, CIM-KSA sowie SYCAT sind speziell entwickelte Anwendungen. SysCIM verwendet ebenfalls Eigenentwicklungen, nutzt

aber primär allgemein verwendbare Software Engineering (Standard-) Werkzeuge. Gleiches gilt für PRISMA.

Grundsätzlich haben Standardwerkzeuge in diesem Anwendungsfeld den Vorteil, daß sie sich vielfältig einsetzen lassen und evtl. im Unternehmen schon vorhandene Systeme sowie damit gemachte Erfahrungen weitergenutzt werden können. Beispielsweise sind die für PRISMA vorgesehenen Werkzeuge, etwa Word oder Draw, auch sehr flexibel für sonstige Aufgaben verwendbar. Darüber hinaus werden sie vom Hersteller ständig verbessert und weiterentwickelt. Spezielle Anwendungen sind jedoch dann erforderlich, wenn es um spezifische Funktionen, etwa das strukturierte Erfassen der Unternehmens-Ist-Situation, geht.

- Reichweite der Unterstützung
  Vergleicht man die Reichweite der DV-Unterstützung mit den Abschnitten eines traditionellen phasenorientierten Schemas der Softwareentwicklung, ergibt sich eine Anordnung, wie sie in Bild 3.4.3/1 dargestellt ist. SYCAT unterstützt sehr detailliert die Ist-Analyse sowie die Auswahl von DV-Komponenten im Rahmen der Realisierung. Das Werkzeug CIM-Analyzer bietet Hilfen für die Ist-Analyse sowie für das Grobkonzept, CIM-KSA darüber hinaus für die Feinplanung. PRISMA soll des weiteren die Implementierung unterstützen. Recht weitreichende Hilfestellung leistet SysCIM (die Realisierung des vorgestellten Konzepts vorausgesetzt).

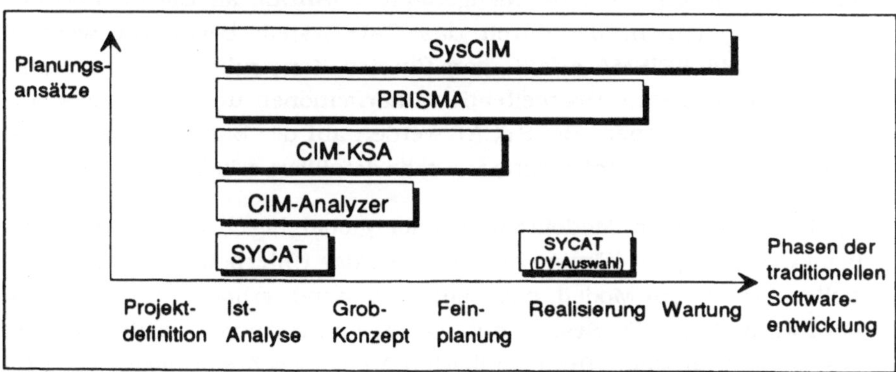

Bild 3.4.3/1:   Reichweite der DV-Unterstützung der Planungsansätze

- Zielgruppe
  Unter Zielgruppe sind die Unternehmen zu verstehen, für die solche Planungsansätze angewendet werden können. Die zielgruppenspezifische Eignung hängt wesentlich von der Übertragbarkeit der den Ansätzen zugrundeliegenden Referenzmodellen ab. Einschränkungen zeigen

sich hier für den CIM-KSA-Ansatz, da das Referenzmodell typische Vorgänge von Unternehmen des Maschinenbaus beschreibt, sowie für PRISMA, das sich hauptsächlich an Firmen im Maschinen- und Anlagenbau wendet. Ohne Restriktionen sollen sich der CIM-Analyzer, SYCAT sowie SysCIM verwenden lassen.

- Planungsumfang
Dieser orientiert sich an den CIM-Bereichen, die in den Referenzmodellen abgebildet sind (vgl. Bild 3.3.4/1). Bis auf PRISMA, welches sich explizit auf den CAD/CAM-Bereich konzentriert, decken die Planungsansätze die wesentlichen CIM-Bereiche ab.

- Analyse der Ist-Situation
Der CIM-Analyzer erfragt Informationen zum Funktionsumfang der installierten Teilsysteme und deren Integration über Datenflußbeziehungen sowie Zeit- und Mengengerüste der innerbetrieblichen Logistikkette. Mit CIM-KSA zeichnet man den Ist-Status implizit durch die Auswahl der relevanten Vorgangsketten des Modells auf. Diese werden dann mit Zeit- und Mengengerüsten gefüllt. SysCIM koppelt die Ist-Analyse mit der Eingabe unternehmenstypischer Merkmale, z.B. der Fertigungsart. Zeit- oder Mengengrößen der betrieblichen Leistung werden nicht ermittelt, wodurch sich Dimensionierungsprobleme ergeben können. (Wie kann man beispielsweise den Investitionsumfang eines CAD-Systems bestimmen, ohne etwa die Zeitanteile (an der Auftragsgesamtdurchlaufzeit) oder die Mengenanteile (Anzahl an Eigenkonstruktionen) zu kennen, die durch das CAD-System beeinflußt werden können?) Mit PRISMA erfaßt man für den Konstruktions- und Fertigungsbereich die zu verarbeitenden Informationen und die jeweils zuständigen Funktionen. Bei SYCAT werden auf der Basis von Formularen die notwendigen Informationen sehr detailliert erhoben.

Sind die logischen Modellinhalte eher global beschrieben, wie etwa beim CIM-Analyzer, können die Ist-Daten des Unternehmens ohne speziellen Bezug zum Modell, d.h. sehr umfassend, erhoben werden. Dies bewirkt, daß ein CIM-System mit starker Ausrichtung am betrieblichen Ist-Zustand entsteht. Bei detaillierten Modellbeschreibungen, wie z.B. kompletten Vorgangsketten, muß die Erfassung des Ist-Zustandes in engem Bezug zu den im Modell abgelegten Inhalten erfolgen, da sonst kein maschineller Soll/Ist-Vergleich möglich ist. So gibt ein CIM-KSA-Anwender Daten genau zu den Aufgaben an, die auch in den ausgewählten Vorgangsketten des verwendeten Referenzmodells beschrieben sind. Ähnlich geht auch PRISMA vor. Diese Methodik gestattet das Modellieren von speziellem CIM-Know-how. Es besteht allerdings die

Gefahr, daß man zu "modellbehaftet" vorgeht und dadurch individuelle Unternehmenscharakteristika nur unzureichend berücksichtigt.

- Anzahl verwendeter Unternehmensmerkmale
  Wesentlicher Bestandteil der Planungsansätze ist das Erfassen typischer Unternehmensmerkmale. Unterschiede zeigen sich im Differenzierungsgrad dieser Charakteristika. Werden viele Merkmale verwendet, resultiert daraus der Vorteil, fein nuancierte Unternehmensanforderungen herausarbeiten zu können. Fraglich ist jedoch der Nutzen dieser Verfeinerung. Rein theoretisch ergeben sich bei CIM-KSA eine Vielzahl von Merkmalskombinationen. Die Anzahl alternativer Ergebnisse bei der Entwicklung eines CIM-Systems ist jedoch vergleichsweise gering. Es ist zu vermuten, daß sich die gleichen Resultate auch bei einer Beschränkung auf wenige, besonders charakteristische Kennzeichen, wie beim CIM-Analyzer oder bei SysCIM, erzielen lassen. Für PRISMA und SYCAT sind hinsichtlich dieses Merkmals keine Aussagen möglich.

- Möglichkeiten zur Simulation und Bewertung alternativer Soll-Konzepte
  Während der CIM-Analyzer und SysCIM aufgrund der erfaßten Merkmale genau ein relevantes Soll-Konzept ableiten, sehen CIM-KSA sowie insbesondere PRISMA das Konzipieren alternativer Vorgangs- bzw. Verfahrensketten vor. Unter Verwendung von Simulationsverfahren soll dann die am besten geeignete Alternative selektiert werden.

- Möglichkeiten zur benutzerindividuellen Modifikation der Planungsergebnisse
  SysCIM unterstützt mit Software Engineering-Methoden ein Erweitern des "abgeleiteten Modells", d.h. der Teile des Referenzmodells, die auf das betrachtete Unternehmen zutreffen. Das Ergebnis ist ein "unternehmensspezifisches CIM-Modell". In CIM-KSA werden die zutreffenden Vorgangsketten mit Ist-Daten gefüllt. PRISMA gestattet es, die Referenzausprägungen betriebsspezifischen Gegebenheiten anzupassen. Mittels Differenzenbildung wird beim CIM-Analyzer der Handlungsbedarf aufgezeigt, der zum Erreichen des im Referenzmodell hinterlegten Funktions- bzw. Integrationsgrades erforderlich ist. Darüber hinausgehende Unternehmensanforderungen können nicht abgebildet werden (hierfür läßt sich der ARIS-Modeller, ein weiteres Werkzeug der ARIS-Produktfamilie [vgl. u.a. Jost 93, S. 16 ff.] einsetzen).

Da es nur in den seltensten Fällen möglich sein dürfte, die CIM-Strukturen eines Unternehmens vollständig in einem Referenzmodell abzubilden, sollte man in der Lage sein, in der Notation des Planungstools sehr flexibel Modellerweiterungen vorzunehmen. Von den gezeigten Ansätzen ist diese Option am nachdrücklichsten bei SysCIM konzeptionell berücksichtigt.

Bild 3.4.3/2 zeigt im Überblick den Vergleich der analysierten Planungsinstrumente.

Vergleichs-merkmale \ Planungsansätze	CIM-Analyzer	SysCIM	CIM-KSA	PRISMA	SYCAT
Art der eingesetzten Werkzeuge	speziell	speziell/ Standard	speziell/ Standard	primär Standard	speziell
Reichweite der Unterstützung	bis Grob-konzept	gesamter Software Life Cycle	bis Fein-konzept	bis Realisierung/ Einführung	Ist-Analyse/ Realisierung (Komponentenauswahl)
Zielgruppe	Industrie allgemein	Industrie allgemein	speziell Maschinenbau	Maschinen- und Anlagenbau	Industrie allgemein
Planungsumfang	alle wesentlichen CIM-Bereiche	——	alle wesentlichen CIM-Bereiche	CAD/CAM-Bereich	alle wesentlichen CIM-Bereiche
Ist-Analyse	mit Hilfe eines Expertensystems	mit Hilfe eines Expertensystems	mit Hilfe eines Expertensystems	——	DV-gestützte Formulare
Unternehmensmerkmale	wenige charakteristische Merkmale	detaillierter Merkmalskatalog	Fragebogen mit 6 Themenkreisen	——	——
Simulation/ Alternativen	nicht vorgesehen	möglich	nicht vorgesehen	möglich	——
individuelle Modifikation	mit einem ergänzenden Werkzeug möglich	grundsätzlich möglich	konzeptionell vorgesehen	konzeptionell vorgesehen	——

Legende:

—— keine Aussage möglich

Bild 3.4.3/2:   Vergleich der Planungsinstrumente

3.5 Weitere Hilfsmittel

In diesem Abschnitt werden in Stichworten einige weitere Aufgabenstel-
lungen im Rahmen der CIM-Planung und Beispiele für Tools, die sich zum
Bearbeiten dieser Aufgaben einsetzen lassen, vorgestellt. Sie ergänzen die
Übersicht zum Entwicklungsstand der CIM-Planung insofern, als sich mit
den Werkzeugen speziellere Themen bearbeiten lassen, die bislang nicht so
sehr im Vordergrund standen, aber beim Gestalten einer CIM-Lösung
durchaus von Relevanz sind.

1) Technische Gestaltung von Fertigungsabläufen/-anlagen

Stellvertretend für eine Reihe von Werkzeugen, die sich speziell mit der
Modellierung und Messung des Leistungsverhaltens von Fertigungssystemen beschäftigen, sei hier das Tool PETSI (Petri-Netz-basierte Simulation)
angeführt [vgl. Jarschel 92]. Mit diesem Werkzeug läßt sich der Ablauf von
Fertigungsprozessen mit Hilfe von Petri-Netzen [vgl. u.a. Peterson 81;
Starke 90] abbilden und simulieren, so daß Entscheidungen, welche die
technische Auslegung von Fertigungssystemen betreffen, unterstützt werden können.

INCOME (Interactive Net-based Conceptual Modelling Environment) ist ein
Tool, mit dem ebenfalls auf der Basis von Petri-Netzen das Verhalten von
Informationssystemen, d.h. Aktionen und Beziehungen zwischen Aktionen,
über mehrere Hierarchien abgebildet und visualisiert werden kann [Stucky
89; Lausen 88]. Der Einsatz beschränkt sich nicht nur auf diese technischen Aspekte. Eine Weiterentwicklung, INCOME/STAR [vgl. Oberweis 92],
sieht Erweiterungen des Ansatzes, z.B. zum Abbilden organisatorischer
Umgebungen, vor.

Auf der Basis eines wissensbasierten Ansatzes unterstützt FLEXPERT die
Layoutplanung von Fertigungsanlagen [Tönshoff 92b]. Ausgehend von der
Beschreibung der Fertigungsaufgabe werden in einem zweistufigen Vorgehen die grundsätzliche Struktur der Anlage sowie die Ausgestaltung der
einzelnen Komponenten geplant.

2) Wirtschaftlichkeit von CIM-Komponenten

Will sich ein Unternehmen beim Gestalten von CIM-Lösungen an den Bausteinen orientieren, die im Rahmen einer Wirtschaftlichkeitsanalyse am
besten beurteilt werden, kann es beispielsweise auf Hilfsmittel zurückgreifen, wie sie bei Schumann [Schumann 92, S. 321 ff.] beschrieben sind.
Dabei werden neben den quantitativen auch qualitative Nutzeffekte von
CIM-Systemen bewertet und sowohl Aufwendungen für die CIM-Realisierung als auch Ertragsentwicklungen erfaßt. Ein weiteres Werkzeug, das

ähnliche Aufgaben unterstützt, ist bei Biberschick skizziert [Biberschick 91].

3) Analyse von kompletten Vorgängen und Vorgangsketten

Speziell für die Analyse von Vorgangsketten, z.B. die komplette Produktentwicklung, läßt sich VOKAL (Vorgangskettenanalyse) einsetzen [vgl. Berkau 91]. Mit Hilfe des Systems erfaßt man Ist-Abläufe und untersucht diese dann auf Schwachstellen. Darüber hinaus können Soll-Vorgangsketten modelliert und anhand von Kennzahlen bewertet werden [vgl. Jost 93, S. 16].

4) Auswahl von Standardsoftware für CIM-Bausteine

Aufbauend auf einem Merkmalskatalog für Standardlösungen im Produktionsplanungs und -steuerungsbereich unterstützt BAPSY (Bewertung und Auswahl von PPS-Systemen) die Vorauswahl eines geeigneten PPS-Systems [vgl. u.a. Krings 92]. Anhand eines Merkmalskatalogs, der PPS-Lösungen charakterisiert, kann der Anwender seine Anforderungen spezifizieren. Das Tool grenzt dann das breite Marktangebot auf die für das betrachtete Unternehmen prinzipiell geeigneten Systeme ein, wodurch sich der gesamte Auswahlprozeß verkürzt. Ein vergleichbares Vorgehen ist mit PC-basierten Produktdatenbanken und Auswahlprogrammen des LPro (Labor für Produktionsinformatik) der Universität Kassel für PPS, BDE- oder CAD-Systeme möglich [vgl. u.a. Geitner 91, S. 245].

Betrachtet man die vorgestellten DV-gestützten CIM-Planungsansätze und die entsprechenden Werkzeuge unter der Zielsetzung, Ansatzpunkte für Weiterentwicklungen abzuleiten, so lassen sich im wesentlichen die folgenden Aussagen gewinnen:
-   Das prinzipielle Vorgehen sollte darin liegen, Referenzstrukturen des CIM-Bereichs sehr flexibel an unternehmensspezifische Rahmenbedingungen anpassen zu können.
-   Beim Entwickeln der Referenzmodelle sollten logisch-konzeptionelle Vorarbeiten verschiedener Autoren miteinbezogen werden.
-   Die Planungswerkzeuge sollten möglichst umfassend zur DV-gestützten Abwicklung von CIM-Planungsaufgaben, d.h. von der CIM-Analyse bis zum Einführen und Warten der CIM-Lösung, beitragen.
-   Die Werkzeuge sind durchgängig zu gestalten, d.h. in einem Planungsschritt erarbeitete Ergebnisse sollten als Input für nachgelagerte Planungsaufgaben dienen.
-   Neben der logisch-konzeptionellen Gestaltung von Funktionen, Daten und Integrationsbeziehungen sollten auch personelle und organisatori-

sche Gesichtspunkte bei der CIM-Planung und -Einführung berücksichtigt werden können.

3.6 Literatur zu Kapitel 3

Berkau 91 — Berkau, C., VOKAL - System zur Vorgangskettendarstellung und -analyse, Veröffentlichungen des Instituts für Wirtschaftsinformatik an der Universität des Saarlandes, Nr. 82, Saarbrücken 1991.

Becker 91 — Becker, J., CIM-Integrationsmodell, Berlin u.a. 1990.

Biberschick 91 — Biberschick, D., Neuer Bewertungsansatz bei der Auswahl von CIM-Systemen, ioManagement Zeitschrift 60 (1991) 5, S. 67 - 73.

Binner 91 — Binner, H.F., Prozeßkettenmodellierung, CIM Management 7 (1991) 4, S. 30 - 34.

Binner 93 — Binner, H.F., Vorstellung von SYCAT, CEBIT-Messehinweis, Hannover 1993.

Brecker 91 — Brecker, J., Klassifikation und Beurteilung von konzeptuellen Modellen der rechnerintegrierten Fertigung (CIM), Diplomarbeit, Göttingen 1991.

CADCAM 87 — CADCAM Labor des Kernforschungszentrums Karlsruhe GmbH (Hrsg.), CIM - Integrierte rechnerunterstützte Fertigung, Karlsruhe 1987.

Czernik 92 — Czernik, S. und Quint, W., Techniken zur Systemanalyse und Integration von CIM-Komponenten, CIM Management 8 (1992) 2, S. 50 - 55.

Dernbach 90 — Dernbach, W., Traditionelle Organisationskonzepte - Hindernis für schnelle CIM-Erfolge, in: Spiegel-Verlag (Hrsg.), Märkte im Wandel, Band 14: CIM Computerintegrierte Produktion, Hamburg 1990, S. 79 - 102.

DIN 87 — DIN (Hrsg.), Normung von Schnittstellen für die rechnerintegrierte Produktion (CIM), Berlin Köln 1987.

Erkes 88 — Erkes, K.F., Gesamtheitliche Planung flexibler Fertigungssysteme mit Hilfe von Referenzmodellen, Dissertation, Aachen 1988.

Geitner 91 — Geitner, U.W. und Klein, B., Auswahl von CAD-Standardsoftware, in: Geitner, U.W. (Hrsg.), CIM-Handbuch, 2. Aufl., Braunschweig 1991, S. 233 - 245.

Grabowski 91 — Grabowski, H., Schäfer, H. und Krzepinski, A., Methodisch unterstützte Planung und Integration von CAD/CAM-Verfahrensketten, Teil 1: Aufbau des Planungsinstruments, CIM Management 7 (1991) 6, S. 60 - 67.

Grabowski 92a — Grabowski, H. und Krzepinski, A., Methodisch unterstützte Planung und Integration von CAD/CAM-Verfahrensketten, Teil 2: Das PRISMA-Referenzmodell, CIM Management 8 (1992) 1, S. 50 - 56.

Grabowski 92b — Grabowski, H., Schäfer, H. und Krzepinski, A., Instrumentarium zur methodisch unterstützten Planung und Integration betriebsspezifischer CAD/CAM-Verfahrensketten, Teil 3: Das PRISMA-Vorgehensmodell, CIM Management 8 (1992) 2, S. 43 - 49.

Greiner-Dürr 90 — Greiner-Dürr, E., CIM-Analyzer: Unternehmensanalyse und Planung eines unternehmensspezifischen CIM-Rahmenkonzepts, in:

	Siemens (Hrsg.), Künstliche Intelligenz in der Praxis mit Workshop: Wissensbasierte Systeme für Produktion und Logistik, 24.-26. Oktober 1990, München 1990.
Grochla 74	Grochla, E. und Mitarbeiter, Integrierte Gesamtmodelle der Datenverarbeitung, München Wien 1974.
Groditzki 89a	Groditzki, G., Entwicklung und Einführung von CIM-Systemen (Teil 1), CIM Management 5 (1989) 2, S. 59 - 64.
Groditzki 89b	Groditzki, G., Entwicklung und Einführung von CIM-Systemen (Teil 2), CIM Management 5 (1989) 3, S. 60 - 65.
Groditzki 89c	Groditzki, G., Systematische Entwicklung und Einführung von CIM-Systemen (Teil 3), CIM Management 5 (1989) 4, S. 50 - 55.
Harrington 84	Harrington, J., Understanding the Manufacturing Process, New York Basel 1984.
Hellwig 86	Hellwig, H.E. und Hellwig, U., CIM-Konzepte und CIM-Bausteine, VDI-Z 128 (1986) 18, S. 691 - 703.
IBM 92	IBM (Hrsg.), Vortragsunterlagen IBM-Workshop Unternehmensmodellierung, Sindelfingen 1992.
Jarschel 92	Jarschel, W., Drebinger, A. und Bolch, G., Modellierung von Fertigungssystemen mit dem Petri-Netz-Simulator PETSI, Wirtschaftsinformatik 34 (1992) 5, S. 535 - 544.
Jost 90	Jost, W. und Keller, G., CIMAN - Konzeption eines DV-Tools zur Gestaltung einer CIM-orientierten Unternehmensarchitektur, Veröffentlichungen des Instituts für Wirtschaftsinformatik an der Universität des Saarlandes, Nr. 66, Saarbrücken 1990.
Jost 93	Jost, W., Werkzeugunterstützung bei der DV-Beratung, Information Management 8 (1993) 1, S. 10 - 19.
Klittich 91	Klittich, M., Modellierung der Architektur von Fertigungsunternehmen: Elemente der Modellierung, Tragweite des Ansatzes und bisher erreichte Ergebnisse, in: Westkämper, E. (Hrsg.), CIM: Strategien, Konzepte und Systeme zur Gestaltung der Produktion, ONLINE 91, 14. Europäische Kongressmesse für Technische Kommunikation, Hamburg 1991, VIII/17.
Koch 91	Koch, R., Darstellung und Vergleich ausgewählter Planungsansätze und Beschreibungsmodelle zur Entwicklung eines CIM-Konzepts, Diplomarbeit, Göttingen 1991.
König 92	König, H. und de Ridder, L., CIMOSA: Architektur für Offene Systeme und Modellierung von Unternehmensprozessen, in: CIM Management 8 (1992) 4, S. 4 - 11.
Krings 92	Krings, K. und Dirk, M., BAPSY Bewertung und Auswahl von PPS-Systemen, Sonderdruck 3/92 des Forschungsinstituts für Rationalisierung an der RWTH Aachen, Aachen 1992.
Lausen 88	Lausen G., Németh, T., Oberweis, A., Schöntaler, F. und Stucky, W., The INCOME Approach for Conceptual Modelling and Prototyping of Information Systems, Forschungsbericht 194 des Instituts für Angewandte Informatik und formale Beschreibungsverfahren an der Universität Karlsruhe (TH), Karlsruhe 1988.
Mertens 91a	Mertens, P., Integrierte Informationsverarbeitung, Teil 1: Administrations- und Dispositionssysteme, 8. Aufl., Wiesbaden 1991.
Mertens 91b	Mertens, P. und Holzner, J., Gegenüberstellung von Integrationsansätzen der Wirtschaftsinformatik, Arbeitspapier Nr. 5/1991

	der Abteilung Wirtschaftsinformatik der Universität Erlangen-Nürnberg, Nürnberg 1991.
Oberweis 92	Oberweis, A., Scherrer, G. und Stucky, W., INCOME/STAR: Process Model Support for the Development of Information Systems, Forschungsbericht 252 des Instituts für Angewandte Informatik und formale Beschreibungsverfahren an der Universität Karlsruhe (TH), Karlsruhe 1992.
Peterson 81	Peterson, J.L., Petri Net Theory and the Modelling of Systems, Englewood Cliffs, N.J., Prentice Hall 1981.
Pocsay 91	Pocsay, A., Methoden- und Tooleinsatz bei der Erarbeitung von Konzeptionen für die integrierte Informationsverarbeitung, in: Jacob, H., Becker, J. und Krcmar, H. (Hrsg.), Integrierte Informationssysteme, Wiesbaden 1991.
Scheer 90a	Scheer, A.W., Wirtschaftsinformatik, 3. Aufl., Berlin u.a. 1990.
Scheer 90b	Scheer, A.W., CIM - Der computergesteuerte Industriebetrieb, 4. Aufl., Berlin u.a. 1990.
Scheer 90c	Scheer, A.W., Heß, H. und Jost, W., Rechnergestützte Entwicklung eines EDV-technischen CIM-Konzeptes, CIM Management 6 (1990) 2, S. 64 - 69.
Scheer 91a	Scheer, A.W., Papierlose Beratung - Werkzeugunterstützung bei der DV-Beratung, Information Management 6 (1991) 4, S. 6 - 16.
Scheer 91b	Scheer, A.W., Architektur Integrierter Informationssysteme, Berlin u.a. 1991.
Scholz 88	Scholz, B. und Hoyer, R., Methoden zur Gestaltung von CIM-Strukturen, FB/IE 37 (1988) 4, S. 172-178.
Scholz-Reiter 90	Scholz-Reiter, B., CIM - Informations- und Kommunikationssysteme, München Wien 1990.
Scholz-Reiter 92	Scholz-Reiter, B., Anforderungen und Beurteilungskriterien für rechnerunterstützte Werkzeuge der Systemanalyse im CIM-Bereich, CIM Management 8 (1992) 4, S. 26 - 31.
Schüle 92	Schüle, H. und Schumann, M., DV-gestützte CIM-Planung, CIM Management 8 (1992) 2, S. 56 - 63.
Schumann 92	Schumann, M., Betriebliche Nutzeffekte und Strategiebeiträge der großintegrierten Informationsverarbeitung, Berlin u.a. 1992.
Spur 89	Spur, G., Mertins, K. und Süssenguth, W., Integrierte Informationsmodellierung für offene CIM-Architekturen, CIM Management 5 (1989) 2, S. 36 - 42.
Stahlknecht 89	Stahlknecht, P., Einführung in die Wirtschaftsinformatik, 4. Aufl., Berlin u.a. 1989.
Starke 90	Starke, P., Analyse von Petri-Netz-Modellen, Stuttgart 1990.
Stotko 89	Stotko, E.C., CIM-OSA, CIM Management 5 (1989) 1, S. 9 - 15.
Stucky 89	Stucky, W., Németh, T. und Schönthaler, F., INCOME - Methoden und Werkzeuge zur betrieblichen Anwendungsentwicklung, in: Kurbel, K., Mertens, P. und Scheer, A.W. (Hrsg.), Interaktive betriebswirtschaftliche Informations- und Steuerungssysteme, Berlin New York 1989.
Tönshoff 92a	Tönshoff, H.K. und Jürging, C.P., CIMOSA - Geschäftsprozeßmodellierung zur Anforderungsbeschreibung für unternehmensspezifische CIM-Anwendungen, CIM Management 8 (1992) 6, S. 62 - 67.

Tönshoff 92b   Tönshoff, H.K. und Lange, V., Fertigungsanlagen wissensbasiert
                   planen, ZwF 87 (1992) 6, S. 314 - 318.

Vajna 89a   Vajna, S., Peschges, K.J., Jöns, I., Kirchner, B., Nonnenmacher,
                   U. und Poth, H., Interdisziplinäres und neutrales CIM-Modell,
                   Teil I, ZwF 84 (1989) 8, S. 427 - 430.

Vajna 89b   Vajna, S., Peschges, K.-J., Jöns, I., Kirchner, B., Nonnenmacher,
                   U. und Poth, H., Interdisziplinäres und neutrales CIM-Modell,
                   Teil II, ZwF 84 (1989) 10, S. 561 - 565.

Vajna 90   Vajna, S., CIM-Modelle im Vergleich, Technische Rundschau 82
                   (1990) 23, S. 24 - 33.

Yeomans 85   Yeomans, R.W., Choudry, A. und Ten Hagen, P.J.W., Design
                   Rules for a CIM System, Amsterdam 1985.

Yeomans 87   Yeomans, R.W., Design Rules and Development Guidelines for
                   CIM Projects, in: Proceedings 4th European Conference Auto-
                   mated Manufacturing, Mai 1987, S. 395 - 412.

4 Konzept eines hybriden CIM-Planungstools

4.1 Überblick

Aufbauend auf den im vorangegangenen Kapitel erarbeiteten Ergebnissen bezüglich des Entwicklungsstandes der CIM-Planung, speziell aus dem Blickwinkel des Einsatzes von Referenzmodellen und DV-gestützten Hilfsmitteln, stellt dieses Kapitel das Konzept eines hybriden CIM-Planungstools vor. Hybrides Tool bedeutet dabei, daß für die verschiedenen CIM-Planungsaufgaben auf die Charakteristik der jeweiligen Aufgabenstellung abgestimmte Vorgehensweisen sowie Werkzeuge konzipiert und in einen umfassenden Planungsansatz eingebettet werden. Die Entwicklung des CIM-Planungstools erfolgte im Rahmen eines Forschungsprojektes der Abteilung Wirtschaftsinformatik II der Universität Göttingen.

Zunächst werden grundlegende Überlegungen und Voraussetzungen sowie methodische Aspekte behandelt, auf denen der Planungsansatz basiert. Es folgen eine Kurzcharakteristik der einzelnen Planungsphasen sowie der entwickelten Planungswerkzeuge, welche die in den Phasen zu bewältigenden Aufgaben unterstützen.

4.2 Grundlagen des CIM-Planungstools

4.2.1 Generelle Überlegungen zur CIM-Planung

Bei der Analyse und dem Vergleich von existierenden DV-Lösungen, z.B. zum Unterstützen der Produktionsplanung und -steuerung, der Produktentwicklung oder der Fertigung, stellt man fest, daß sich der in diesen Bereichen jeweils zweckmäßige Einsatz von Informationssystemen zumindest teilweise anhand von Ausprägungen charakteristischer Merkmale der jeweiligen Unternehmen bestimmen läßt [vgl. u.a. Reisch 91, S. 9; Bilger 91, S. 113 ff.; Götz 91, S. 7]. Derartige Merkmale sind beispielsweise die Komplexität der gefertigten Produkte, die Fertigungsstruktur oder die Auftragsart [vgl. u.a. Hermann 92]. Die angesprochenen Korrelationen zwischen Merkmalsausprägungen und sinnvollem oder notwendigem DV-Einsatz lassen sich nutzen, um Gestaltungsempfehlungen abzuleiten, beispielsweise hinsichtlich

- der Funktionalität von CIM-Applikationen, z.B. ob ein CAQ-System Qualitätsstatistiken für Produkte und/oder Produktionsprozesse unterstützen soll,
- den in den angesprochenen Bereichen zu verarbeitenden Daten,
- den aus der Verknüpfung bzw. Integration von Funktionen resultierenden durchgängigen Bearbeitungsabläufen sowie

- den grundlegenden Systemeigenschaften von PPS-/CAx-Anwendungen, z.B. ob ein CAD-System 2D-, 2 1/2D- oder 3D-Darstellung ermöglichen sollte.

Daraus ergibt sich die Idee, das Wissen über die Gestaltung und Struktur von CIM-Systemen, zumindest bis zu einem bestimmten "Grad der Allgemeingültigkeit", d.h. unternehmensneutral, in "Wenn...dann.."-Regeln und/oder in CIM-Referenzmodellen abzubilden. Diese Regeln und Referenzmodelle repräsentieren somit gewissermaßen "logisch-konzeptionelle CIM-Basislösungen" und können mit DV-Tools implementiert werden. Unternehmen, die CIM-Lösungen neu einführen oder erweitern wollen, sind in der Lage, dieses Wissen als Planungsgrundlage zu nutzen und so die Entwicklung des unternehmensspezifischen CIM-Konzepts zu vereinfachen [vgl. Mertins 91, S. 7; Gallmann 91, S. 14].

Der Nutzen dieser CIM-Planungsunterstützung ist u.a. davon abhängig, wie wirksam die Regeln und Referenzmodelle die betrieblichen Anforderungen an die einzelnen Komponenten eines CIM-Systems widerspiegeln können. Um möglichst aussagekräftige Modelle und Regelwerke einzusetzen, liegt dem CIM-Planungstool ein betriebstypologischer Ansatz zugrunde. Ziel des betriebstypologischen Ansatzes ist es, die unterschiedlichen Anforderungen, die verschiedene Betriebstypen an die DV-technische Unterstützung der CIM-Bereiche stellen, differenziert zu charakterisieren.

Dabei ist zu berücksichtigen, daß CIM-Lösungen in hohem Maße unternehmensspezifische Anforderungen erfüllen müssen. Diese sind in allgemeingültigen Gestaltungsempfehlungen und Modellen jedoch nicht erfaßbar. Deshalb sollte ein CIM-Planungsinstrument immer so beschaffen sein, daß sich die implementierten CIM-Strukturen flexibel an betriebsindividuelle Rahmenbedingungen anpassen lassen [vgl. u.a. Westkämper 91, S. 13]. Durch ein derartiges, schrittweises Angleichen und Verfeinern von Funktionen und Daten entsteht im Planungsablauf aus dem unternehmensneutralen CIM-Referenzmodell ein auf die unternehmensindividuellen Gegebenheiten zugeschnittenes Modell der anzustrebenden CIM-Lösung [vgl. Groditzki 89, S. 51].

Durch die Option, firmenspezifische Änderungen vornehmen zu können, schafft man auch die Voraussetzung dafür, daß Erweiterungen, z.B. das Hinzufügen neuer Funktionen, durch Ergänzungen des Modells in das CIM-Gesamtkonzept einfließen können. Derartige Erweiterungen werden beispielsweise aufgrund von Um- oder Neuorientierungen des Unternehmens oder durch technologische Innovationen notwendig.

4.2.2 Betriebstypologien

Eine Betriebstypologie ist ein methodisches Hilfsmittel, um die vielfältigen Erscheinungsformen der Unternehmen zu systematisieren. Dazu legt man, je nach gewünschter Klassifikation, Merkmale fest. Betriebe mit gleichen oder ähnlichen Mustern der Merkmalsausprägungen werden zu einem Betriebstyp zusammengefaßt [vgl. u.a. Hansmann 87, S. 5; Dräger 89]. Bild 4.2.2/1 zeigt das Prinzip der Bildung von Betriebstypen.

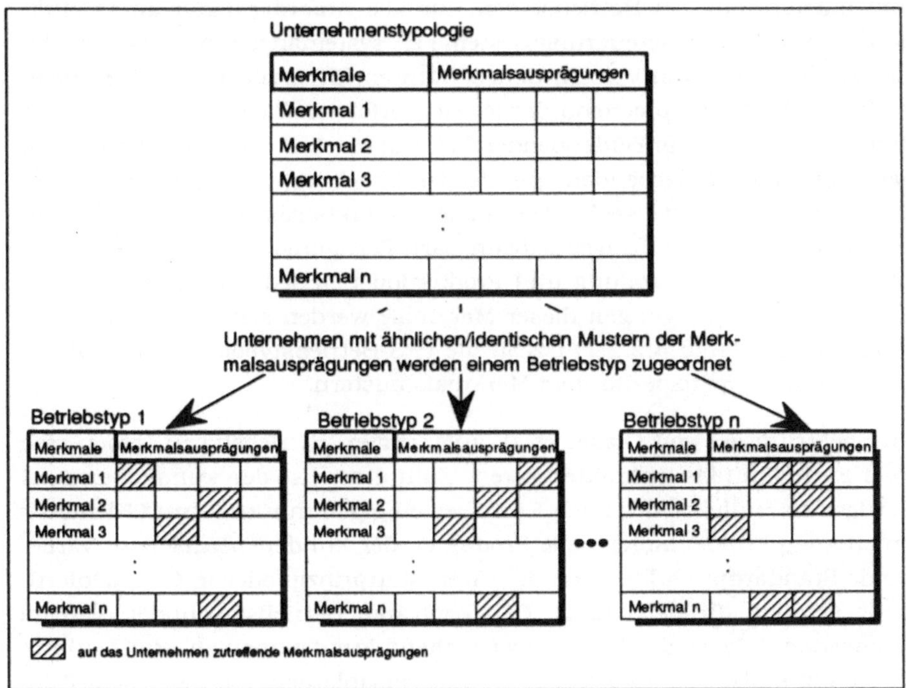

Bild 4.2.2/1:   Prinzip der Betriebstypenbildung

Rein rechnerisch ergeben sich bei einer Unternehmenstypologie in der Größenordnung von z.B. fünf Merkmalen mit jeweils drei Merkmalsausprägungen 243 (3^5) unterschiedliche Betriebstypen. Diese Typologie wäre jedoch für eine brauchbare Systematisierung viel zu umfangreich und würde auch Merkmalskombinationen enthalten, die nicht plausibel sind, d.h. in der Realität nicht auftreten (können). Um eine praktikable Typologie zu erhalten, ist deshalb die Anzahl sinnvoller Betriebstypen zu reduzieren. Dieses erfolgt zum einen durch das Ausschließen von nicht plausiblen Merkmalskombinationen. Zum anderen ist zu bedenken, daß die Merkmalsausprägungen zwar grundsätzlich eindeutig sind, jedoch für einen Betriebstyp durchaus auch mehrere Ausprägungen desselben

Merkmals Gültigkeit besitzen können, wodurch sich ebenfalls eine Reduktion der Betriebstypen ergibt.

4.2.2.1 PPS-Betriebstypologie

Einen für die Zielsetzung dieser Arbeit brauchbaren betriebstypologischen Ansatz findet man bei Schomburg [Schomburg 80, S. 32 ff.]. Dieser entwickelte auf der Basis von acht Merkmalen eine Unternehmenstypologie und differenzierte 18 Betriebstypen, um die Anforderungen an Produktionsplanungs- und -steuerungssysteme zu systematisieren. Diese Typologie wurde seither von verschiedenen Autoren für ähnliche Zwecke aufgegriffen und ggf. entsprechend der jeweils verfolgten Zielsetzung modifiziert [Speith 82; Venitz 89; Büdenbender 91]. Glaser et al. "modernisierten" auf der Basis einer umfassenden empirischen Erhebung die Typologie und reduzierten sie auf die sechs Merkmale Produktstruktur, Produkttypisierungsgrad, Betriebsauftragsauslösungsart, Fertigungsauftragsgröße, Organisationsform der Fertigung und Produktionstiefe [Glaser 91, S. 376 ff.]. Anhand der Ausprägungen dieser Merkmale werden sieben Betriebstypen unterschieden. Bild 4.2.2.1/1 zeigt die PPS-Betriebstypologie nach Glaser et al. mit den typenspezifischen Merkmalsmustern.

Im Spektrum der von Glaser et al. aufgezeigten Betriebstypen lassen sich zwei Extrempunkte charakterisieren. Zum einen ist der kundenbezogene Fertiger anzuführen, der nach Einzelbestellungen in Einzel- und Kleinserienfertigung kundenindividuelle Produkte oder kundenspezifisch zu variierende Standardprodukte nach dem Werkstattprinzip oder in Gruppenfertigung herstellt (Betriebstyp 1). Den konträren Betriebstyp findet man im Großserien-/Massenfertiger, der weitgehend kundenanonym Standardprodukte mit stark automatisierten Produktionsabläufen, die nach dem Prinzip der Fließfertigung oder in Einzelfertigungssystemen organisiert sind, produziert (Betriebstyp 7). Zwischen diesen Extrempunkten werden fünf weitere Betriebstypen mit den in Bild 4.2.2.1/1 dargestellten Merkmalsausprägungen unterschieden.

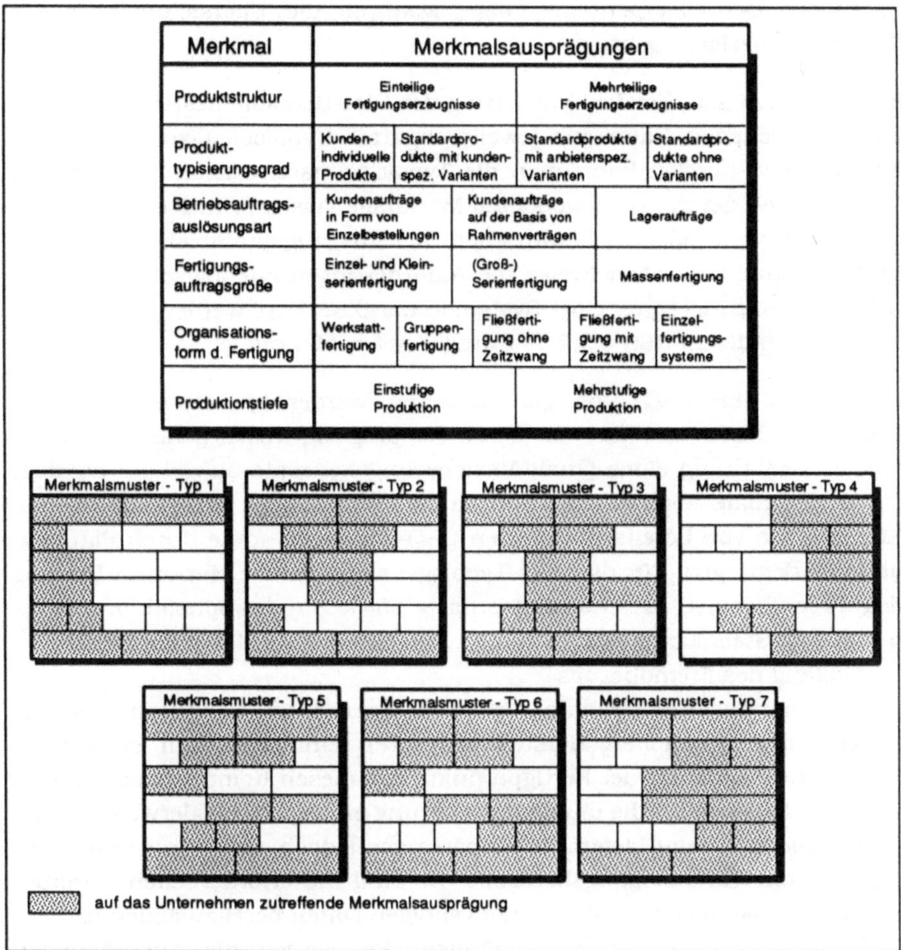

Bild 4.2.2.1/1:   PPS-Betriebstypologie nach Glaser

4.2.2.2   Entwicklung von CAx-Betriebstypologien am Beispiel der Qualitätssicherung

Aufgrund des breiten Aufgabenspektrums sowie den vielfältigen Integrationsbeziehungen ist die Produktionsplanung und -steuerung aus logisch-konzeptioneller Sicht der wohl wichtigste Baustein in einer CIM-Lösung [vgl. u.a. Rall 91, S. 5]. Um eine Betriebstypologie für den gesamten CIM-Bereich zu entwickeln, könnte man deshalb auf der PPS-Typologie von Glaser aufbauen und diese um weitere Merkmale ergänzen, die speziell für die Anforderungsbeschreibung von CAx-Anwendungen erforderlich sind. Die Erweiterung der Merkmalsliste und die Ausdehnung des Untersuchungsbereichs hätten jedoch eine "Aufblähung" der Typologie sowie der relevanten Betriebstypen zur Folge, wodurch die Übersichtlichkeit der Systematik verloren geht.

Ein zweiter Ansatz für die Typisierung der CIM-Bereiche besteht darin, für die verschiedenen Bausteine jeweils separate Typologien zu entwickeln. Für den PPS-Bereich kann man die Typologie nach Glaser übernehmen. Verschiedene der darin verwendeten Merkmale lassen sich darüber hinaus auch für CAx-Typologien heranziehen. Als Ausgangspunkt einer Betriebstypologie, mit der beispielweise die Anforderungen zur logisch-konzeptionellen Gestaltung eines CAQ-Systems charakterisiert werden sollen, dienen deshalb die im Bild 4.2.2.1/1 aufgelisteten Merkmale.

Um daraus eine CAQ-Typologie abzuleiten, werden im ersten Schritt betriebliche Charakteristika, von deren Ausprägung wesentliche Wirkungen auf die Gestaltung eines Qualitätssicherungskonzepts ausgehen, ergänzt. Diese Merkmale bestimmt man durch eine Analyse der charakteristischen Kennzeichen von bereits realisierten CAQ-Lösungen sowie durch Plausibilitätsüberlegungen. Für die CAQ-Typologie sind dies die Merkmale Umfang des Fremdbezugs, Beschaffungsprinzip sowie Produktionsfaktorschwerpunkt [vgl. Steenkamp 91]:

- Umfang des Fremdbezugs
  Je höher der Anteil fremdbezogener Einzelteile und Baugruppen ist, die in den betrieblichen Herstellungsprozeß einfließen, um so stärker hängt die Qualität der Fertigprodukte von diesen Komponenten ab und umso früher muß die Qualitätssicherung einsetzen. Idealerweise erfolgt dies bereits beim Lieferanten, spätestens jedoch im Rahmen einer intensiven Wareneingangskontrolle. Es sind die erforderlichen Funktionen zu installieren sowie die notwendigen Daten bereitzustellen bzw. zu erfassen und weiter zu bearbeiten. Es werden die Ausprägungen Fremdbezug in geringem Umfang, Fremdbezug in größerem Umfang sowie weitestgehender Fremdbezug unterschieden.

- Beschaffungsprinzip
  Beim Extrempunkt moderner Beschaffungsprinzipien, der fertigungssynchronen Beschaffung (Just in time), werden die erforderlichen Qualitätssicherungsfunktionen häufig dem Zulieferer übertragen. Daraus resultieren andere Anforderungen an die Gestaltung eines CAQ-Systems, als dies etwa bei einer Einzelbeschaffung bzw. bei einer Vorratsbeschaffung der Fall ist.

- Produktionsfaktorschwerpunkt
  Völlig unterschiedliche Aspekte der Qualitätssicherung ergeben sich bezüglich des Produktionsfaktors, der im Fertigungsablauf vorrangig zum Einsatz kommt bzw. der im Fertigungsablauf besonders fehleranfällig ist. Während bei arbeitsintensiven Fertigungsverfahren Quali-

tätssicherungssysteme notwendig werden, die insbesondere personenbezogene Qualitätsdaten messen und auswerten, sind bei anlagenin-
tensiver Produktion Prüfmethoden, z.B. zur Werkzeugkontrolle, notwendig. Bei materialintensiver Herstellung dienen Qualitätssicherungs-
verfahren zum Überprüfen, ob sich durch den Fertigungsprozeß keine
negative Veränderung von Materialeigenschaften, z.B. reduzierte
Bruchfestigkeit, eingestellt hat.

Im zweiten Schritt entfernt man die Merkmale aus der Typologie, die keine
oder nur eine vernachlässigbar geringe Wirkung auf die Gestaltung eines
CAQ-Systems besitzen oder deren Einfluß bereits aus einem oder mehreren anderen Charakteristika ableitbar ist. Infolgedessen werden die Merkmale Produktionstiefe (dieses Merkmal ermöglicht allenfalls eine Aussage,
wie häufig z.B. Zwischenprüfungen vorzunehmen sind) sowie Produktstruktur (keine Wirkungen, die nicht durch andere Merkmale besser
charakterisiert werden können) gestrichen.

Das Berücksichtigen dieser Aspekte führt zu der in Bild 4.2.2.2/1 gezeigten Typologie, aus der 5 Betriebstypen abgeleitet werden.

Nach dem gleichen Prinzip lassen sich auch die Typologien der weiteren
CIM-Bereiche entwickeln. Diese weisen aus der logisch-konzeptionellen
Sicht, die dieser Arbeit zugrundeliegt, eine unterschiedliche Komplexität
auf. Dementsprechend sind auch unterschiedlich viele Betriebstypen notwendig, um die jeweiligen Anforderungen an die DV-Unterstützung zu charakterisieren. So werden beispielsweise im Bereich der Produktionsplanung und -steuerung sieben Typen unterschieden (s.o.), im Konstruktionsbereich dagegen sind drei Typen differenziert.

Prinzipiell ist es möglich, verschiedene Betriebstypen zu kombinieren, z.B.
den PPS-Betriebstyp 1 mit dem CAQ-Betriebstyp 1 und dem CAD-Typ 1
usw.. Sofern für verschiedene Typologien dieselben Merkmale und Merkmalsausprägungen verwendet werden, ist sicherzustellen, daß sich durch
das Kombinieren der Typologien keine Widersprüche ergeben (vgl. auch
Abschnitt 5.3.3 im folgenden Kapitel). Ein Widerspruch würde beispielsweise dann vorliegen, wenn man den PPS-Typ 1 mit dem CAQ-Typ 2 kombinieren wollte, da letztgenannter bei der Ausprägung des Merkmals Fertigungsauftragsgröße die (Groß-)Serienfertigung vorsieht (vgl. Bild
4.2.2.2/1), hingegen dem PPS-Typ 1, beim gleichen Merkmal, die Auspra-
gung Einzel- bzw. Kleinserienfertigung zugewiesen ist.

Merkmal	Merkmalsausprägungen			
Produkt- typisierungsgrad	Kunden- individuelle Produkte	Standardpro- dukte mit kunden- spez. Varianten	Standardprodukte mit anbieterspez. Varianten	Standardpro- dukte ohne Varianten
Betriebsauftrags- auslösungsart	Kundenaufträge in Form von Einzelbestellungen	Kundenaufträge auf der Basis von Rahmenverträgen	Lageraufträge	
Fertigungs- auftragsgröße	Einzel- und Klein- serienfertigung	(Groß-) Serienfertigung	Massenfertigung	
Beschaffungs- prinzip	Fertigungssyn- chrone Beschaffung	Einzelbeschaffung	Vorratsbeschaffung	
Produktionsfak- torschwerpunkt	Arbeitsintensive Produktion	Materialintensive Produktion	Anlagenintensive Produktion	
Umfang Fremdbezug	Fremdbezug in geringem Umfang	Fremdbezug in größerem Umfang	weitestgehender Fremdbezug	
Organisations- form d. Fertigung	Werkstatt- fertigung / Gruppen- fertigung	Fließferti- gung ohne Zeitzwang	Fließferti- gung mit Zeitzwang	Einzel- fertigungs- systeme

Bild 4.2.2.2/1:   Betriebstypologie für die Qualitätssicherung

4.3 Vorgehensweise des CIM-Planungstools

Die durch das CIM-Planungstool unterstützte Vorgehensweise orientiert
sich am zeitlichen Ablauf, um Konzepte für CIM-Lösungen zu entwickeln
und einzuführen. Dabei wird ein dreiphasiges Vorgehen mit den Phasen
"CIM-Analyse", "Gestaltung des CIM-Konzepts" und "CIM-Einführung" zugrundegelegt. Jede der Phasen besteht aus einer Reihe von einzelnen Vor-
gehens- bzw. Ablaufschritten, die durch Module des CIM-Planungstools
DV-technisch unterstützt werden.

4.3.1   CIM-Analyse

Im Rahmen der CIM-Analyse sollen

- die für das Gestalten eines CIM-Systems relevanten Unternehmensinformationen, z.B. strategische Ziele und Merkmalsausprägungen, erfaßt,
- Schwachstellen im Betrieb, die das Erreichen der Unternehmensziele erschweren, aufgedeckt,
- die Bereiche, die sinnvoll mit moderner CIM-Technologie unterstützbar sind, identifiziert und
- Soll-Empfehlungen für einen CIM-Systemrahmen gegeben

werden. Dieser Systemrahmen beschreibt grundlegende Eigenschaften und die wesentliche Funktionalität der einzelnen CIM-Bausteine sowie die wichtigsten Verknüpfungen bzw. Integrationsbeziehungen einer anzustrebenden CIM-Lösung. Daraus lassen sich bereits Gestaltungsempfehlungen ableiten.

Darüber hinaus sind im Unternehmen vorhandene "CIM-Defizite" bzw. "Integrationslücken" zu identifizieren, indem man die CIM-Ist-Situation den abgeleiteten Soll-Empfehlungen gegenüberstellt.

Die DV-technische Unterstützung der ersten Phase erfolgt mit Hilfe eines regelbasierten Expertensystems, das als "Intelligente Checkliste" (IC) fungiert (zum Begriff der Intelligenten Checkliste vgl. Mertens [Mertens 91, S. 47]). Das System erfragt in einem Benutzerdialog die notwendigen Informationen und wertet diese entsprechend den Anforderungen aus, die zum Erfüllen der Analyseaufgaben notwendig sind. Dabei geht die IC in fünf Schritten vor:

1. Bei der Priorisierung der CIM-Komponenten wird untersucht, welche Bausteine überhaupt relevant sind, und es erfolgt eine Sortierung aufgrund der Wichtigkeit für das betrachtete Unternehmen.
2. Zum Entwickeln des CIM-Systemrahmens werden die relevanten Eigenschaften, Funktionen und Integrationsbeziehungen der Bausteine identifiziert.
3. Die Ist-Analyse ermittelt die bereits vorhandenen und weiterverwendbaren CIM-Bausteine.
4. Der Soll-Ist-Abgleich stellt die noch fehlenden CIM-Elemente fest.
5. Die Typisierung ordnet dem entwickelten CIM-Systemrahmen detaillierte Funktions- und Datenmodelle zu.

Die Detailbeschreibung der IC ist Gegenstand des Kapitels 5.

4.3.2   Gestaltung des CIM-Konzepts

Die Informationsgrundlage für diese Phase sind die Ergebnisse der CIM-Unternehmensanalyse. Darauf aufbauend leitet man ein detailliertes CIM-(Soll-)Konzept ab. Hierzu werden die Ergebnisse der IC um differenzierte Funktions- und Datenmodelle ergänzt:

- Den Funktionsmodellen liegt eine Sichtweise zugrunde, die sich an den zu bearbeitenden Aufgaben in einem CIM-System orientiert. Durch die sachlogische Verknüpfung der Einzelfunktionen mit Datenflüssen entstehen komplette Funktionsabläufe (Prozeß- oder Vorgangsketten). Diese Verknüpfungen repräsentieren das Integrationskonzept.
- Das Datenkonzept charakterisiert die im CIM-Bereich des Unternehmens zu verarbeitenden Daten aus logischer Sicht und damit unabhängig von den konkreten Applikationen [vgl. u.a. Hars 91]. Die Datenmodelle sind Grundlage für CIM-Datenbanken [vgl. u.a. Ruland 91; Spur 92], da man aus ihnen die Schemata für die physische Datenspeicherung, z.B. in einer relationalen Datenbank [vgl. u.a. Grill 87], ableitet.

Die Funktions-, Daten- und Integrationskonzepte sind nicht isoliert zu gestalten, sondern eng miteinander zu verknüpfen. Zum einen lassen sich dadurch die von den einzelnen CIM-Applikationen zu verwendenden Daten und die Art der Bearbeitung, z.B. Lesezugriff oder Änderung, spezifizieren. Zum anderen schafft man Transparenz über die Schnittstellen zwischen den Bereichen und die dabei zu übertragenden Daten.

Als Hilfsmittel zum Gestalten des CIM-Konzepts sind im CIM-Planungstool CIM-Referenzmodelle implementiert. Diese Modelle repräsentieren unternehmensneutrale Basiskonzepte. Um möglichst differenzierte CIM-Referenzmodelle verfügbar zu haben, wurden diese in zwei Detaillierungsrichtungen entwickelt: Zum einen decken sie die verschiedenen CIM-Bereiche ab. Zum anderen werden innerhalb der einzelnen Bereiche betriebstypenspezifische Modelle unterschieden. Die Verknüpfung der Referenzmodelle mit den Informationen aus der Unternehmensanalyse erfolgt anhand der Betriebstypen. Diese werden durch die IC ermittelt. Im Ablaufschritt Typisierung (s.o.) stellt die IC anhand der erfaßten Merkmalsausprägungen den entsprechenden Betriebstyp fest und zwar für jeden im Rahmen der Unternehmensanalyse als relevant eingestuften CIM-Baustein. Diese Betriebstypen dienen zur Selektion der relevanten CIM-Modelle.

Bei der Auswahl eines geeigneten Modellierungswerkzeugs bzw. einer Modellierungsumgebung für die Referenzmodelle sind im wesentlichen die folgenden Aspekte zu berücksichtigen [vgl. u.a. Hildebrand 92, Tulowitzki 91]:

- Das Tool muß gleichermaßen für die Entwicklung von Referenzmodellen und für deren Pflege, d.h. Modifikation und Weiterentwicklung, geeignet sein.
- Das Werkzeug sollte sowohl funktions- als auch datenorientierte Sichten auf CIM-Systeme ermöglichen. Die Daten- und die Funktionsmodellierung müssen aufeinander abgestimmt sein, um konsistente Lösungen zu erhalten.
- Es sollten anerkannte und in der Praxis angewendete Modellierungsmethoden zugrunde liegen, die primär die Systemplanung sowie den Entwurf von Fachkonzepten unterstützen.
- Es muß gewährleistet sein, daß die entwickelten Modelle unabhängig von DV-technischen Aspekten, z.B. speziellen Hardware-Plattformen, Datenbanksystemen oder Programmiersprachen, sind.
- Damit die Referenzmodelle im Anwenderunternehmen flexibel angepaßt und gepflegt werden können, sind allgemein verfügbare und benutzerfreundliche Standardwerkzeuge auf PC-Basis sinnvoll.

Da mittlerweile eine Vielzahl an Modellierungswerkzeugen am Markt verfügbar sind [vgl. u.a. Lindholm 92] und verschiedene Tools einen geeigneten Funktionsumfang zum Erfüllen der angeführten Anforderungen aufweisen [vgl. u.a. Freyer 91a,b, Freyer 92], wird als Implementierungsplattform für die CIM-Referenzmodelle ein modernes CASE-Tool verwendet [vgl. auch Tolvanen 93, S. 470].

Zum Anpassen der Modelle an unternehmensspezifische Rahmenbedingungen sind Modellmodifikationen vorzunehmen. Damit Kompatibilitätsprobleme zwischen unterschiedlichen Modellierungswerkzeugen vermieden werden, sollte man für die Anpassungsarbeiten dasselbe Tool verwenden, mit dem die Referenzmodelle erstellt sind.

Ausführlichere Beschreibungen des verwendeten Modellierungswerkzeugs sowie der entwickelten Referenzmodelle folgen im Kapitel 6.

4.3.3   CIM-Einführung

Nachdem auf der Grundlage der CIM-Referenzmodelle das unternehmensspezifische CIM-Konzept abgeleitet ist, gilt es, das CIM-System zu realisieren, d.h. das Konzept in durchgängig DV-technisch unterstützte Abläufe umzusetzen. In den meisten Fällen ist hierfür ein schrittweises Einführen von CIM-Einzel- und -Integrationsbausteinen sinnvoll bzw. notwendig. Durch ein sukzessives Vorgehen soll u.a. der CIM-Investitionsaufwand auf eine längere Zeitstrecke verteilt werden. Vor allem aber impliziert die CIM-Technologie Änderungen in der Aufbau- und Ablauforganisation. Beispielsweise verlieren Tätigkeitsfelder wie die der technischen Zeichner an

Bedeutung. Hingegen erlangen andere Aufgaben, z.B. die eines Maschinenführers, der zusätzlich arbeitsvorbereitende Funktionen wie das Erstellen von NC-Programmen übernimmt, eine höhere Wichtigkeit. Derartige Veränderungen führen in einem Unternehmen zu einem gewissen "Einführungsdruck", der durch ein stufenweises Umsetzen des CIM-Konzeptes gemindert werden kann.

Idealerweise sollten diejenigen CIM-Komponenten zuerst eingeführt werden, die die betrieblichen KEF (vgl. Abschnitt 2.3) am nachhaltigsten unterstützen. Dabei ist jedoch zu berücksichtigen, daß beispielsweise aufgrund von finanziellen, systemtechnischen oder personellen Restriktionen Zwänge entstehen können, die eine abweichende CIM-Einführungsstrategie bedingen. Um hier auf entscheidungsrelevante Informationen für das Festlegen eines CIM-Implementierungspfades schnell und komfortabel zugreifen zu können, wird der CIM-Planer durch ein hypertextbasiertes Beratungssystem unterstützt. Dabei werden die verschiedenen Aspekte der Realisierung, z.B. technologische Abhängigkeiten zwischen den CIM-Bausteinen oder personelle Qualifikationen [vgl. u.a. FKM/VDMA 88, S. 115 ff.] für die einzelnen Komponenten, hinterlegt. Mit Hilfe des Beratungssystems lassen sich u.a. alternative Wege der CIM-Realisierung aufzeigen, einschließlich entsprechender Entscheidungskriterien, an denen man sich bei der Alternativenauswahl orientieren kann. Für einen CIM-Planer ist es somit möglich, unter Berücksichtigung der spezifischen Unternehmenssituation eine individuelle CIM-Einführungsstrategie abzuleiten.

Nähere Erläuterungen zu dem hypertextbasierten System für die CIM-Einführungsberatung finden sich im siebten Kapitel.

4.4 Gesamtstruktur des CIM-Planungstools

Bild 4.4/1 zeigt die Gesamtstruktur des hybriden CIM-Planungstools. Damit läßt sich die Arbeit z.B. eines CIM-Ingenieurs oder -Beraters etwa folgendermaßen unterstützen: Zunächst ist mit Hilfe der IC das Unternehmen systematisch zu analysieren. Dabei sind die für das zu planende CIM-System relevanten Informationen über den Betrieb zu erfragen. Mit den CASE-basierten Referenzmodellen wird der ermittelte CIM-Systemrahmen um die entsprechenden Daten- und Funktionsstrukturen ergänzt und ein detailliertes CIM-Soll-Konzept abgeleitet. Dieses ist entsprechend den unternehmensspezifischen, in den Referenzmodellen nicht erfaßten Anforderungen zu modifizieren. Schließlich wird die Einführungsplanung der einzelnen CIM-Bausteine unterstützt.

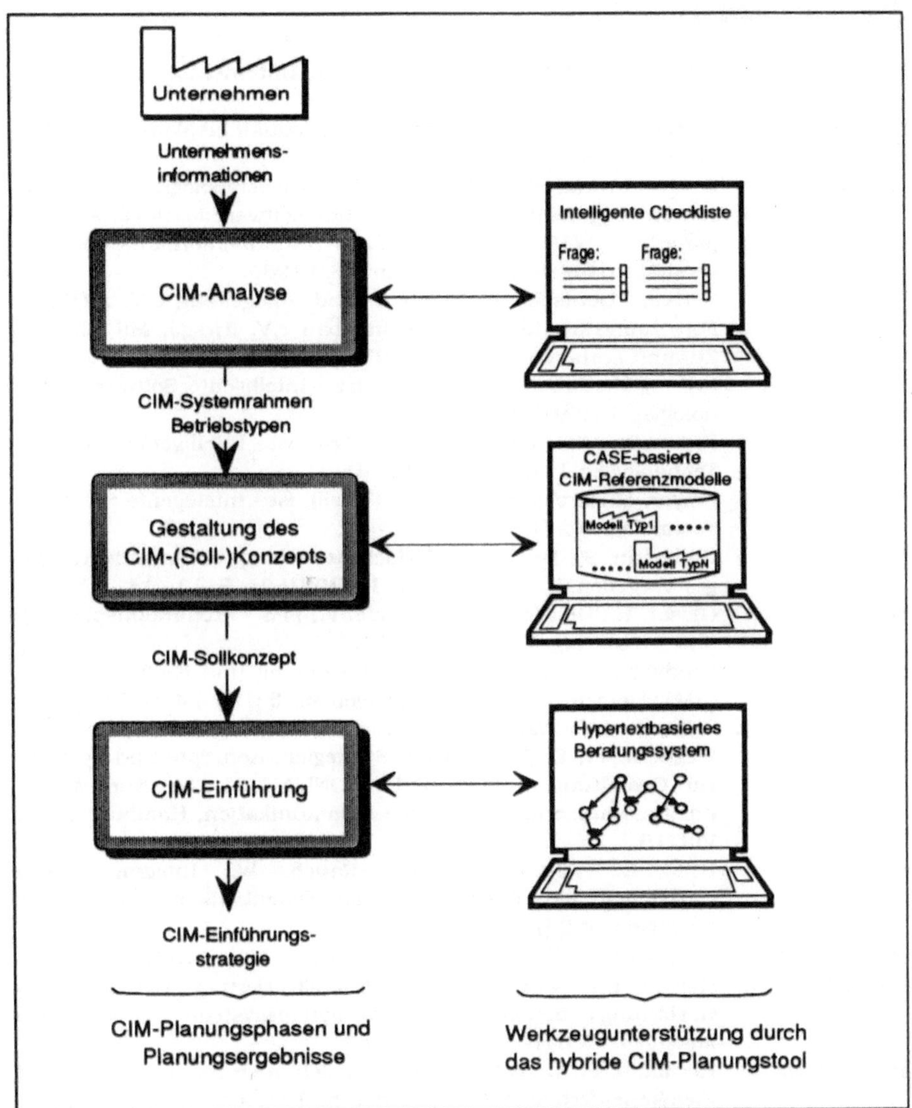

Bild 4.4/1:   Gesamtstruktur des hybriden CIM-Planungstools

Die wesentlichen Vorteile des skizzierten Tooleinsatzes resultieren u.a. daraus, daß der Planer bzw. das Planungsteam

- methodisch geführt wird,
- das im Tool gespeicherte CIM-Know-how nutzen kann,
- bei Routinetätigkeiten entlastet wird,
- auf entscheidungsrelevante Informationen schnell zugreifen kann,
- die erarbeiteten Ergebnisse nicht separat dokumentieren muß

und damit eine schnellere und sorgfältigere CIM-Planung möglich wird.

4.5 Literatur zu Kapitel 4

Bilger 91   Bilger, W., CIM für mittelständische Unternehmen, Heidelberg
                     1991.

Büdenbender 91   Büdenbender, W., Ganzheitliche Produktionsplanung und -
                     steuerung, Berlin u.a. 1991.

Dräger 89   Dräger, U. und Steinbeißer, K., Ein betriebstypologisches Verfah-
                     ren zur Segmentierung des Anwendersoftware-Marktes, Arbeits-
                     papier Nr. 1/1989 der Abteilung Wirtschaftsinformatik der Uni-
                     versität Erlangen-Nürnberg, Nürnberg 1989.

FKM/VDMA 88   Verband Deutscher Maschinen- und Anlagenbau e.V. (VDMA)/
                     Forschungskuratorium Maschinenbau e.V. (Hrsg.), Mit CIM die
                     Zukunft gestalten, Frankfurt 1988.

Freyer 91a   Freyer, M., Arbeiten mit CASE, ist - Intelligente Software-Tech-
                     nologien 1 (1991) 3, S. 28 - 41.

Freyer 91b   Freyer, M., Arbeiten mit CASE (2.Teil), ist - Intelligente Software-
                     Technologien 1 (1991) 4, S. 26 - 41.

Freyer 92   Freyer, M., Arbeiten mit CASE (3.Teil), ist - Intelligente Software-
                     Technologien 2 (1992) 2, S. 22 - 29.

Gallmann 91   Gallmann, J., Der CASE-Fortschritt verlangt ein ingenieurmäßi-
                     ges Vorgehen, Computerwoche 18 (1991) 31, S. 13 - 14.

Glaser 91   Glaser, H., Geiger, W. und Rohde, V., PPS - Produktionsplanung
                     und -steuerung, Wiesbaden 1991.

Groditzki 89   Groditzki, G., Systematische Entwicklung und Einführung von
                     CIMSystemen (Teil 3), CIM Management 5 (1989) 4, S. 50 - 55.

Götz 91   Götz, E., Informationsstrukturen in der integrierten Fabrik, in:
                     Westkämper, E. (Hrsg.): CIM: Strategien, Konzepte und Systeme
                     zur Gestaltung der Produktion, ONLINE 91, 14. Europäische
                     Kongressmesse für Technische Kommunikation, Hamburg 1991,
                     VIII/15.

Grill 87   Grill, E., Flittner, J. und Rauch, W., Integration von
                     CAD/CAE/CAM über relationale Datenbanken, Information
                     Management 2 (1987) 1, S. 54 - 64.

Hansmann 87   Hansmann, K.W., Industriebetriebslehre, München Wien 1987.

Hars 91   Hars, A. und Scheer, A.W., Datenstrukturierung - Grundlage der
                     Gestaltung betrieblicher Informationssysteme, Information
                     Management 6 (1991) 1, S. 38 - 46.

Hermann 92   Hermann, P., C-Techniken eignen sich auch für die Einzel- und
                     Kleinserienfertigung, Computerwoche 19 (1992) 46, S. 38 - 40.

Hildebrand 92   Hildebrand, K., Ein Referenzmodell für Informationssystemar-
                     chitekturen, Information Management 7 (1992) 3, S. 6 - 12.

Lindholm 92   Lindholm, E., A World of CASE Tools, Datamation 18 (1992) 5, S.
                     75 - 80.

Mertens 91   Mertens, P. und Griese, J., Integrierte Informationsverarbeitung
                     2, Planungs- und Kontrollsysteme in der Industrie, 6. Aufl.,
                     Wiesbaden 1991.

Mertins 91   Mertins, K. und Süssenguth, W., Werkzeuge des CIM- Manage-
                     ments, in: Westkämper, E. (Hrsg.), CIM: Strategien, Konzepte
                     und Systeme zur Gestaltung der Produktion, ONLINE 91, 14.
                     Europäische Kongressmesse für Technische Kommunikation,
                     Hamburg 1991, VIII/04.

Rall 91   Rall, K., Stand der CIM-Anwendungen: Ergebnisse aus Studien, in: Nedeß, Ch. (Hrsg.), CIM-Anwendungen: Erfahrungen und Perspektiven, ONLINE 91, 14. Europäische Kongressmesse für Technische Kommunikation, Hamburg 1991, VII/01.

Reisch 91 Reisch, St., Fertigungsleittechnik - Erfahrungen eines Lieferanten, in: Nedeß, Ch. (Hrsg.), CIM-Anwendungen: Erfahrungen und Perspektiven, ONLINE 91, 14. Europäische Kongressmesse für Technische Kommunikation, Hamburg 1991, VII/08.

Ruland 91 Ruland, D. und Gotthardt, H., Entwicklung von CIM-Systemen mit Datenbankeinsatz, München Wien 1991.

Schomburg 80 Schomburg, E., Entwicklung eines betriebstypologischen Instrumentariums zur systematischen Entwicklung der Anforderungen an EDV-gestützte Produktionsplanungs- und -steuerungssysteme im Maschinenbau, Dissertation, Aachen 1980.

Speith 82 Speith, G., Vorgehensweise zur Beurteilung und Auswahl von Produktionsplanungs- und -steuerungssystemen für Betriebe des Maschinenbaus, Dissertation, Aachen 1982.

Spur 92   Spur, G., Datenbanken für CIM, Berlin u.a. 1992.

Steenkamp 91 Steenkamp, K., Integrationsmöglichkeiten des Computer Aided Quality Assurance (CAQ) in betriebliche Vorgangsketten des Produktentstehungsprozesses, Diplomarbeit, Göttingen 1991.

Tolvanen 93 Tolvanen, J.P., Martiin, P. und Smolander K., An Integrated Model for Information Systems Modeling, Proceedings of the Twenty-Sixth Annual Hawaii International Conference on Systems Science 1993, Vol. III, S. 470 - 479.

Tulowitzki 91 Tulowitzki, U., Anwendungssystemarchitekturen im strategischen Informationsmanagement, Wirtschaftsinformatik 33 (1991) 2, S. 94 - 99.

Venitz 89 Venitz, U., CIM-Rahmenplanung, Berlin u.a. 1989.

Westkämper 91 Westkämper, E., CIM: Generalplanung, Strategien und Konzepte, in: Westkämper, E. (Hrsg.), CIM: Strategien, Konzepte und Systeme zur Gestaltung der Produktion, ONLINE 91, 14. Europäische Kongressmesse für Technische Kommunikation, Hamburg 1991, VIII//01.

5 Wissensbasierte CIM-Analyse mit einer Intelligenten Checkliste

5.1 Überblick

Aufbauend auf der Kurzcharakteristik einer Intelligenten Checkliste (IC) (vgl. Abschnitt 4.3.1) behandelt dieses Kapitel Einzelheiten zu der Methodik und den Inhalten dieses wissensbasierten Systems sowie dessen Realisierung [vgl. Schumann 92b] mit Hilfe der Expertensystemshell TIRS (The Integrated Reasoning Shell) im Detail.

Eine IC zeichnet sich prinzipiell dadurch aus, daß die in dem System implementierten Fragen zu einer bestimmten Problemstellung in Abhängigkeit von den zuvor eingegebenen Benutzerantworten generiert werden. Gegenüber traditionellen Fragebögen kann man auf diese Weise sehr einfach das Beantworten nicht relevanter Fragen übergehen. Setzt man voraus, daß beim Entwurf einer IC alle relevanten Aspekte sorgfältig beachtet wurden, gewährleistet das System Vollständigkeit und sorgt dafür, daß im Dialogablauf "nichts vergessen" wird [vgl. Mertens 90, S. 6]. Weitere Beispiele für ICs findet man u.a. bei der strategischen Produktplanung [vgl. Plattfaut 88] oder der Schwachstellendiagnose im Fertigungsbereich [vgl. Hildebrand 92].

Im folgenden wird untersucht, welche Informationen die IC zur CIM-Analyse verarbeitet und unter welchen Aspekten diese gegliedert sind. Anschließend erfolgt die ausführliche Darstellung der Ablaufschritte, mit denen die IC arbeitet. Die zum Implementieren verwendeten Elemente der Expertensystemshell sowie die Aufbaustruktur und die zugrundegelegte Ablauflogik des wissensbasierten Systems sind Gegenstand weiterer Abschnitte dieses Kapitels. Darüber hinaus wird anhand ausgewählter Bildschirmmasken der Dialogablauf zwischen der IC und einem CIM-Planer skizziert.

5.2 Strukturierung der Informationen zur CIM-Analyse

5.2.1 Gliederungskriterien der Informationen

Bei der CIM-Analyse verarbeitet die IC (system)interne und (system)externe Informationen. Diese unterscheiden sich prinzipiell dadurch, daß die erstgenannten Wissen repräsentieren, das in der IC implementiert ist bzw. vom System selbständig abgeleitet wird, hingegen die externen Informationen fallspezifisch dem System als Input zugeführt werden müssen.

Als interne Informationen bezeichnet man allgemeingültiges CIM-Know-how in der Form: "wenn diese Voraussetzung(en) vorliegt(en), dann ist (sind) jene Anforderung(en) an ein CIM-System zu stellen". Ein Beispiel ist: "bei Standardprodukten ohne Varianten sind Baukastenstücklisten empfehlenswert"; dementsprechend sollte das PPS- und/oder das CAD-System diese Form der Stücklistenspeicherung unterstützen [vgl. Geiger 92, S. 346]. Dieses Wissen über Zusammenhänge und Gestaltungsempfehlungen in den CIM-Bereichen beruht auf umfassenden Analysen der Fachliteratur sowie Erfahrungswerten aus Praxisberichten über realisierte CIM-Lösungen [vgl u.a. IPA/IAO 88] und ist in der Wissensbasis des Systems hinterlegt. Als interne Informationen bezeichnet man ebenfalls die (Zwischen-)Ergebnisse eines Ablaufschrittes, die von nachfolgenden Schritten als Informationsinput verwendet werden (vgl. Bild 5.2.2/1).

Externe Informationen beziehen sich auf das zu analysierende Unternehmen und sind von diesem bereitzustellen. Dazu werden Fragen an Fachleute des betrachteten Betriebs gestellt, die in einem "intelligenten Dialog" zu beantworten sind. Intelligent bedeutet dabei u.a., daß der Ablauf der CIM-Analyse und damit der Umfang der zu erfassenden externen Informationen nicht im voraus definitiv festgelegt ist, sondern abhängig von den Antworten bzw. Eingaben variiert.

Für die Verarbeitung in der IC lassen sich die externen Informationen nach ihrem Inhalt sowie der Herkunft, d.h. den Informationsquellen, gliedern.

5.2.1.1 Gliederung der Informationen nach dem Inhalt

Die externen Informationen werden aus Fragen mit folgenden Inhalten gewonnen:

- Ziele des Unternehmens sowie kritische Erfolgsfaktoren (KEF)
  Sie gewährleisten, daß sich das CIM-Konzept an den strategischen Unternehmenszielen, etwa einer angestrebten Kostenführerschaft innerhalb der Branche, und den die Zielerreichung maßgebend beeinflussenden kritischen Erfolgsfaktoren orientiert. (Die prinzipiellen Beziehungen zwischen einem CIM-Konzept und strategischen Gesichtspunkten wurden bereits im Abschnitt 2.3 diskutiert.)
- Erfüllungsgrad der KEF
  Über den Erfüllungsgrad schätzt das Unternehmen seine gegenwärtige Position bezüglich der KEF z.B. gegenüber vergleichbaren Betrieben ein. Hierfür kann es sich beispielsweise an Branchenvergleichswerten, etwa dem Personalkostenanteil an den Herstellkosten, orientieren.

- Ausprägungen charakteristischer Unternehmensmerkmale
  Die Merkmalsausprägungen, wie z.B. der Produkttypisierungsgrad oder
  die Organisationsform der Fertigung, dienen zur Identifikation der geeigneten, sinnvoll nutzbaren CIM-Bausteine. Implizit sind verschiedene
  Merkmale auch in den KEF enthalten. Beispielsweise wird ein Einzelfertiger kürzere Entwicklungszeiten, ein Massenfertiger einen besseren
  Materialfluß und Lagerdurchsatz hoch einschätzen.
- Detailinformationen bezüglich der einzelnen CIM-Bausteine
  Es ist für die Gestaltung eines CAD-Systems z.B. wichtig, ob das Un-
  ternehmen Konstruktionsunterlagen wie Entwurfszeichnungen, Stück-
  listen etc. mit Kunden oder Lieferanten austauscht bzw. dieses in Zu-
  kunft beabsichtigt. Derartige, die Merkmalsausprägungen ergänzende
  Informationen sind bei der Bausteinauswahl zu berücksichtigen.
- Technisch optimale Betriebsmittelausstattung (aufgrund der logisch-
  konzeptionellen Orientierung der IC werden die primär technischen
  Aspekte als externe Informationen erfaßt)
  Die für das Unternehmen z.B. aus technischer Sicht am besten geeigneten Lager-, Transport- und Fertigungstechnologien wie automatisierte Lagersysteme, Fahrerlose Transportsysteme oder Flexible Fertigungssysteme werden durch den Anwender bestimmt.
- Vorhandene DV-Anwendungen und bereits realisierte Integrationsbeziehungen
  Über diese Informationen können existierende DV-Lösungen in die Planung des CIM-Systems mit einbezogen werden.

5.2.1.2   Gliederung der Informationen nach den Informationsquellen

Wie die Auflistung der zu erfassenden externen Informationen zeigt, beziehen diese sich auf recht unterschiedliche Sachverhalte. Das zum Beantworten der Fragen notwendige Wissen umfaßt technische (z.B. die Betriebsmittelausstattung) und betriebswirtschaftliche (z.B. die Ausprägungen der Unternehmensmerkmale) sowie strategisch-planende (z.B. die
KEF) und operativ-durchführende (z.B. die Erfüllungsgrade der KEF) Inhalte. Dieses macht es erforderlich, sowohl Techniker als auch Kaufleute
in den Erfassungsdialog einzubinden. Je nach Unternehmensgröße/-orga-
nisation kann es darüber hinaus zweckmäßig sein, daß Mitarbeiter aus
mehreren Hierarchieebenen jeweils einen Teil der für die Unternehmensanalyse notwendigen externen Informationen bereitstellen. Bild 5.2.1.2/1
gibt eine grobe Zuordnung, welcher Mitarbeiterkreis welche Informationen
liefern sollte.

Informationsquelle \ externe Information	Ziele/KEF des Unternehmens	Erfüllungsgrad der KEF	Unternehmensmerkmale	Detailinformation	Optimale Betriebsmittelausstattung	Vorhandene CIM-Komponenten
Kaufmännische Leitung	X	X	X			
Technische Leitung		X	X		X	X
Werkstattleiter		X		X	X	X
Abteilungsleiter		X		X		X

Legende: X Informationsquelle liefert CIM-relevante Information

Bild 5.2.1.2/1: Informationen und Informationsquellen für die CIM-Analyse

5.2.2 Informationsbedarf der Vorgehensschritte

Die fünf Vorgehensschritte der IC:

1) Priorisierung der CIM-Komponenten,
2) Entwicklung des CIM-Systemrahmens,
3) Ist-Analyse der vorhandenen CIM-Komponenten,
4) Soll-Ist-Abgleich und
5) Typisierung der CIM-Bereiche

benötigen jeweils nur einen Teil der erläuterten Informationen. Den Informationsbedarf illustriert Bild 5.2.2/1. Interne Informationen in Form allgemeingültigen CIM-Wissens werden in jedem Ablaufschritt benötigt. In der Abbildung sind diese nicht separat dargestellt.

5.3 Detailbetrachtung der Vorgehensschritte

5.3.1 Priorisierung der CIM-Komponenten

Im Rahmen der Priorisierung wird die Wichtigkeit der verschiedenen CIM-Komponenten für das Unternehmen ermittelt. Diejenigen Bausteine mit einer ausreichend hohen Bedeutung sind für die Verwendung im Unternehmen genauer zu untersuchen. Basis der Priorisierung sind die Unternehmensziele sowie die KEF.

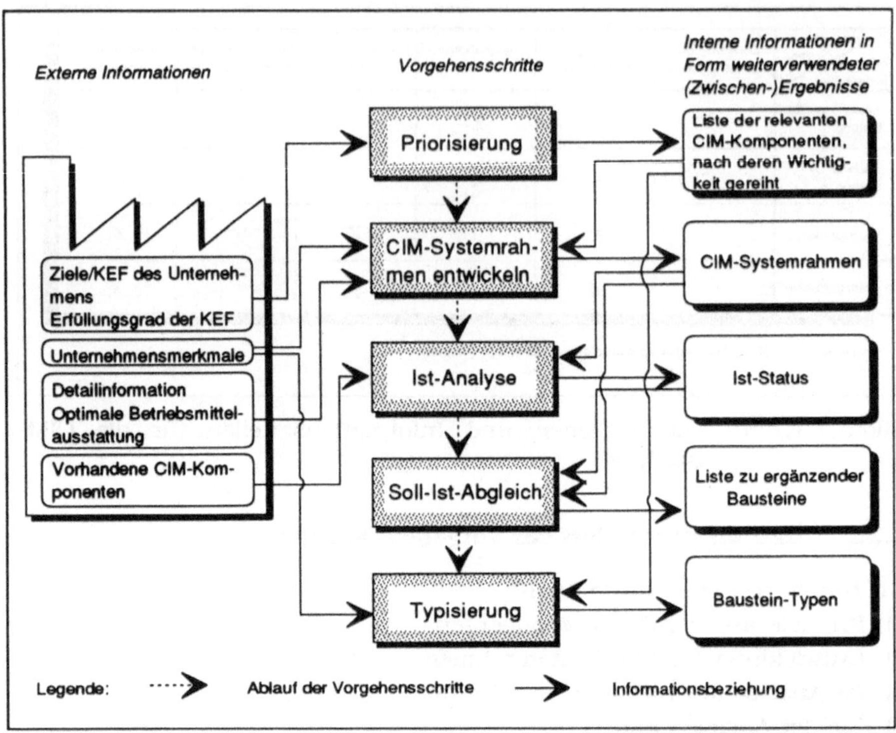

Bild 5.2.2/1:   Ablaufschritte und Informationsbeziehungen der Intelli-
                  genten Checkliste

Die CIM-Komponenten gliedern sich nach Technologien, Kernbereichen
und Integrationen (vgl. Bild 5.3.1/1). Aufgrund ähnlicher Wirkungen auf
KEF sind die Technologien in den Gruppen NC/CNC, DNC/FF, Roboter
und Lager-/Transportsysteme zusammengefaßt. Als Kernbereiche unterscheidet die IC CAD, Arbeitsplanerstellung, PPS, Leitstand, Instandhaltung, CAQ, CAM. (Die Relevanz von NC- und RC-Programmierung hängt
von der Betriebsmittelausstattung ab, die Komponente BDE wird implizit
über die Kernbereiche und Integrationen erfaßt; so setzt z.B. die Integration von CAM und PPS eine entsprechende BDE voraus.) Die wichtigsten
Integrationen sind CAD/CAM, CAM/PPS, CAD/PPS, CAM/CAQ, PPS/CAQ
und CIM, wobei letztere gewissermaßen als Extrempunkt der vollständigen
Verknüpfung aller Bereiche zu verstehen ist.

Die Wichtigkeit der einzelnen CIM-Komponenten wird stufenweise festgestellt: Zunächst wählt der Anwender aus einem Katalog kritischer
Erfolgsfaktoren diejenigen aus, die das Erreichen der Unternehmensziele
nachhaltig beeinflussen und gewichtet diese entsprechend der individuel-

len Einschätzung bezüglich dieses Einflusses [vgl. auch Kainz 92]. Beabsichtigt beispielsweise das Unternehmen, zukünftig seine Reaktionsfähigkeit auf Marktanforderungen zu erhöhen, so wird es dem dafür relevanten Erfolgsfaktor Durchlaufzeit ein entsprechend hohes Gewicht zuweisen. Grundsätzlich sind hier Eingaben zwischen "unbedeutend" (0) und "extrem bedeutend" (4) möglich. Um bei der Analyse der KEF und Unternehmensziele detaillierte Ergebnisse zu erzielen, werden die sechs kritischen Erfolgsfaktoren Image, Durchlaufzeit, Flexibilität, Kosten, Qualität und Service jeweils mit bis zu sieben sogenannten Einzelfaktoren (EF) differenziert untersucht. Daraus folgt, daß für jeden relevanten KEF, d.h. der entsprechende Eingabewert ist größer 0, im nächsten Schritt die entsprechenden EF zu bewerten sind.

Eine "Wirkungsmatrix" speichert für jeden EF Werte, die den Einfluß der CIM-Komponenten auf den EF darstellen. Diese Werte basieren auf Untersuchungen zur Wirtschaftlichkeit und dem Nutzen der CIM-Technologien [vgl. u.a. Schumann 92a; Müller 90] sowie auf Plausibilitätsüberlegungen. Beispielsweise lassen sich durch die CIM-Komponente Lager- und Transportsysteme erhebliche Verbesserungen bezüglich des Materialflusses und Lagerdurchsatzes erzielen. Der entsprechende Wert in der Matrix beträgt deshalb 3. Ist von einer mittelstarken Wirkung einer CIM-Komponente auf einen EF auszugehen, etwa der PPS auf den Materialfluß und Lagerdurchsatz, so steht in der Matrix der Wert 2. Bei schwachem Einfluß, z.B. von CAM auf die Gesamtauftragsdurchlaufzeit, enthält das entsprechende Feld den Wert 1. Negative Matrixwerte treten lediglich bei dem EF niedrige Kapitalbindung auf. Der negative Einfluß resultiert aus dem i.d.R. hohen Investitionsvolumen für CIM-Technologien. Für die Integrationsbausteine sind die Werte der zusätzlichen Wirkungen, die speziell aus der Integration resultieren, aufgezeigt [vgl. u.a. Neipp 87, S. 236].

Die Wirkungsmatrix wurde so konzipiert, daß sich die darin gespeicherten Werte periodisch überprüfen und ggf. modifizieren lassen. Dadurch kann sichergestellt werden, daß sich technologische Innovationen, die zu einer besseren Wirkung von CIM-Komponenten auf einen oder mehrere Einzelfaktoren führen, berücksichtigen lassen.

Bild 5.3.1/1 zeigt die Wirkungsmatrix mit den KEF bzw. EF als Zeilenelementen und den CIM-Komponenten als Spaltenelementen.

CIM-Komponenten

		Technologien				Kernbereiche							Integrationen					
Kategorie	Kritische Erfolgsfaktoren (KEF) und Einzelfaktoren (EF)	NC/CNC	DNC/FF	Roboter	Lager-/Transportsystem	CAD	Arbeitsplanerstellung	PPS	Leitstand	Instandhaltung	CAQ	CAM	CAD/CAM	CAM/PPS (BDE)	CAD/PPS	CAM/CAQ (BDE)	PPS/CAQ (BDE)	CIM
Image	Höheres Produkt- und Firmenimage		2	2	2	2			1		2		1		1			2
Durchlaufzeit	Kürzere Zeichen- und Konstruktionszeiten					3									1			
	Besserer Materialfluß und Lagerdurchsatz		2	2	3	1		2	2			2		1				1
	Kürzere Entwicklungszeiten	1				2	2						1					
	Geringe Losgrößen	1	3	2	1	1	2	2	2			3	1	1				2
	Kürzere Bearbeitungszeiten	1	2	2				1		1			1					1
	Verkürzte Auftragsdurchlaufzeit	1	2	1	2	3	2	2	2	1	1	1	2	1	2	1	1	3
Flexibilität	Produkt- und Variantenflexibilität	1	3	2	1	3	3	3	3	1		2	2	1	2			2
	Materialflußflexibilität		2		3		2	1	2			1	1	1				2
	Mengenflexibilität	1	2	2			2	2	1		1	1		1		1	1	1
	Umrüstflexibilität		3	3	1					2	1					1	1	2
	Erhöhte Fähigkeit zur Einzelfertigung ("Losgröße 1")	1	3			3	2	2	2		2	1	2		1	1	1	3
Kosten	Senkung der Kapitalbindung im Anlagevermögen		-2	-1	-1						-1			-1				-2
	Gleichmäßige Auslastung der Anlagen		2		2			3	3	1				2				1
	Senkung der Kapitalbindung im Umlaufvermögen		1	1	2			3	2	1	1	2			2	1	1	3
	Senkung der Personalkosten		1	3	2			1	1		1	1	1	1	1			1
	Erhöhte Produktivität bei Maschinen	1	3	2		2		1	1			2						1
	Senkung der Produktionshilfsmittelkosten		2			1	2	1	2				1		1			1
	Senkung der Materialkosten	1	2	1		1	1	1	1	2	2					1	1	1
Qualität	Erhöhte Prozeßqualität	1	2	3		2	2				3	3	1			2	2	2
	Erhöhte Produktqualität	2	2	2		3			1		3					1		2
Service	Erhöhung der Informationsqualität							3	3						3			3
	Erhöhte Termintreue						2	2	2	2	1						1	2
	Eingehen auf Kundenwünsche nach Auftr.annahme					3	3	1	2		1		2		2			2

Legende: Kein Eintrag   : kein oder vernachlässigbar geringer Einfluß des CIM-Bausteins auf KEF
          -2, -1, 1, 2, 3 : unterschiedliche Einflußstärken

Bild 5.3.1/1:   Wirkungsmatrix des Einflusses von CIM-Komponenten auf Einzelfaktoren

Beeinflußt eine CIM-Komponente einen vom Unternehmen als relevant eingestuften EF (Eingabe > 0), ist der Erfüllungsgrad dieses EF zu ermitteln. Der Erfüllungsgrad eines EF ist ein Maß bzw. Indikator [vgl. Fiedel 92, S. 252], wie das Unternehmen seine Position bezüglich dieses EF, z.B. im Vergleich zu Konkurrenzunternehmen, bewertet. Hier sind wiederum Eingaben zwischen "unproblematisch" (0) und "extrem problematisch" (4) vorzunehmen. Stellt ein Unternehmen beispielsweise Umsatzeinbußen fest, die auf eine verzögerte Positionierung von neuen Produkten am Markt aufgrund zu langer Durchlaufzeiten in der Entwicklungsabteilung zurückzuführen sind, so ist der Erfüllungsgrad des EF "kürzere Zeichen- und Konstruktionszeiten" als "extrem problematisch" und somit mit dem Wert 4 einzustufen. Weist dagegen ein Unternehmen im Vergleich zu den Konkurrenzbetrieben eine traditionell hohe Qualität auf, kann der entsprechende Hauptfaktor als unproblematisch (Eingabe = 0) eingestuft werden. In diesem Falle werden die Einschätzungen der EF sowie der Erfüllungsgrade dieser EF übersprungen.

Bild 5.3.1/2 verdeutlicht die Methodik, mit der man die Bedeutung von KEF, EF sowie der Erfüllungsgrade der EF ermittelt.

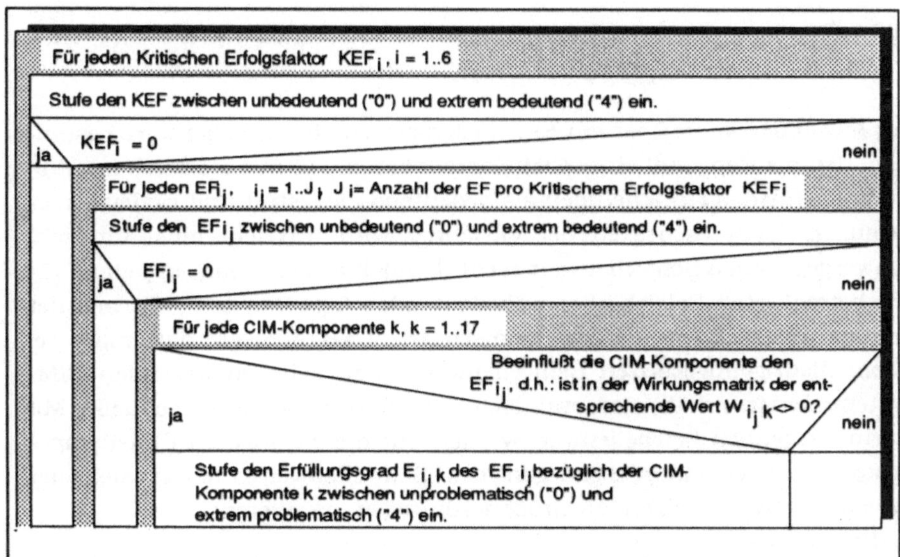

Bild 5.3.1/2:   Vorgehensweise zum Erfassen der Werte für die Priorisierung von CIM-Komponenten

Aus den Werten wird nun für jede CIM-Komponente eine Kennzahl berechnet, die deren Wichtigkeit für den betriebsspezifischen CIM-Systemrahmen ausdrückt. Je höher der Wert dieser Kennzahl ist, desto stärker unterstützt die entsprechende Komponente die betrieblichen KEF bzw. die Unternehmensziele. Bild 5.3.1/3 zeigt die Formel, nach der das System die Kennzahlen für die verschiedenen CIM-Komponenten berechnet.

$$\text{Kennzahl}_k = \sum_{i=1}^{6} \frac{KEF_i}{J_i} \sum_{j=1}^{J_i} EF_{ij} * W_{ijk} * E_{ijk}$$

Legende:

$k = 1..17$:	Technologie, Kernbereich bzw. Integration
KEF_i, $i = 1..6$:	Bedeutung des Kritischen Erfolgsfaktors i für das Unternehmen
J_i, $i = 1..6$:	Anzahl der EF je KEF i
EF_{ij} :	Bedeutung des j-ten EF des KEF i für das Unternehmen
W_{ijk} :	Genereller Einfluß der CIM-Komponente k auf den EF_{ij} (Werte der Wirkungsmatrix)
E_{ijk} :	Erfüllungsgrad des EF_{ij} bezüglich der Technologie, des Kernbereichs bzw. der Integration k im Unternehmen

Anmerkung: Aufgrund der Division durch J_i haben alle KEF den gleichen Einfluß auf die Kennzahl.

Bild 5.3.1/3:   Formel zum Berechnen der Kennzahl für die CIM-Komponenten

Der Anwender kann über ein Eingabefenster einen Schwellenwert bestimmen, den die Kennzahl einer CIM-Komponente mindestens erreichen muß, damit sie für das Unternehmen als bedeutend eingestuft und in den nachfolgenden Analyseschritten berücksichtigt wird. Erreicht eine Kennzahl den vorgegebenen Schwellenwert nicht, handelt es sich somit um einen für den betrachteten Betrieb eher unbedeutenden CIM-Baustein, der aus der weiteren Betrachtung auszuklammern ist. Daraus folgt, daß man bei einem niedrig angesetzten Schwellenwert einen sehr umfassenden CIM-Systemrahmen erhält, der praktisch alle CIM-Bausteine einschließt. Mit einem steigenden Schwellenwert werden nur die wichtigeren CIM-Komponenten ermittelt. Zum Festlegen des Schwellenwertes kann sich der Anwender etwa an folgenden Größenordnungen orientieren:

- Schwellenwert <= 10

  Der CIM-Systemrahmen soll sehr umfassend sein und auch die Komponenten mit einem geringeren Einfluß auf die KEF berücksichtigen.

- 10 < Schwellenwert <= 100

  CIM-Komponenten mit geringem Einfluß auf die KEF sollen nicht in den Systemrahmen aufgenommen werden.

- Schwellenwert > 100

  Nur die CIM-Komponenten mit starkem Einfluß auf die wichtigen KEF sind zu berücksichtigen.

Die Kennzahlen drücken nicht nur die Bedeutung einer CIM-Komponente für das zu analysierende Unternehmen aus. Sie sind darüber hinaus auch Anhaltspunkt für eine schrittweise Implementierung von CIM. So sollten Bausteine mit hohen Kennzahlen vorzugsweise zuerst realisiert werden, da sie die Unternehmensziele am nachhaltigsten unterstützen. Dabei ist jedoch zu berücksichtigen, daß beispielsweise aufgrund von technologischen Abhängigkeiten, personellen Engpässen oder finanziellen Restriktionen Zwänge entstehen können, die eine abweichende Implementierungsreihenfolge bedingen. (Diese Thematik wird im siebten Kapitel näher behandelt.)

5.3.2 Entwicklung des CIM-Systemrahmens

Der CIM-Systemrahmen beschreibt grundlegende Eigenschaften, Funktionen sowie Integrationsbeziehungen der verschiedenen CIM-Bausteine (für diese drei Elemente wird im folgenden das Kürzel E-F-I verwendet). Dieser Abschnitt behandelt zum einen die Methodik, um den CIM-Systemrahmen abzuleiten. Zum anderen wird anhand des CIM-Bausteins Arbeitsplanerstellung die Detaillierung des in dem System gespeicherten Wissens über die E-F-I der CIM-Komponenten sowie über die Voraussetzungen für deren Empfehlung beispielhaft dargestellt. Neben der Arbeitsplanerstellung ist in der IC Wissen gespeichert, um CIM-Systemrahmen zur Produktionsplanung und -steuerung, zur Konstruktion, zur NC- und RC-Programmierung, zur Fertigung, zum Leitstand, zur Qualitätssicherung, zur Instandhaltung sowie zur Betriebsdatenerfassung abzuleiten.

5.3.2.1 Methodik

Nachdem im Rahmen der Priorisierung anhand von strategischen Gesichtspunkten die für das Unternehmen wichtigen CIM-Komponenten identifiziert wurden, prüft das System zunächst weitere Einsatzvoraussetzungen für die einzelnen Bausteine. Dadurch läßt es sich vermeiden, daß im weiteren Analyseablauf CIM-Komponenten betrachtet werden, die zwar eine hinreichende Bedeutung für das Unternehmen aufweisen, jedoch z.B. aufgrund der in dem Betrieb vorliegenden Produktstruktur nicht bzw. nur bedingt geeignet sind.

Sofern eine CIM-Komponente die beiden Voraussetzungen "Wichtigkeit" und "Eignung" besitzt, wird der entsprechende CIM-Systemrahmen bestimmt. Dafür sind in der Wissensbasis der IC für jeden Baustein die wesentlichen E-F-I, die eine Komponente grundsätzlich annehmen kann, sowie die Voraussetzungen für das Empfehlen der E-F-I gespeichert. Es wird zwischen elementaren E-F-I und nicht elementaren unterschieden. Erstere sind dadurch gekennzeichnet, daß sie sich nicht oder nur aufwendig als

Ergänzung zu einem bereits vorhandenen System installieren lassen. Nicht elementare E-F-I können dagegen durchaus einen vorhandenen CIM-Baustein erweitern. Diese Information ist vor allem für die Ist-Analyse relevant. Grundsätzlich lassen sich vier Möglichkeiten unterscheiden, anhand derer das System eine E-F-I für den CIM-Systemrahmen empfiehlt:

1) Die E-F-I ist generell für alle Unternehmen, unabhängig von den Merkmalsausprägungen, relevant.

2) Die E-F-I ist dann relevant, wenn bestimmte Merkmalsausprägungen vorliegen; deshalb werden hier die Informationen über die Ausprägungen der charakteristischen Unternehmensmerkmale benötigt.

3) Bieten die Merkmalsausprägungen keine ausreichende Entscheidungsgrundlage für eine Empfehlung, erfragt das System ggf. Detailinformationen, um festzulegen, ob eine E-F-I in den Systemrahmen aufgenommen wird oder nicht.

4) Aufgrund der Informationen bezüglich der optimalen Betriebsmittelausstattung kann ebenfalls eine Empfehlung gegeben werden.

5.3.2.2 Entwicklung des CIM-Systemrahmens am Beispiel der Arbeitsplanerstellung

Zunächst werden die Eigenschaften und Funktionen betrachtet, welche den CIM-Systemrahmen der Arbeitsplanerstellung definieren, betrachtet. Anschließend folgen die Integrationsbeziehungen. Die elementaren E-F-I (s.o.) sind jeweils mit einem (E) gekennzeichnet.

5.3.2.2.1 Eigenschaften und Funktionen der Arbeitsplanerstellung

Die Arbeitsplanung ist anhand der Kennzeichen Automatisierungsgrad (E), Planungsprinzip (E), Alternativarbeitspläne (E), Arbeitsplanverwaltung, Arbeitsplanauswahl, Fertigungsdatenbibliothek, Kalkulation, Simulation der Bearbeitungsabläufe sowie Entscheidungstabellengenerierung [vgl. u.a. Hebbeler 91; Struck 91; Hüllenkremer 90] charakterisiert.

Automatisierungsgrad (E)

Anhand dieses Kriteriums lassen sich 1) die automatische Arbeitsplanerstellung, 2) die Unterstützung durch einen Generator sowie 3) das Verwenden eines Editors unterscheiden.

1) Generiert man einen Arbeitsplan (teilweise) automatisch, sind nur wenige Angaben vom Benutzer zu spezifizieren. Voraussetzung ist, daß sich die Fertigungslogik des betreffenden Teils oder der Baugruppe direkt aus der Konstruktionslogik ableiten läßt [vgl. Struck 91, S. 40]. Dieses ist bei einer totalen Kongruenz zwischen Konstruktions- und Fertigungslogik der Fall. Damit die Entwicklung und Pflege einer auto-

matischen Arbeitsplanerstellung wirtschaftlich sind, sollte das System häufig eingesetzt werden können.

Darüber hinaus ist zu berücksichtigen, das sich Arbeitspläne oft nur für eine Fertigungsstufe automatisch erstellen lassen, weil die Verknüpfung von mehreren Produktionsstufen i.d.R. nicht automatisierbar ist. Bei mehrstufiger Fertigung ist die Option zum automatischen Erstellen von Arbeitsplänen deshalb nur als Ergänzung zu empfehlen.

2) Ein Generator füllt in einer Arbeitsplanmaske automatisch die Felder aus, deren Inhalte sich aus den Daten des CAD-Systems und zusätzlichen Daten der Fertigung ableiten lassen [vgl. Keller 90, S. 162]. Die restlichen Maskenfelder sind manuell zu ergänzen. Ein Generator ist empfehlenswert,

- wenn die Konstruktionslogik leicht in die Fertigungslogik transformierbar ist (bei totaler oder additiver Kongruenz zwischen Konstruktions- und Fertigungslogik) oder

- wenn Fertigungs- und Montageabläufe häufiger vorkommen (dies ist bei Standardprodukten mit Varianten der Fall, ansonsten muß die Information detailliert erfragt werden).

3) Bei einem Editor wird der Bediener durch eine Bildschirmmaske unterstützt, in die er den Arbeitsplan manuell einträgt. Gegebenenfalls läßt sich ein vorhandener Arbeitsplan z.B. aus einem Verwaltungssystem laden und dann bearbeiten. Ein Editor ist grundsätzlich verwendbar und empfiehlt sich, wenn die betrieblichen Voraussetzungen kein komfortableres System zulassen.

Planungsprinzip (E)

Als Planungsprinzip kann man zwischen 1) Variantenplanung, 2) Anpassungsplanung und 3) Neuplanung unterscheiden. Nach den gleichen Prinzipien wird häufig auch in der Konstruktion zwischen Varianten-, Anpassungs- und Neukonstruktion differenziert [vgl. u.a. Wildemann 86, S. 66; Venitz 89, S. 91]:

1) Bei der Variantenplanung wird ein Standardarbeitsplan mit festem Arbeitsablauf zugrundegelegt, bei dem lediglich die geometrischen und technologischen Daten anzupassen sind, um einen neuen Arbeitsplan zu erzeugen [vgl. u.a. Hebbeler 91, S. 277 ff.; Tönshoff 92, S. 408]. Dieses Prinzip ist daher nur anwendbar, wenn geometrisch ähnliche Teile mit einem identischen Arbeitsgangablauf hergestellt werden. Entsprechende Voraussetzungen liegen bei der Produktion von Standardpro-

dukten mit anbieterspezifischen oder kundenspezifischen Varianten mit gleichem Arbeitsablauf für alle Varianten vor.

2) Für die Anpassungsplanung verwendet man geeignete Schlüssel, beispielsweise geometrische oder technologische Produktdaten, und sucht einen ähnlichen Arbeitsplan, aus dem sich durch Änderung der arbeitsgangbezogenen und der arbeitsablaufbezogenen Daten der gewünschte Arbeitsplan entwickeln läßt. Dieses Prinzip kann in Unternehmen angewandt werden, die Standardprodukte mit kundenindividuellen Varianten herstellen, welche sich hinsichtlich ihres Arbeitsablaufs unterscheiden.

3) Im Rahmen einer Neuplanung werden Arbeitspläne erstellt, ohne daß ein Rückgriff auf bereits vorhandene erfolgt. Dieses Prinzip muß angewendet werden,
   - wenn für kundenindividuelle Produkte und Standardprodukte ohne Varianten ein produktspezifischer Arbeitsplan zu erstellen ist oder
   - wenn für Standardprodukte mit Varianten ein Standardarbeitsplan oder ein typischer Arbeitsplan angefertigt werden muß.
   Somit ist das Prinzip der Neuplanung immer zu unterstützen.

Alternativarbeitspläne (E)

Alternative Arbeitspläne können sich aufgrund unterschiedlicher Möglichkeiten der Bearbeitung, z.B. Schrauben vs. Schweißen, oder der Auswahl zwischen verschiedenen Betriebsmitteln, z.B. Maschine 1 vs. Maschine 2, ergeben. Da in den meisten Unternehmen zumindest einer der beiden Sachverhalte vorliegt, ist diese Empfehlung generell für alle Unternehmen relevant.

Verwalten der Arbeitspläne

Verwaltungssysteme weisen den erstellten Arbeitsplänen Identifikationsschlüssel zu und archivieren sie in einer Arbeitsplanbibliothek. Solch ein Modul ist zweckmäßig, wenn Arbeitspläne mehrmals - ggf. geändert - verwendet werden [vgl. u.a. Ulusoy 92, S. 80]. Lediglich bei Unternehmen, die ausschließlich kundenspezifische Produkte in Einzelaufträgen fertigen, trifft dies nicht zu, da in diesem Falle jedesmal ein neuer Arbeitsplan zu erstellen ist.

Als Orte der physischen Speicherung und Verwaltung lassen sich CAP- und/oder PPS-Systeme nutzen. Die erste, planungsnahe Variante empfiehlt sich bei mehrmaliger Verwendung, wie sie bei Anpassungs- und Variantenplanung vorliegt. Oftmals enthalten PPS-Systeme eine Standardfunktion Arbeitsplanverwaltung. Sofern ein Unternehmen ein entsprechendes PPS-System einsetzt, sollten die Arbeispläne dort hinterlegt werden. Dabei ist jedoch eine geeignete Schnittstelle zwischen CAP- und PPS-System (s.u.) sicherzustellen.

Arbeitsplanauswahl

Liegen alternative Arbeitspläne vor, wird die endgültige Auswahl i.d.R. erst in der Fertigung getroffen, da hierfür die aktuelle Fertigungssituation als Entscheidungsgrundlage heranzuziehen ist. Die Arbeitsplanauswahl läßt sich nur dann bereits früher treffen, wenn die Werkstattsituation einfach zu überschauen ist (keine alternativen Betriebsmittel, geringe Auftragsanzahl, Fließfertigung) und sie sich an planerischen Kriterien, z.B. den Kosten, orientiert.

Bibliothek mit Fertigungsdaten

Damit bei der Arbeitsplanerstellung Restriktionen der Fertigung beachtet werden können, sollten dem Arbeitsplaner Informationen über
- einsetzbare Werkstoffe und deren fertigungstechnische Eigenschaften,
- vorhandene Betriebsmittel, Werkzeuge und Vorrichtungen sowie
- Vorgabezeiten für einzelne Bearbeitungsschritte
verfügbar sein.

Da eine fertigungsgerechte Arbeitsplanerstellung generell von Bedeutung ist, wird diese Empfehlung immer gegeben.

Kalkulation

Für Zwecke der Vorkalkulation des Herstellungsprozesses sollte eine kostenorientierte Bewertung der Arbeitspläne grundsätzlich möglich sein. Insbesondere ist dies notwendig, wenn in der Arbeitsplanung Freiheitsgrade mit unterschiedlichen Auswirkungen auf die Herstellungskosten, z.B. bei alternativen Arbeitsplänen, bestehen. Es ist jedoch zu berücksichtigen, daß ca. 70 - 90 % der Kosten des Herstellungsprozesses ohnehin bereits durch die Konstruktion des Produktes festgelegt werden [vgl. u.a. Schulz 90, S. 95] und sich im Rahmen der Arbeitsplanung lediglich ca. 5 - 15 % der Herstellungskosten beeinflussen lassen.

Simulation der Bearbeitungsabläufe

Insbesondere wenn Arbeitspläne mit komplexen Bearbeitungsabläufen neu erstellt werden, sollte es möglich sein, diese vorab am Rechner zu simulieren. Dadurch lassen sich Störungen im voraus erkennen und die entsprechenden Ursachen bzw. Fehler im Arbeitsplan lokalisieren und beheben.

Entscheidungstabellen

Setzt man zum Erstellen der Arbeitspläne Generatoren oder Editoren ein, empfiehlt es sich, DV-unterstützte Entscheidungstabellen zu verwenden. Diese gestatten es, die Planungslogik, d.h. die fertigungstechnischen Beziehungen zwischen Voraussetzungen und entsprechenden Handlungsanweisungen, übersichtlich abzubilden und zu aktualisieren [vgl. Hüllenkremer 90, S. 53 ff.].

5.3.2.2.2   Integrationsbeziehungen der Arbeitsplanerstellung

Im folgenden sind die Integrationsbeziehungen der Arbeitsplanungerstellung mit den übrigen CIM-Bausteinen und den angrenzenden Bereichen Vertrieb, Versand und Kalkulation dargestellt [vgl. u.a. Becker 91, S. 135 ff.]. (Bild 6.3.1.1/3 zeigt diese Integrationsbeziehungen in der Form, wie sie in den CIM-Referenzmodellen implementiert sind.)

Arbeitsplanerstellung <-> Konstruktion

Aus der Konstruktion werden Geometriedaten und Stücklisten der Produkte für den Arbeitsplan benötigt. Besteht totale Kongruenz zwischen Konstruktions- und der Fertigungslogik sind Änderungen der Stückliste nicht notwendig. Bei additiver Kongruenz läßt sich die Fertigungsstückliste erstellen, indem die Konstruktionsstückliste in Baugruppen zerlegt wird. Besteht keine Kongruenz, sind Umwandlungsalgorithmen notwendig [vgl. Scheer 89, S. 12; Graber 90, S. 100 ff.].

Das Planungsprinzip der Arbeitsplanerstellung erfordert evtl. eine zusätzliche Abstimmung der Schnittstelle:
- Bei Anpassungs- und Variantenplanung sind die Werkstücke einheitlich zu klassifizieren, damit über die Konstruktionsdaten nach einem ähnlichen bzw. dem Standardarbeitsplan gesucht werden kann.
- Bei Variantenplanung sind die vom Standardteil abweichenden Daten auszuweisen, da nur diese in der Arbeitsplanerstellung zu variieren sind.

Arbeitsplanerstellung <-> Qualitätssicherung

Die Fertigungszwischen- und Endprüfung werden anhand von Prüfplänen vollzogen, die mit den Arbeitsplänen zu verknüpfen sind. Darüber hinaus weist die Qualitätsstatistik ggf. signifikante Mängel aus, die auf fehlerhafte Arbeitspläne zurückgeführt werden können.

Arbeitsplanerstellung <-> Instandhaltung

Ähnlich wie die Qualitätssicherung Informationen über mangelhafte Arbeitspläne anhand der Produktprüfungen liefert, kann die Instandhaltung fehlerhafte Arbeitspläne als Ursache für häufige Maschinenausfälle identifizieren und diese Daten der Arbeitsplanerstellung übermitteln.

Arbeitsplanerstellung <-> NC-Programmierung

Die Arbeitsplanerstellung fertigt zunächst einen Rahmenarbeitsplan an, in dem die konkreten Fertigungsanweisungen noch unvollständig spezifiziert sind. Dieser Plan wird an die NC-Programmierung übergeben, damit dort die entsprechenden Steuerprogramme erstellt werden. Die Programme sowie NC-Vorgabezeiten und ggf. weitere Informationen fließen an die Arbeitsplanerstellung zurück. Dort fügt man sie dem Rahmenarbeitsplan bei, wodurch dieser dann vervollständigt wird. Oftmals ist die Schnittstelle Arbeitsplanung <-> NC-Programmierung bereits integraler Bestandteil von CAP-Systemen und muß somit nicht mehr eingerichtet werden [vgl. u.a. O.V. 92].

Ferner ist zu berücksichtigen, daß die NC-Programmierung und damit auch die Integration nur beim Einsatz von NC-, CNC- oder DNC-Maschinen relevant sind.

Arbeitsplanerstellung <-> RC-Programmierung

Diese Integrationsbeziehung ähnelt derjenigen zur NC-Programmierung und ist entsprechend zu gestalten, sofern RC-Maschinen in der Fertigung oder der Montage Einsatz finden.

Arbeitsplanerstellung <-> Fertigung

Zum Aktualisieren der Fertigungsdatenbibliothek übermittelt die Fertigung entsprechende Informationen bezüglich der Fertigungs-, Montage- und Transporteinrichtungen an die Arbeitsplanerstellung [vgl. u.a. Krause 92].

Arbeitsplanerstellung <-> Produktionsplanung und -steuerung

Wird zur Arbeitsplanverwaltung ein PPS-System eingesetzt, sind die komplett erstellten Arbeitspläne dorthin zu übergeben. Die PPS nutzt diese dann z.B. für die Termindisposition.

Arbeitsplanerstellung <-> Vertrieb

Sofern einzelne, kundenindividuelle Produkte oder Standardprodukte mit kundenspezifischen Varianten hergestellt werden, sind vom Vertrieb die Kundenspezifikationen zu übergeben, um die Kundenwünsche frühzeitig auf die technische Machbarkeit mit den vorhandenen Betriebsmitteln zu überprüfen.

Arbeitsplanerstellung <-> Versand

Die Verpackung und der Versand sind als abschließende Bearbeitungsschritte im Arbeitsplan zu berücksichtigen. Zudem können sich Versandrestriktionen auswirken, etwa wenn die Belastbarkeit oder die Größe
von Frachtmitteln Einfluß auf die Arbeitsplanung, z.B. das Bilden von
Fertigungslosgrößen, haben [Becker 91, S. 117].

Arbeitsplanerstellung <-> Kalkulation

Für eine exakte Vorkalkulation der Herstellkosten von Produkten benötigt
die Kalkulation detaillierte Informationen des Arbeitsplans, z.B. über die
Bearbeitungszeiten an den Fertigungsstationen.

Bild 5.3.2.2.2/1 zeigt im Überblick das als interne Information in der IC
implementierte CIM-Know-how, welches zum Gestalten des Systemrahmens für den Baustein Arbeitsplanerstellung notwendig ist. Die Zeilen der
Matrix enthalten die grundsätzlich möglichen E-F-I, in den Spalten sind
die Voraussetzungen bzw. Informationsgrundlagen für deren Empfehlung
aufgelistet. Letztere gliedern sich in: für alle Unternehmen zu empfehlen
(keine speziellen Voraussetzungen), generell zu empfehlen, Empfehlung
abhängig von den zu erfassenden Unternehmensmerkmalen, Empfehlung
abhängig von der Betriebsmittelausstattung sowie Empfehlung abhängig
von den zu erfassenden Detailinformationen (vgl. Abschnitt 5.3.2.1). Ein
ausgefülltes Feld der Matrix bedeutet, daß die E-F-I dieser Zeile nur dann
empfohlen werden kann, wenn die Voraussetzung der entsprechenden
Spalte vorliegt. Mehrere Einträge je Zeile drücken aus, daß verschiedene
Voraussetzungen gleichzeitig vorliegen müssen. Aus mehreren Einträgen je
Spalte kann man schließen, daß diese Voraussetzung für das Empfehlen
von verschiedenen E-F-I relevant ist.

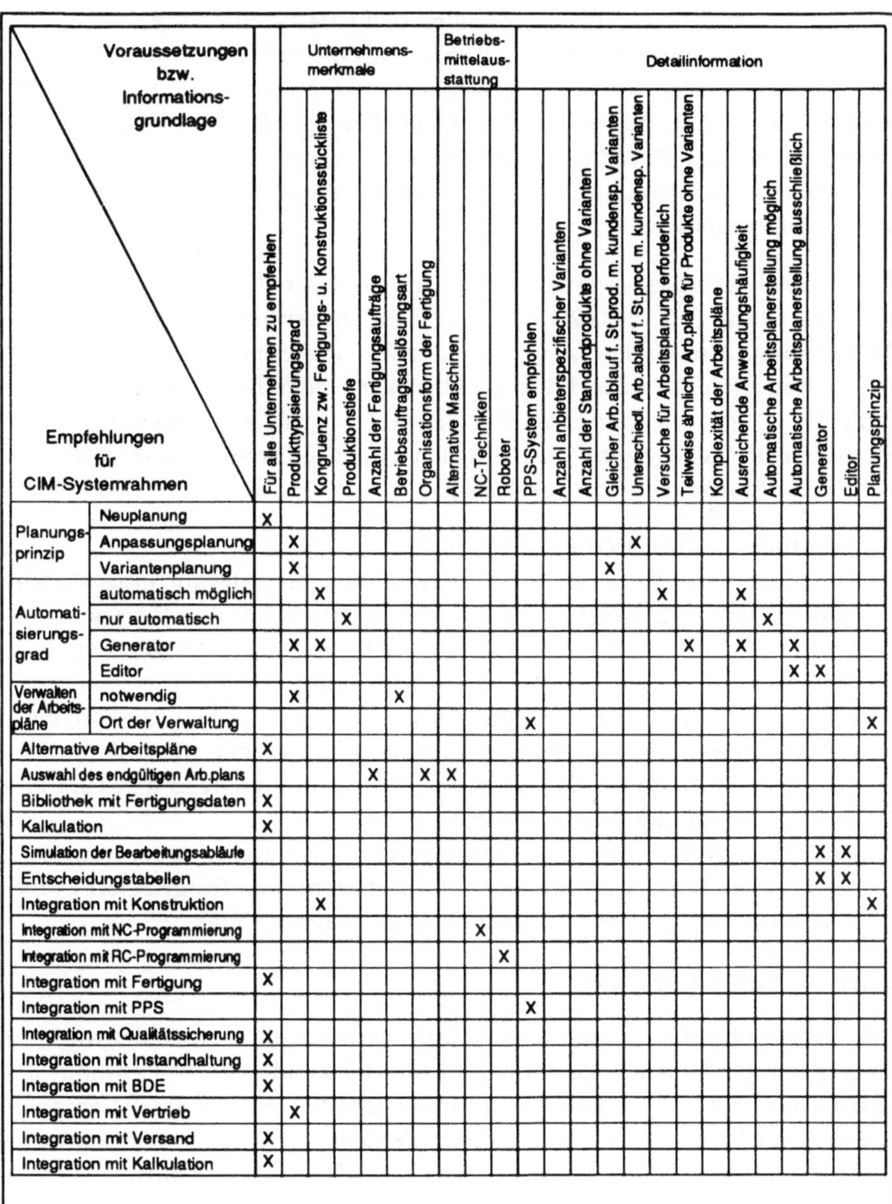

Voraussetzungen bzw. Informationsgrundlage / Empfehlungen für CIM-Systemrahmen

Column groups: **Voraussetzung** (C1) · **Unternehmensmerkmale** (C2–C7) · **Betriebsmittelausstattung** (C8–C10) · **Detailinformation** (C11–C24)

Gruppe	Empfehlung	Für alle Unternehmen zu empfehlen	Produkttypisierungsgrad	Kongruenz zw. Fertigungs- u. Konstruktionsstückliste	Produktionstiefe	Anzahl der Fertigungsaufträge	Betriebsauftragsauslösungsart	Organisationsform der Fertigung	Alternative Maschinen	NC-Techniken	Roboter
Planungsprinzip	Neuplanung	X									
	Anpassungsplanung		X								
	Variantenplanung		X								
Automatisierungsgrad	automatisch möglich			X							
	nur automatisch				X						
	Generator		X	X							
	Editor										
Verwalten der Arbeitspläne	notwendig		X			X					
	Ort der Verwaltung										
	Alternative Arbeitspläne	X									
	Auswahl des endgültigen Arb.plans					X		X	X		
	Bibliothek mit Fertigungsdaten	X									
	Kalkulation	X									
	Simulation der Bearbeitungsabläufe										
	Entscheidungstabellen										
	Integration mit Konstruktion			X							
	Integration mit NC-Programmierung									X	
	Integration mit RC-Programmierung										X
	Integration mit Fertigung	X									
	Integration mit PPS										
	Integration mit Qualitätssicherung	X									
	Integration mit Instandhaltung	X									
	Integration mit BDE	X									
	Integration mit Vertrieb		X								
	Integration mit Versand	X									
	Integration mit Kalkulation	X									

Gruppe	Empfehlung	PPS-System empfohlen	Anzahl anbieterspezifischer Varianten	Anzahl der Standardprodukte ohne Varianten	Gleicher Arb.ablauf f. St.prod. m. kundensp. Varianten	Unterschiedl. Arb.ablauf f. St.prod. m. kundensp. Varianten	Versuche für Arbeitsplanung erforderlich	Teilweise ähnliche Arb.pläne für Produkte ohne Varianten	Komplexität der Arbeitspläne	Ausreichende Anwendungshäufigkeit	Automatische Arbeitsplanerstellung möglich	Automatische Arbeitsplanerstellung ausschließlich	Generator	Editor	Planungsprinzip
Planungsprinzip	Neuplanung														
	Anpassungsplanung					X									
	Variantenplanung				X										
Automatisierungsgrad	automatisch möglich						X			X					
	nur automatisch										X				
	Generator							X		X		X			
	Editor											X	X		
Verwalten der Arbeitspläne	notwendig														
	Ort der Verwaltung	X													X
	Alternative Arbeitspläne														
	Auswahl des endgültigen Arb.plans														
	Bibliothek mit Fertigungsdaten														
	Kalkulation														
	Simulation der Bearbeitungsabläufe												X	X	
	Entscheidungstabellen												X	X	
	Integration mit Konstruktion														X
	Integration mit NC-Programmierung														
	Integration mit RC-Programmierung														
	Integration mit Fertigung														
	Integration mit PPS	X													
	Integration mit Qualitätssicherung														
	Integration mit Instandhaltung														
	Integration mit BDE														
	Integration mit Vertrieb														
	Integration mit Versand														
	Integration mit Kalkulation														

Bild 5.3.2.2.2/1: Voraussetzungen und Empfehlungen für die Arbeitsplanerstellung

5.3.3   Ist-Analyse vorhandener CIM-Komponenten

Die Ist-Analyse ermittelt im Unternehmen vorhandene CIM-Lösungen, differenziert nach CIM-(Einzel-)Bausteinen und CIM-(Integrations-)Baustei-

nen [vgl. Hellwig 92, S. 40]. Diese bilden den CIM-Ist-Status. Es wird festgestellt, ob die Bausteine aufgrund ihrer Eigenschaften und der Funktionalität in dem von der IC vorgeschlagenen CIM-Systemrahmen weiter-
verwendbar sind. Nutzt ein Unternehmen bereits CIM-Komponenten, die
jedoch elementare Funktionen des vorgeschlagenen CIM-Systemrahmens
nicht angemessen unterstützen, wird dieser Baustein nicht in den Ist-
Status aufgenommen.

Ein Beispiel soll dieses verdeutlichen: Im CAD-Bereich ist die Dimension
der Darstellung (2D, 2 1/2D oder 3D) eine elementare Eigenschaft einer
CAD-Lösung. (Ein Update z.B. von einer 2D- auf eine 3D-Darstellung ist
aus technischen Gründen i.d.R. nicht möglich oder nicht sinnvoll.) Empfiehlt die IC im Systemrahmen ein 3D-System, würde beispielsweise ein
vorhandenes CAD-System, das lediglich eine 2D-Darstellung ermöglicht,
im CIM-Ist-Status nicht berücksichtigt.

Die Ist-Analyse erfolgt in drei Schritten:
1. Zunächst wird für jeden im Systemrahmen als relevant eingestuften
    CIM-Bereich festgestellt, ob er schon DV-technisch unterstützt wird.
2. Setzt das Unternehmen bereits entsprechende Anwendungen ein, sind
    diese daraufhin zu überprüfen, ob sie die relevanten elementaren
    Funktionen und Integrationen unterstützen. Ist das nicht der Fall, geht
    die IC davon aus, daß eine Modifikation nicht oder nur mit hohem
    Aufwand möglich ist und nimmt die Anwendung nicht in den CIM-Ist-
    Status auf [vgl. u.a. FKM/VDMA 88, S. 66].
3. Erfüllt die vorhandene Anwendung die elementaren Anforderungen,
    wird für die übrigen durch den CIM-Systemrahmen festgelegten Funk-
    tionen und Integrationen untersucht, ob sie bereits realisiert sind.

5.3.4   Soll-Ist-Abgleich

Der Soll-Ist-Abgleich gestaltet sich vergleichsweise einfach. Dabei wird ein
Listing erzeugt, welches die sinnvollen und notwendigen E-F-I enthält, die
in dem betrachteten Unternehmen für ein CIM-System notwendig erscheinen und noch zu implementieren sind. Fehlende Bausteine sind komplett
neu einzuführen, in bezug auf den CIM-Systemrahmen unvollständige
CIM-Applikationen sind zu ergänzen.

5.3.5   Typisierung der CIM-Bereiche

Dieser Vorgehensschritt identifiziert anhand der erfaßten Merkmals-
ausprägungen für jeden relevanten CIM-Baustein, für den CASE-basierte
Funktions- und Datenmodelle vorliegen (vgl. Kapitel 6), den zutreffenden
Betriebstyp und weist diesen am Bildschirm aus. Mit dieser Information

kann der Anwender des CIM-Planungstools auf die gewünschten Referenz-modelle zugreifen. Der Ablauf zum Ermitteln der Betriebstypen soll am Beispiel der Qualitätssicherung verdeutlicht werden (vgl. Bild 4.2.2.2/1):

1) Aus den insgesamt erfaßten Unternehmensmerkmalen werden genau diejenigen selektiert, die für das Bilden der CAQ-Betriebstypen notwendig sind.

2) Für die Ausprägung des ersten Merkmals der Typologie, hier der Produkttypisierungsgrad, wird festgestellt, in welchen Typen diese Ausprägung(en) grundsätzlich auftreten können. So kann z.B. die Ausprägung Standardprodukte mit kundenspezifischen Varianten in den CAQ-Typen 1, 2, 3 und 4 (vgl. Bild 4.2.2.2/1) auftreten.

3) Durch die sukzessive Hinzunahme der Ausprägungen der weiteren Merkmale grenzt man den Lösungsraum solange ein, bis ein entsprechender Betriebstyp eindeutig identifiziert ist.

Wurden vom Anwender sehr viele Merkmalsausprägungen als für das Unternehmen zutreffend erachtet, ist es möglich, daß sich in einem Anwendungsfall ein eindeutiger Betriebstyp nicht zuweisen läßt. Das System weist dann mehrere Typen aus. In einer solchen Situation sind prinzipiell zwei Möglichkeiten für das weitere Vorgehen denkbar:

1) Die CIM-Konzepte der einzelnen Betriebstypen werden zu einem Gesamtkonzept kombiniert. (Wie man dabei vorgehen kann, wird im Abschnitt 6.4 noch detaillierter behandelt.)

2) Der Anwender schränkt den Betrachtungsraum ein. Anstatt das gesamte Unternehmen zu untersuchen, fokussiert er die CIM-Analyse z.B. auf einzelne Werke oder einzelne Sparten, für die sich dann eindeutige Betriebstypen identifizieren lassen. Dementsprechend wären z.B. für mehrere Werke auch mehrere CIM-Konzepte zu gestalten.

5.4 Realisierung der Intelligenten Checkliste

5.4.1 Aufbau der Intelligenten Checkliste

Eine wesentliche Komponente im Aufbau eines Expertensystems ist die Wissensbasis. Sie dient zum einen der Aufnahme des fachspezifischen Wissens, und zum anderen greift die Inferenzkomponente eines Systems auf die Wissensbasis zu, um die zur Lösung anstehenden Aufgaben abzuarbeiten [vgl. u.a. Puppe 91, S. 13].

Beim Aufbau und der Gestaltung der IC wurde darauf geachtet, daß Modifikationen sowie die Pflege der Wissensbasis, etwa durch das Hinzufügen von zusätzlichem CIM-Know-how aus abgewickelten CIM-Projekten, so einfach wie möglich sind. Um diese Prämissen zu erfüllen, waren folgende Rahmenbedingungen einzuhalten:

- Die IC muß übersichtlich aufgebaut sein.
- Das Wissen über die einzelnen CIM-Bausteine muß sich unabhängig von den anderen bearbeiten, ändern und erweitern lassen.
- Die zwischen den Bausteinen bestehenden Interdependenzen sind zu berücksichtigen.
- Weitere DV-Anwendungsbereiche, z.B. der Vertrieb, sollen leicht ergänzbar sein.

Um diese Anforderungen zu erfüllen, wurde das für die einzelnen Aufgaben der IC notwendige CIM-Wissen auf - im gegenwärtigen Ausbaustadium - 11 Wissensbasen verteilt (vgl. Bild 5.4.1/1). Dabei sind eine übergeordnete Wissensbasis, die sogenannte MAIN-KB (KB steht für Knowledge Base und wird nachfolgend synonym für Wissensbasis verwendet) und zehn SUB-KBs, für jeden behandelten CIM-Bereich genau eine, zu unterscheiden.

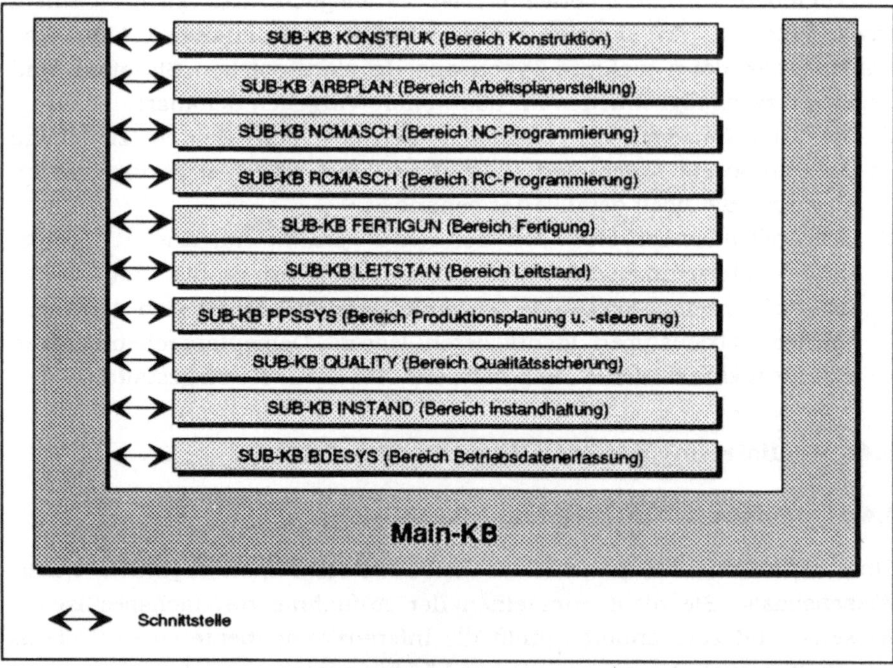

Bild 5.4.1/1:   Aufbau der Intelligenten Checkliste

5.4.2   Aufgaben der Wissensbasen

Die in den Wissensbasen durchzuführenden Aufgaben werden differenziert nach den Aufgaben der MAIN-KB und den Aufgaben der SUB-KBs.

Aufgaben der MAIN-KB

Die MAIN-KB steuert die Anwendung und führt diejenigen Aufgaben durch, welche die Rahmenbedingungen für die Detailanalyse der einzelnen CIM-Bereiche schaffen. Bild 5.4.2/1 zeigt die Aufgaben der MAIN-KB und die Bearbeitungsreihenfolge.

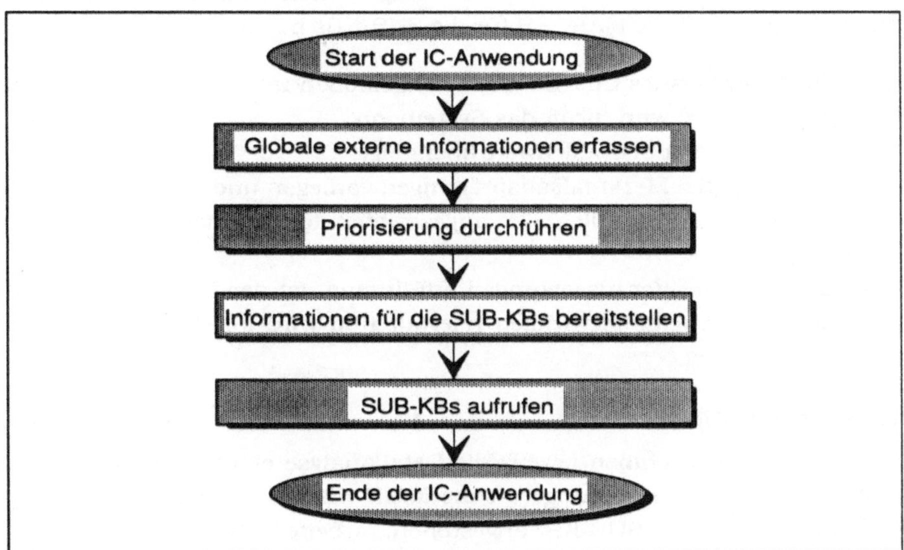

Bild 5.4.2/1:   Analyseablauf der MAIN-KB

Zunächst werden in der MAIN-KB die globalen externen Informationen erfaßt. Dabei handelt es sich um die Unternehmensmerkmale sowie um die Angaben bezüglich der Betriebsmittelausstattung. Global bedeutet, daß die entsprechenden Informationen in allen Wissensbasen des Systems zum Verarbeiten bereitstehen. Im Gegensatz dazu ist die Verwendung lokaler Informationen (s.u.) auf einzelne Wissensbasen begrenzt. Die Fragen an den Anwender sind so gestellt, daß sie mit "J" (Ja) oder "N" (Nein) zu beantworten sind.

Die Priorisierung der CIM-Komponenten setzt sich aus mehreren Teilschritten zusammen. Zunächst ist vom Anwender der Schwellenwert zu spezifizieren. Danach werden die Informationen über die KEF folgendermaßen erhoben:
- Ein KEF wird gewichtet.
- Anschließend sind die entsprechenden EF zu bewerten.
- Unmittelbar nach dem EF ist dessen Erfüllungsgrad einzuschätzen.

Für die Analyse verschiedener CIM-Bausteine wird vorausgesetzt, daß bestimmte andere Komponenten in dem Unternehmen relevant sind. So setzt z.B. der Einsatz eines Leitstandes für die werkstattnahe Produktionssteuerung idealerweise den Einsatz eines Produktionsplanungssystems voraus, welches die mittel- und langfristigen Planungsaufgaben durchführt und entsprechende Planungseckdaten der leitstandbasierten Produktionssteuerung übergibt [vgl. Mayer 92, S. 92; Strack 89, S. 38]. Deshalb wird ein Leitstand in Verbindung mit PPS-Komponenten empfohlen. Derartige Informationen stellt die MAIN-KB für die SUB-KBs bereit.

Bevor die Analyse eines CIM-Bausteins angestoßen und die entsprechende SUB-KB aufgerufen wird, prüft das System, ob
- die Kennzahl den Schwellenwert übersteigt,
- die notwendigen Merkmalsausprägungen vorliegen und
- der Baustein hinsichtlich der angestrebten technischen Ausstattung geeignet ist.

Erst wenn alle drei Voraussetzungen erfüllt sind, ist der Baustein für das betrachtete Unternehmen wirklich relevant und wird im CIM-Systemrahmen berücksichtigt.

Aufgaben der SUB-KBs

Die SUB-KBs übernehmen jeweils die Detailanalyse eines CIM-Bausteins. Während einer IC-Anwendung ruft die MAIN-KB die verschiedenen SUB-KBs auf. Wird eine SUB-KB angestoßen, arbeitet sie den in ihr implementierten Teil der Problemlösung ab. Der Analyseablauf ist in allen SUB-KBs prinzipiell gleich, mit der Einschränkung, daß nicht alle Schritte für jeden CIM-Baustein relevant sind (s.u.). Bild 5.4.2/2 zeigt das prinzipielle Vorgehen der SUB-KBs im Überblick.

Zunächst erfragt das System Detailinformationen vom Anwender, damit sämtliche Informationen verfügbar sind, anhand derer im Folgeschritt der CIM-Systemrahmen abgeleitet werden kann.

Der CIM-Systemrahmen besteht zum einen aus Funktionen und Integrationen, die generell notwendig sind. Zum anderen werden Empfehlungen gegeben, die von unternehmensspezifischen Rahmenbedingungen abhängen. Letztere werden anhand der globalen externen Informationen aus der MAIN-KB und den Detailinformationen bestimmt. Darüber hinaus fließen Ergebnisse eines Systemrahmens in die Gestaltung anderer Bausteine ein. Dies ist dann der Fall, wenn entsprechende funktionelle Interdependenzen zwischen den Bausteinen bestehen. Ein Beispiel hierzu findet man u.a. zwischen CAP und CAD, da das Prinzip der Arbeitsplanung (Varianten-, Wiederholungs- oder Neuplanung) die im CAD-System einzusetzende Werkstückklassifikation mit determiniert [vgl. u.a. Hesser 92].

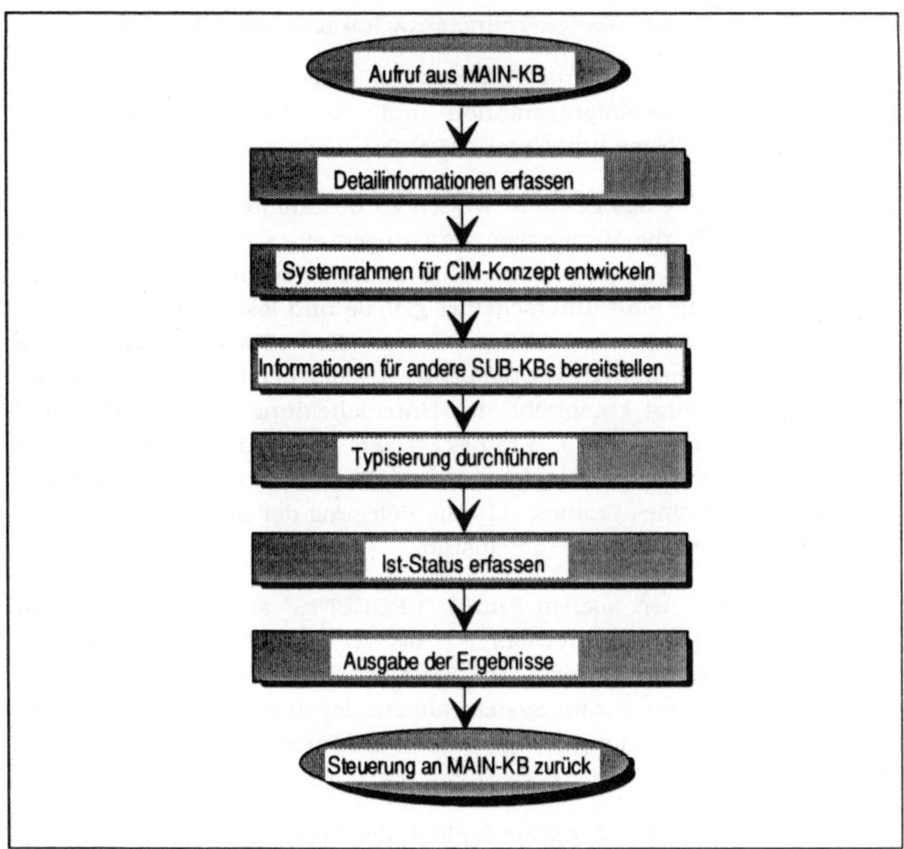

Bild 5.4.2/2:   Prinzip des Analyseablaufs der SUB-KBs

Damit derartige Beziehungen berücksichtigt werden können, sind zwei Bedingungen einzuhalten:

1) SUB-KBs, von denen Implikationen ausgehen, müssen die entsprechenden Informationen für andere SUB-KBs bereitstellen.

2) Die Bearbeitungsreihenfolge der SUB-KBs muß so gewählt werden, daß CIM-Bereiche, welche die Gestaltung anderer beeinflussen, vor diesen analysiert werden. Dieses wird über eine Steuerlogik in der MAIN-KB erfüllt.

Die Typisierung ist nur für die Bausteine erforderlich, für die CASE-basierte Funktions- und Datenmodelle vorliegen (vgl. 5.3.5). Dies ist nicht bei der NC- oder der RC-Programmierung der Fall. Es folgen das Feststellen des Ist-Status (vgl. 5.3.3) sowie der Soll-Ist-Vergleich (vgl. 5.3.4) mit Ausgabe der Ergebnisse. Diese beiden Schritte werden in jeder SUB-KB ausgeführt.

5.4.3   Elemente zur Wissensrepräsentation und -verarbeitung

Als Expertensystemshell wurde TIRS von IBM eingesetzt. Verwendete Komponenten zur Wissensrepräsentation und -verarbeitung sind Frames, Slots, Parameter, Fragen und Regeln [IBM 91].

Ein Frame speichert das gesamte Wissen zu bestimmten CIM-Sachverhalten. Dies sind z.B. die Merkmalsausprägungen eines Unternehmens oder der abgeleitete CIM-Systemrahmen für einen relevanten Baustein [vgl. Bullers 92, S. 853]. Man unterscheidet globale und lokale Frames. Das in globalen Frames gespeicherte Wissen ist in allen KBs verfügbar. Lokale Frames sind nur in der KB verfügbar, in welcher der Frame definiert ist. Diese Differenzierung entspricht der Unterscheidung von globalen und lokalen Informationen (s.o.). Frames setzen sich aus mehreren Slots zusammen, in denen die einzelnen Informationsinhalte abgelegt werden. Eine Ausprägung eines Frames, d.h. die Belegung der Slots mit konkreten Werten, bezeichnet man als Frameinstanz.

Bild 5.4.3/1 zeigt den lokalen Frame "ERGEBNIS" aus der SUB-KB zur Arbeitsplanerstellung. In den Slots "A1" bis "A7" werden die Informationen aus den Detailfragen hinterlegt. Die Slots mit der Kennung "ERG_" speichern die Informationen zum Systemrahmen der Arbeitsplanerstellung. In den Slots mit der Kennung "IST_" werden die Informationen aus der Ist-Analyse abgelegt.

Für jeden Slot sind u.a. der Wert (Value), der Typ (Type) und die Quellen (Sources) der Informationen zu spezifizieren. Der Slot "IST_APLAN" beispielsweise ist vom Typ STRING der Länge 1 und mit dem Wert "N" (Nein) vorbelegt. Quellen der Informationen für den Slot sind die Wissensbasis (Internal) sowie die Frage "FRAGE_IST_APLAN" (s.u.).

Für einzelne, isoliert zu behandelnde Werte, z.B. der vom Benutzer einzugebende Schwellenwert, sind Parameter zu definieren.

Mit Fragen erfaßt das System die externen Informationen vom Anwender. Bild 5.4.3/2 illustriert die Frage "FRAGE_IST_APLAN". Der Fragetext erscheint am Bildschirm und ist vom Anwender durch die Eingabe von "J" oder "N" zu quittieren. Die Antwort wird über den Transferparameter "PASS_IST_APLAN" in den Slot geschrieben, der diesen Parameter als Informationsquelle hat (vgl. Bild 5.4.3/1).

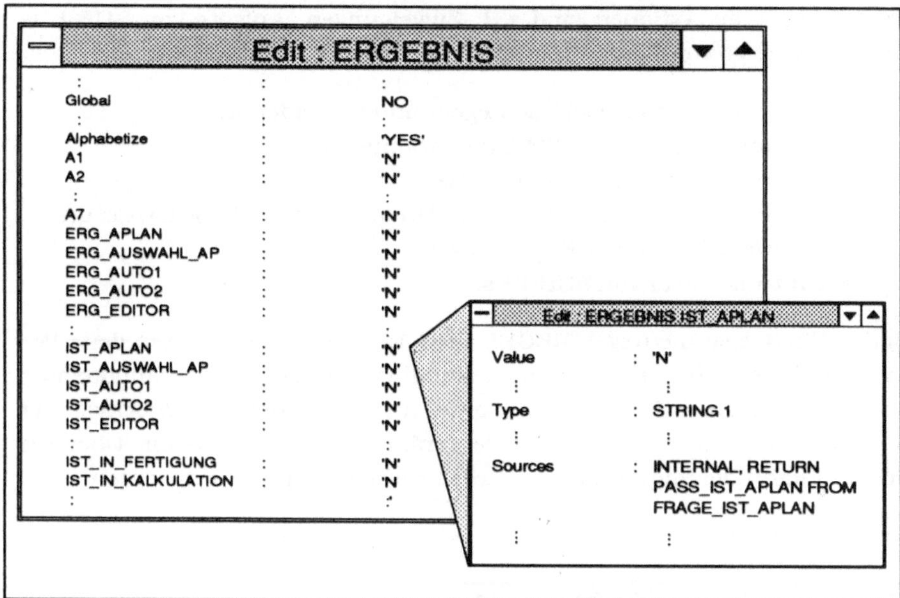

Bild 5.4.3/1:   Beispiel für einen Frame

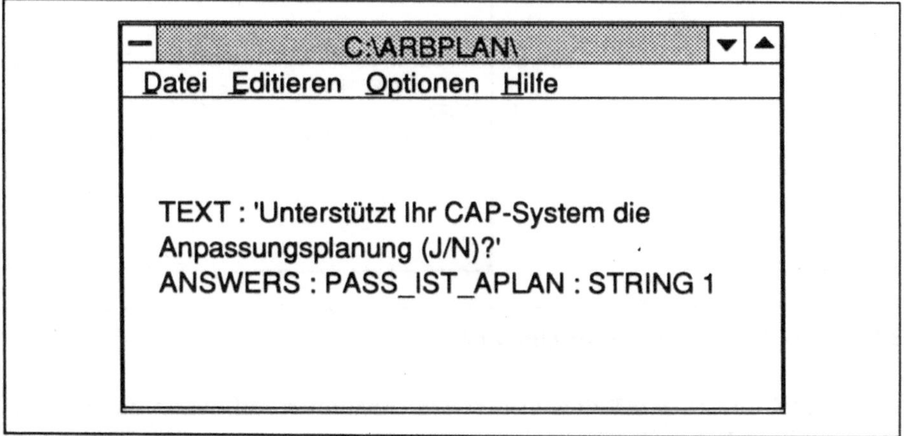

Bild 5.4.3/2:   Beispiel für eine Frage

Über Regeln lassen sich Aktionen an eine Prämisse binden, d.h. die Aktion(en) ist (sind) nur dann auszuführen, wenn die Prämisse(n) vorliegt(en). Dieses erfolgt in der Form "If-<Prämisse>-then -<Aktion>". In der Prämisse können Slots und Parameter angesprochen werden. Diese lassen sich mit logischen Operatoren zu komplexeren Bedingungen verknüpfen.

Die verwendeten Aktionen sind z.B. Zuweisungen, Aufrufe von SUB-KBs oder die Anzeige von Fragen und Eingabeaufforderungen.

Nach ihrem Inhalt lassen sich die Regeln unterscheiden in:
- Regeln zum Ableiten des CIM-Systemrahmens,
- Regeln zu Typisierung der Bausteine,
- Regeln zur Berechnung der Kennzahlen im Rahmen der Priorisierung,
- Regeln zum Steuern der Fragen sowie
- Regeln zum Aufruf von SUB-KBs.

Bild 5.4.3/3 zeigt die Regel "REGEL_ERG_EDITOR" zum Ableiten des CIM-Systemrahmens der Arbeitsplanerstellung. Die wesentlichen Komponenten sind der Regeltext (Rule Body) sowie die Regelpriorität (Priority). Der Regeltext dient zur Spezifikation der Prämissen und Aktionen. Über die Priorität kann die Reihenfolge der Regelbearbeitung gesteuert werden.

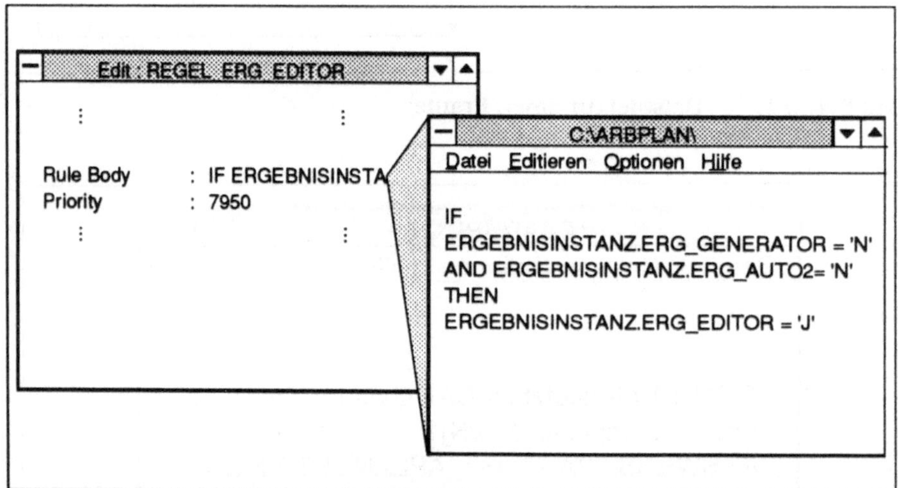

Bild 5.4.3/3:   Beispiel für eine Regel

Diese Regel nimmt den Editor in den Systemrahmen auf, wenn das Unternehmen die Arbeitspläne weder mit einem Generator noch automatisch erstellen kann (vgl. 5.3.2.2.1). Dazu greift die Regel in ihren Prämissen auf die Slots "ERG_GENERATOR" und "ERG_AUTO2" der Frameinstanz "ERGEBNISINSTANZ" zu. Sofern beide Bedingungen zutreffen und die Regel "feuert", wird dem Slot "ERG_EDITOR" in derselben Frameinstanz der Wert "J" zugewiesen.

Insgesamt sind in der gegenwärtigen Ausbaustufe der IC über 660 Regeln in dem System implementiert (vgl. Bild 5.4.5/1). Dabei läßt sich erkennen, daß der Bereich der Produktionsplanung und -steuerung im Vergleich zu den weiteren CIM-Bausteinen die höchste Anzahl an Fragen und Regeln aufweist. Dieses kann mit der aus logisch-konzeptioneller Sicht hohen Planungskomplexität der PPS begründet werden. Die Komplexität resultiert zum einen aus den verschiedenen Aufgabenbereichen wie Terminplanung, Mengenplanung usw. und zum anderen aus den unterschiedlichen Planungs- und Steuerungs-Philosophien wie MRP, KANBAN usw., die einem PPS-System zugrundegelegt werden können. Daraus ergeben sich vielfältige Gestaltungsvarianten. Um hier mit Hilfe der IC die für einen Betrieb am besten geeignete Variante und einen entsprechenden CIM-Systemrahmen empfehlen zu können, ist eine intensive Unternehmensanalyse notwendig. Für das wissensbasierte Vorgehen der IC resultiert daraus eine entsprechend hohe Anzahl an Fragen und Regeln.

5.4.4 Konventionen über die Vergabe von Bezeichnern

In der Wissensbasis muß aus systemtechnischen Gründen jedem Element, d.h. jeder Regel, jedem Slot, jedem Parameter etc., ein eindeutiger Bezeichner zugewiesen werden (vgl. Bild 5.4.3/1-3). Durch die Informationsvielfalt der IC ergibt sich eine hohe Anzahl an Bezeichnern. Damit man sich bei der Pflege des Systems trotzdem gut orientieren kann, mußten bei der Vergabe von Bezeichnern verschiedene Konventionen eingehalten werden:

- Grundsätzlich sollen die Benennungen von Wissensbasen, Frames etc. bereits auf den Inhalt hinweisen. So analysiert beispielsweise die SUB-KB "Arbplan" die Arbeitsplanerstellung.
- Insbesondere für die Vielzahl von Slots sind zusätzliche "Guidelines" erforderlich:
  - Hierarchische Strukturen sind zu verdeutlichen, indem z.B. bei den Einzelfaktoren ("EF") die kritischen Erfolgsfaktoren in den Namen aufgenommen ("KEF-EF") werden.
  - Detailinformationen sind mit "A<x>" zu bezeichnen, wobei anhand des "x" diese Informationen fortlaufend numeriert werden.
  - Zwischenergebnisse erhalten das Präfix "Zw_".
  - Ergebnisse des CIM-Systemrahmens sind unter "Erg_<Funktion>" (für empfohlene Funktionen) und "Erg_In<integrierter Baustein>" (bei Integrationen) abgelegt.
  - Analog werden die Ergebnisse des Ist-Status unter "Ist_<Funktion>" bzw. "Ist_In<integrierter Bereich>" gespeichert.
  - Fragen deklariert man mit "Frage_<Name>", wobei <Name> den Slot oder Parameter angibt, in den die Antwort geschrieben wird.

-   Die Transferparameter zum Übertragen der Antworten in die Slots bzw. Parameter sind als "Pass_<Slot-/Parametername> zu bezeichnen.
-   Regeln zum Ableiten des Soll-Konzepts tragen den Bezeichner "Regel_<Ergebnisslot>".
-   Regeln zum Steuern von Fragen kennzeichnet man mit "Regel_St_<Antwortslot>".
-   Regeln für die Bildschirmanzeige sind an der Vorsilbe "Ausgabe_" zu erkennen.

Durch das durchgängige Anwenden dieser Richtlinien beim Entwurf des Systems und dem konsequent modularen Aufbau ist es möglich, Modifikationen in den Wissensbasen sehr schnell durchzuführen und so eine einfache Systemwartung zu gewährleisten.

5.4.5   Prinzipien der Informationserhebung

Damit das Erfassen der umfangreichen Informationen möglichst benutzerfreundlich erfolgt, orientiert sich die Informationserhebung an folgenden Prinzipien:

-   Jede Information darf nur einmal erfaßt werden. Informationen, die zum Analysieren mehrerer CIM-Bausteine und damit auch in mehreren SUB-KBs notwendig sind, z.B. Unternehmensmerkmale, erfragt deshalb grundsätzlich die MAIN-KB.
-   Informationen erfaßt man dort, wo sie benötigt werden. Detailinformationen zu einem CIM-Baustein erfragt deshalb die entsprechende SUB-KB. Für die Priorisierung erfolgt dies in der MAIN-KB.
-   Nur wirklich notwendige Informationen sind zu erheben. So werden die einzelnen EF nur dann analysiert, wenn der entsprechende KEF relevant ist.
-   Informationen, die in einem engen sachlogischen Zusammenhang stehen, ermittelt das System unmittelbar nacheinander. In der Priorisierung beispielsweise folgt auf einen als bedeutend eingeschätzten KEF die Bewertung und Einschätzung der entsprechenden EF, bevor der nächste KEF analysiert wird (vgl. Abschnitt 5.3.1).

Insgesamt enthält die Checkliste über 300 Fragen. Aus Bild 5.4.5/1 geht die Anzahl der Fragen und der Regeln in den einzelnen Wissensbasen hervor. An der hohen Anzahl von Fragen in der MAIN-KB zeigt sich, daß der Charakterisierung des Unternehmens und der strategischen Gewichtung der CIM-Komponenten hohe Bedeutung beigemessen wird. Innerhalb der einzelnen CIM-Bausteine ist der PPS-Bereich der am aufwendigsten zu erfragende.

Die vergleichsweise geringe Anzahl an Fragen im Fertigungsbereich läßt sich darauf zurückführen, daß die wesentlichen Gestaltungscharakteristika durch externe Informationen und damit über die MAIN-KB erfragt werden. Für den BDE-Bereich ist zu bedenken, daß manche Voraussetzungen eines BDE-Systems bereits über die Detailanalyse der Bausteine in den SUB-KBs ermittelt werden und nicht doppelt zu erheben sind.

Wissensbasis	Anzahl der Fragen	Anzahl der Regeln
MAIN-KB	100	84
SUB-KB KONSTRUK (Konstruktion)	33	74
SUB-KB ARBPLAN (Arbeitsplanerstellung)	30	82
SUB-KB NCMASCH (NC-Programmierung)	16	37
SUB-KB RCMASCH (RC-Programmierung)	9	20
SUB-KB FERTIGUN (Fertigung)	4	14
SUB-KB LEITSTAN (Leitstand)	12	26
SUB-KB PPSSYS (Produktionsplanung und -steuerung)	54	197
SUB-KB QUALITY (Qualitätssicherung)	22	63
SUB-KB INSTAND (Instandhaltung)	20	39
SUB-KB BDESYS (Betriebsdatenerfassung)	8	27
Insgesamt	308	663

Bild 5.4.5/1:   Anzahl der Fragen und Regeln je Wissensbasis

5.5 Anwendung der Intelligenten Checkliste

Die folgenden Bilder zeigen einige ausgewählte Masken des IC-Anwender-Dialogs. Aufgrund der unbefriedigenden Möglichkeiten, welche die Expertensystemshell TIRS zum Gestalten der Bildschirmoberflächen bietet, wurde zum Design der Masken das Tool EASEL eingesetzt.

Bild 5.5/1 zeigt die Maske zur Eingabe der Ausprägungen des Merkmals Produkttypisierungsgrad. In den "Checkboxes", d.h. den rechteckigen Kästchen, sind mehrere Eingaben zulässig. Grundsätzlich verfügt das System bei jedem Merkmal über einen "Warum-Button", mit dem sich der Anwender einen Hilfe-Text anzeigen lassen kann. Dieser gibt nähere Erläuterungen zu dem Merkmal bzw. den vorgesehenen Ausprägungen.

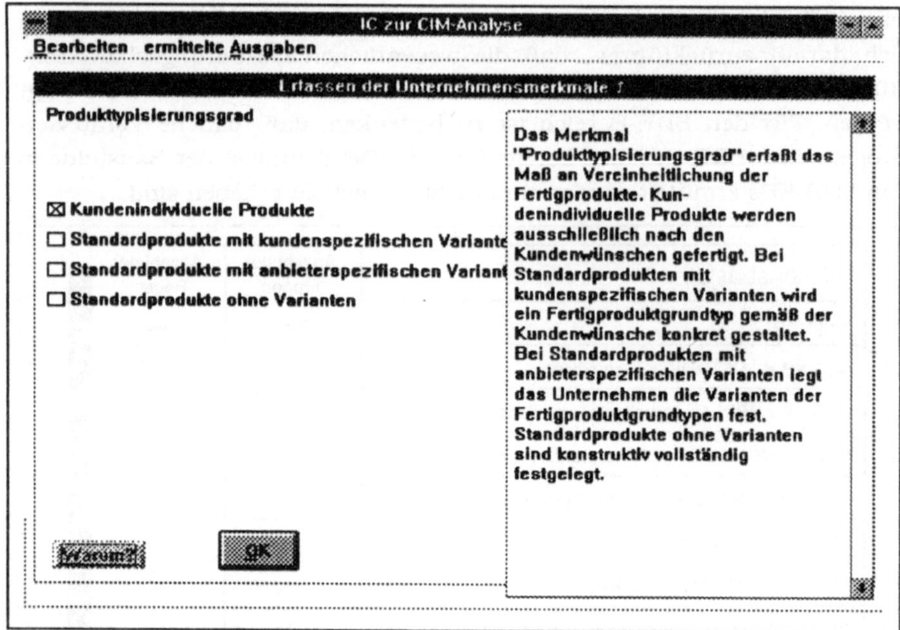

Bild 5.5/1:   Bildschirmmaske zum Erfassen von Merkmalsausprä-
                   gungen mit Hilfetext

Dem Erfassen der Merkmalsausprägungen folgt das Einschätzen und
Bewerten der KEF und EF. Bild 5.5/2 illustriert die Maske für den EF Pro-
dukt- und Variantenflexibilität. Zur Eingabe dienen hier sogenannte
"Radio-Buttons", von denen jeweils immer nur einer aktiviert werden kann.

Im weiteren Vorgehen werden die einzelnen Bausteine untersucht und
Detailinformationen erhoben sowie der Ist-Ausbau erfragt. Bild 5.5/3 ver-
anschaulicht eine Detailfrage aus dem Bereich Produktionsplanung und
-steuerung. Bild 5.5/4 beinhaltet eine Frage zur Ist-Analyse. Auch hier
lassen sich mittels des "Warum-Buttons" Hilfe-Texte einblenden.

Bild 5.5/5 zeigt am Beispiel der CIM-Komponente Konstruktion/CAD eine
Ausgabemaske, in der die Analyseergebnisse am Bildschirm angezeigt
werden. Im linken Bildschirmbereich sind die grundsätzlichen Eigenschaften, Funktionen und Integrationen zu erkennen, die für das Unternehmen
relevant sind. Die rechte Spalte kennzeichnet mit einem "-" jeweils die E-F-
I, die bereits vorhanden und auch weiterhin zu verwenden sind. Die mit
einem "x" markierten E-F-I stellen gewissermaßen das "CIM-Defizit" dar.
Das vorhandene System sollte um diese E-F-I ergänzt werden. Für jede E-
F-I kann man sich durch einen Doppelklick ergänzende Informationen
anzeigen lassen.

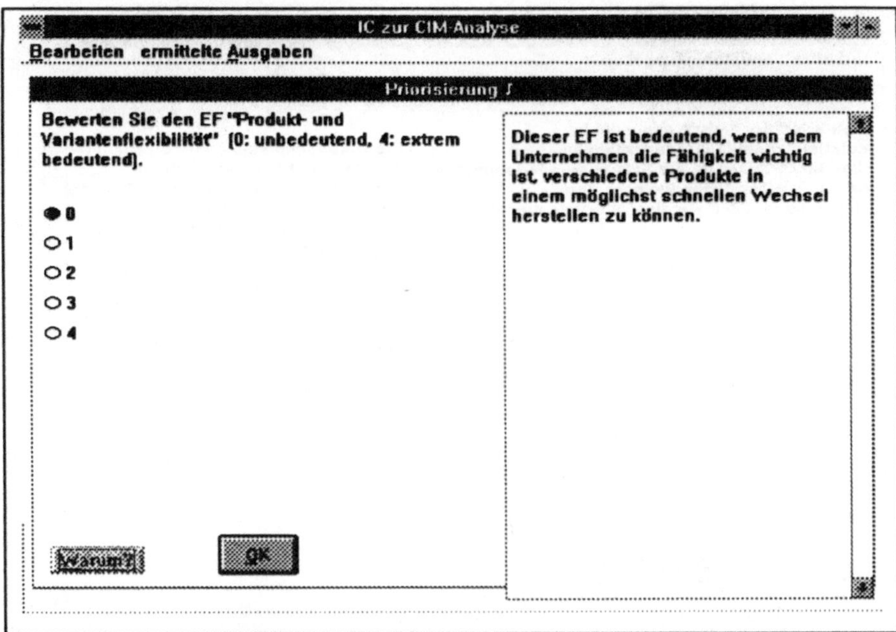

Bild 5.5/2:   Bildschirmmaske zum Bewerten eines Einzelfaktors mit Hilfetext

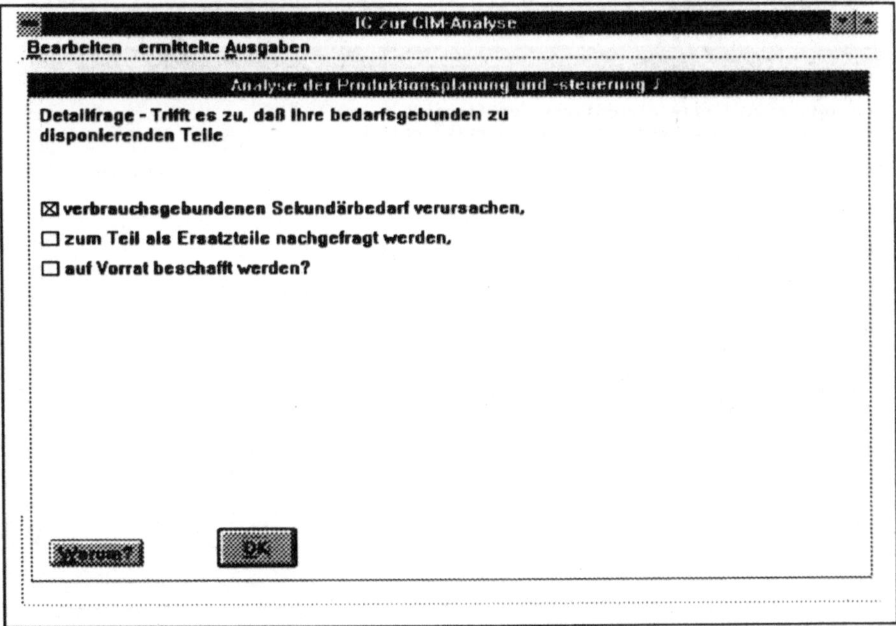

Bild 5.5/3:   Bildschirmmaske zum Erfassen von Detailinformationen

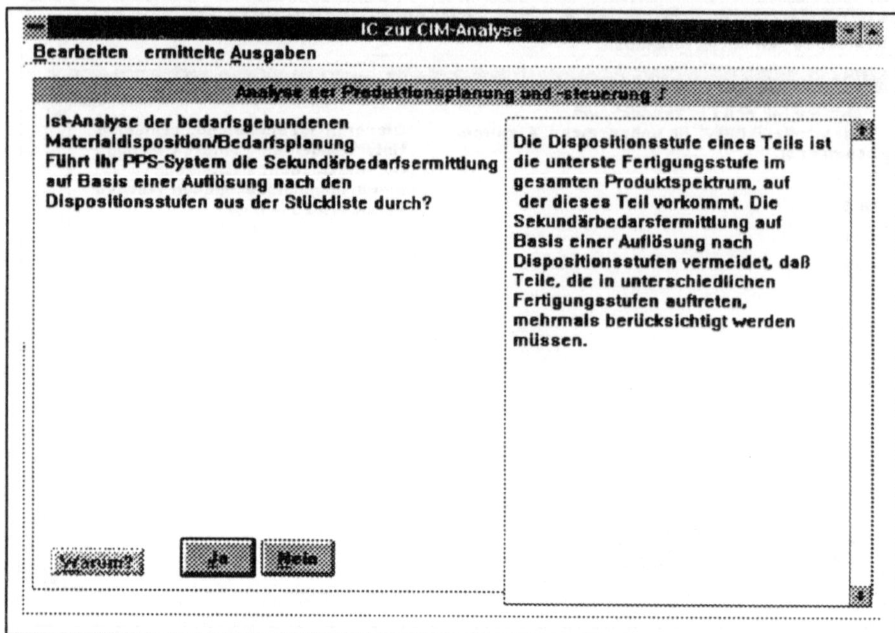

Bild 5.5/4:   Bildschirmmaske zur Ist-Analyse mit Hilfetext

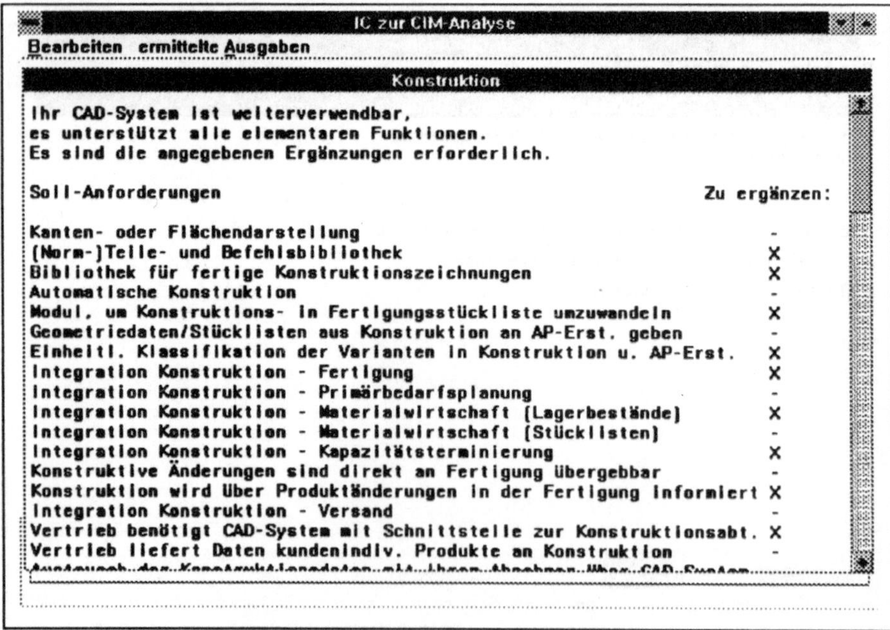

Bild 5.5/5:   Beispiel für eine Ergebnismaske

5.6 Literatur zu Kapitel 5

Becker 91   Becker, J., CIM-Integrationsmodell, Berlin u.a. 1991.

Bullers 92   Bullers, W.I. und Reid, R.A., Organizational and Artificial Intelligence for Information Systems Development in Computer Integrated Manufacturing, 1992 Proceedings Decision Sciences Institute, 1992 Annual Meeting San Francisco, Volume 2, S. 852 - 854.

FKM/VDMA 88   Verband Deutscher Maschinen- und Anlagenbau e.V. (VDMA)/Forschungskuratorium Maschinenbau e.V. (Hrsg.), Mit CIM die Zukunft gestalten, Frankfurt 1988.

Fiedel 92   Fiedel, E., EIS muß laufen ... von Anfang an - und zwar schnell, Betriebswirtschaftliche Blätter 41 (1992) 5, S. 251 - 256.

Geiger 92   Geiger, W., Computergestützte Produktionsplanung und -steuerung im Mittelstand, Wiesbaden 1992.

Graber 90   Graber, C., CIM-Bausteine für die AV, ZwF 85 (1990) 9, S. 100 - 107.

Hebbeler 91   Hebbeler, M. und Klaas, K.J., Rechnerunterstützte Generierung von Arbeitsplänen, in: Geitner, U.W. (Hrsg.), CIM-Handbuch, 2. Aufl., Braunschweig 1991, S. 272 - 293.

Hellwig 92   Hellwig, H.E., CIM - Lösungswege zur Integration, VDI-Z 134 (1992) 1, S. 39 - 43.

Hesser 92   Hesser, W. und Düsterbeck, B., Perspektiven für eine CIM-orientierte Schlüsselung und Identifizierung, CIM Management 8 (1992) 6, S. 42 - 49.

Hildebrand 92   Hildebrand, R.J.N., Betriebswirtschaftliche Schwachstellendiagnose im Fertigungsbereich mit wissensbasierten Systemen, Heidelberg 1992.

Hüllenkremer 90   Hüllenkremer, M., Rechnerunterstützte Arbeitsplanerstellung im CIM-Konzept, in: Krallmann, H. (Hrsg.), CIM - Expertenwissen für die Praxis, München Wien 1990, S. 48 - 57.

IBM 91   IBM (Hrsg.), The Integrated Reasoning Shell, Reference Manual, o.O. 1991.

IPA/IAO 88   IPA/IAO (Hrsg.), Produktionsforum `88 - Die CIM-fähige Fabrik - Zukunftssichernde Planung und Praxisbeispiele, 8. IAO-Arbeitstagung, Berlin u.a. 1988.

Kainz 92   Kainz, G. und Walpoth, G., Die Wertschöpfungskette als Instrument der IS-Planung, Information Management 7 (1992) 4, S. 48 - 57.

Keller 90   Keller, G. und Baresch, M., CAD-Systeme nach dem Baukastenprinzip, ZwF 85 (1990) 3, S. 160 - 163.

Krause 92   Krause, F.L., Kleinhans, V., Stephan, M., Ulbrich, A. und Woll, R., Rückführen von Informationen aus der Fertigung in die Produktentwicklung, ZwF 87 (1992) 8, S. 461 - 464.

Mayer 92   Mayer, J., Auftragsbezogene Fertigung mit Leitsystem steuern, ZwF 87 (1992) 2, S. 90 - 93.

Mertens 90   Mertens, P., Borkowski, V. und Geis, W., Betriebliche Expertensystem-Anwendungen, 2. Aufl., Berlin u.a. 1990.

Müller 90   Müller, M., Entwicklung von PC-gestützten Berechnungsverfahren zum Abschätzen der Wirtschaftlichkeit von CIM-Komponenten und Integrationskonzepten, Diplomarbeit, Nürnberg 1990.

Neipp 87	Neipp, G., Rechnerintegrierte Produktion, BFuP 39 (1987) 3, S. 225 - 239.
O.V. 92	O.V., CIM/CAD-Führer '92, München 1992.
Plattfaut 88	Plattfaut, E., DV-Unterstützung strategischer Unternehmensplanung: Beispiele und Expertensystemansatz, Berlin u.a. 1988.
Puppe 91	Puppe, F., Einführung in Expertensysteme, Berlin u.a. 1991.
Scheer 89	Scheer, A.W., Keller, G. und Bartels, R., Organisatorische Konsequenzen des Einsatzes von Computer Aided Design (CAD) im Rahmen von CIM, Veröffentlichungen des Instituts für Wirtschaftsinformatik an der Universität des Saarlandes, Nr. 61, Saarbrücken 1989.
Schulz 90	Schulz, H., CIM-Planung und -Einführung, Berlin u.a. 1990.
Schumann 92a	Schumann, M., Betriebliche Nutzeffekte und Strategiebeiträge der großintegrierten Informationsverarbeitung, Berlin u. a. 1992.
Schumann 92b	Schumann, U., Entwicklung einer wissensbasierten Intelligenten Checkliste zum Spezifizieren eines betriebsspezifischen CIM-Konzepts, Diplomarbeit, Göttingen 1992.
Strack 89	Strack, M., Elektronische Leitstände - Ein Thema für den Mittelstand, in: Scheer, A.W. (Hrsg.), CIM im Mittelstand, Berlin u.a. 1989, S. 29 - 46.
Struck 91	Struck, D., Automatische Arbeitsplangenerierung am Beispiel von Flugzeugkomponenten, CIM Management 7 (1991) 5, S. 39 - 44.
Tönshoff 92	Tönshoff, H.K. und Hamelmann, S., Arbeitspläne für Variantenteile wissensbasiert erstellen, ZwF 87 (1992) 7, S. 406 - 410.
Ulusoy 92	Ulusoy, G. und Uzsoy, R., Computer-Aided Process Planning and Material Requirements Planning: First Steps towards Computer-Integrated Manufacturing, Interfaces 22 (1992) 2, S. 76 - 86.
Venitz 89	Venitz, U.,CIM-Rahmenplanung, Berlin u.a. 1989.
Wildemann 86	Wildemann, H., Strategische Investitionsplanung für CAD/CAM, Stuttgart 1986.

6 CIM-Konzepte auf der Basis von CASE-basierten Referenzmodellen

6.1 Überblick

Das logisch-konzeptionelle Fundament eines unternehmensspezifischen CIM-Konzepts bilden die Beschreibungen von Daten und Funktionen der einzelnen CIM-Bereiche sowie die Darstellungen der Integrationsbeziehungen zwischen den CIM-Komponenten. Das Entwickeln entsprechender Referenzmodelle, welche Daten-, Funktions- und Integrationskonzepte in einer unternehmensneutralen Form darstellen, das Implementieren der Modelle mit dem CASE-Tool ADW (Application Development Workbench) sowie das Anpassen der Referenzmodelle an unternehmensspezifische Rahmenbedingungen sind Gegenstand dieses Kapitels.

Zunächst wird kurz in die verwendeten Modellierungswerkzeuge eingeführt. Daran anknüpfend sollen ausgewählte Beispiele die Inhalte der mit dem Tool implementierten bereichsorientierten CIM-Modelle verdeutlichen. Im Anschluß werden Richtlinien zum Zusammenführen und Modifizieren der Bereichsmodelle erläutert. Weitere Abschnitte behandeln das systematische Vorgehen, um mit den einzelnen Modellierungswerkzeugen die CIM-Referenzmodelle zu gestalten, sowie Entwurfsprinzipien, die der Modellentwicklung zugrunde liegen.

Vorab ist anzumerken, daß zum Implementieren der Referenzmodelle auch andere als das hier vorgestellte CASE-Werkzeug genutzt werden können. Voraussetzung ist eine vergleichbare Funktionalität der alternativen Modellierungstools. Die Entscheidung für ein marktgängiges Tool als Implementierungsplattform der Referenzmodelle liegt u.a. in der Zielsetzung begründet, einen möglichst allgemein verwendbaren Modellierungsansatz aufzuzeigen und dabei - sofern die notwendige Funktionalität gegeben ist - verfügbare Standardwerkzeuge zu verwenden.

6.2 CASE-Tools als Modellierungswerkzeuge für CIM-Referenzmodelle

6.2.1 Klassifizierung von CASE-Werkzeugen

Unter CASE (Computer Aided Software Engineering) versteht man die DV-technische Unterstützung von ingenieurmäßigen Methoden, Regeln, Techniken und Vorgehensweisen zum Entwickeln von Informationssystemen (Software Engineering) [vgl. u.a. Forte 92; Kelter 91]. CASE-Tools sind somit Werkzeuge, um die verschiedenen Tätigkeiten im Software-Lebenszyklus (Software-Life-Cycle) DV-gestützt abwickeln zu können.

Eine grobe Unterscheidung klassifiziert die CASE-Werkzeuge in UPPER CASE und LOWER CASE [vgl. u.a. O.V. 91; Streller 92], wobei die Abgrenzung nicht immer eindeutig und der Übergang zwischen diesen Werkzeugklassen fließend ist (vgl. Bild 6.2.1/1).

-   UPPER CASE-Werkzeuge helfen primär bei den konzeptionellen Aufgaben der Systementwicklung, d.h. es werden vor allem Methoden zur Planung, Analyse und dem Entwurf von Informationssystemen unterstützt. Hierzu gehören u.a. Matrixgeneratoren, um einfache Beziehungen, z.B. zwischen Daten und Funktionen, darzustellen, Beschreibungswerkzeuge für Datenflüsse oder Modellierungshilfsmittel für Funktions- und Datenstrukturen. Diese Werkzeuge unterstützen somit die frühen Phasen des Software-Life-Cycle.

-   LOWER CASE-Produkte werden "code-näher" eingesetzt. Dabei handelt es sich beispielsweise um Maskengeneratoren, Programmeditoren, Compiler, Anwendungsgeneratoren oder Testhilfen. Sie dienen primär zum Umsetzen von Systemkonzepten in ablauffähige Anwendungen.

I-CASE (Integrated CASE) bezeichnet eine Sammlung von Werkzeugen, die möglichst viele, idealerweise sämtliche Phasen des Software-Life-Cycle durchgängig unterstützen. Durchgängigkeit bedeutet, daß die Informationssystem-Beschreibungen einer vorgelagerten Phase automatisch als Input der nächsten Phase genutzt werden können [vgl. u.a. Berensmann 91, S. 16].

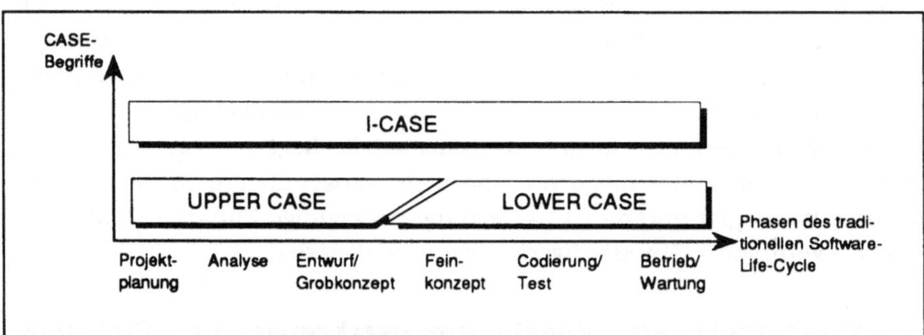

Bild 6.2.1/1:   CASE-Klassifikation

6.2.2 Das CASE-Tool ADW

ADW ist ein modular aufgebautes I-CASE-Tool von KnowledgeWare und läuft unter dem Betriebssystem OS/2. ADW basiert auf der Methode des Information Engineering (IE) nach James Martin [vgl. Martin 89]. Dieses Tool wurde u.a. aufgrund seiner Verbreitung gewählt. Es erfüllt zudem die in 4.3.2 gestellten Anforderungen an ein Modellierungswerkzeug.

6.2.2.1 Methodische Grundlagen von ADW

James Martin versteht Information Engineering als eine Methodensammlung, um nach ingenieurmäßigen Prinzipien Unternehmensdaten- und -prozeßmodelle zu entwerfen, aus denen Informationssysteme gebaut werden. Die dabei zu verwendenden Methoden setzen automatisierte Werkzeuge voraus, mit denen eine durchgängige Entwicklung der Applikationen sowie die Integration mit weiteren Anwendungen realisiert werden kann.

Im Gegensatz zu den sechs Phasen des oben gezeigten Software-Life-Cycle (vgl. Bild 6.2.1/1) unterscheidet das Information Engineering die vier Ebenen: Strategie, Analyse, Design und Konstruktion. Diese Ebenen werden oftmals auch in Form einer Pyramide dargestellt (vgl. Bild 6.2.2.1/1):

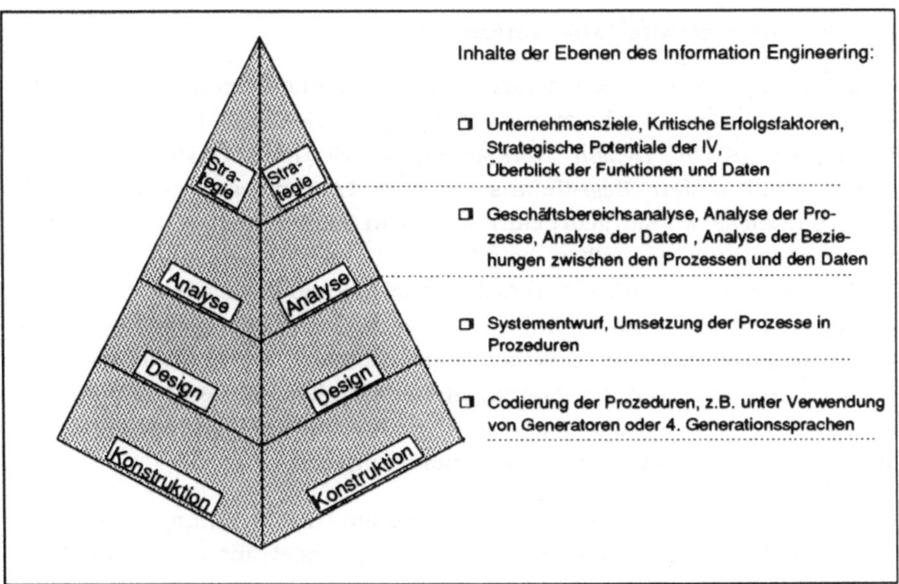

Bild 6.2.2.1/1:   Ebenen des Information Engineering

1) In der Strategieebene ist zu untersuchen, welche generellen Unternehmensziele verfolgt werden und welche kritischen Erfolgsfaktoren (KEF) das Erreichen dieser Ziele beeinflussen. Daraus ist abzuleiten, wie und in welchen Bereichen die Informationsverarbeitung dazu beitragen kann, z.B. die Kosten zu senken oder die Wettbewerbsposition zu verbessern. Die Unternehmensdaten und -funktionen sind in einem hohen Aggregationsgrad abzubilden.

2) In der Analyseebene betrachtet man die einzelnen, in der Strategieebene lokalisierten Geschäftsbereiche detaillierter. Es wird festgestellt, welche Prozesse in dem Bereich ablaufen, wie deren Ablauf zu gestalten

ist und auf welche Art und Weise sie verknüpft sind. Die für die Funktionserfüllung notwendigen Daten sind zu ermitteln, und es erfolgt eine Zuordnung der Daten zu den Prozessen.

3) Die Designebene befaßt sich mit der Umsetzung der identifizierten Prozesse in konkrete Anwendungsbausteine. Es sind beispielsweise die Ablauflogiken und Algorithmen zur Verarbeitung der Daten in den einzelnen Modulen, das Design der Bildschirmmasken oder die Schemata der Daten detailliert zu spezifizieren.

4) In der Konstruktionsebene werden die Applikationen codiert und zu ablauffähigen Systemen entwickelt. Diese Tätigkeit ist so weit wie möglich zu automatisieren, indem man z.B. 4. Generationssprachen oder Programmgeneratoren einsetzt.

6.2.2.2   Ausgewählte ADW-Werkzeuge

In Anlehnung an die Ebenen des Information Engineering besteht ADW aus den Modulen (Workstations) *Planning Workstation (PWS)*, *Analysis Workstation (AWS)*, *Design Workstation (DWS)* und *Construction Workstation (CWS)*. (Sofern Begriffe aus der ADW-Terminologie verwendet werden, sind diese *kursiv* gedruckt.) In jedem Modul stehen verschiedene Werkzeuge zum Beschreiben von Informationssystemen zur Verfügung. Die Werkzeuge unterstützen verschiedene Methoden des Software Engineering. Somit kann mit mehreren Methoden gearbeitet werden, und es lassen sich mit den Tools verschiedene Sichten, z.B. Funktions- oder Datensichten, auf ein Informationssystem darstellen. (Neuere ADW-Module beinhalten darüber hinaus Tools z.B. für ein Rapid Prototyping oder speziell zum Unterstützen von Dokumentationsaufgaben.)

Damit CIM-Referenzmodelle entwickelt werden, die unabhängig von technologischen Aspekten sind (vgl. 4.3.2), verwendet man ausschließlich Werkzeuge aus der *Planning* und der *Analysis Workstation*. Die Werkzeuge der *Design* und der *Construction Workstation* sind dagegen durch die Zielumgebung, in der lauffähige Applikationen zum Einsatz kommen, gekennzeichnet. Bei ADW sind das vor allem die Programmiersprache COBOL oder das Datenbanksystem DB2. Ein Referenzmodell sollte jedoch immer frei von derartigen, technologisch bedingten Einschränkungen sein.

Die Planungs- und Analysehilfsmittel von ADW lassen sich unterscheiden in Tools, die eine sehr enge Bindung zu Methoden des Software Engineerings aufweisen und mit denen die eigentlichen Modellierungsarbeiten durchgeführt werden (Modellierungswerkzeuge), sowie in Tools, denen keine spezielle Modellierungsmethode zugrunde liegt (Unterstützungswerkzeuge). Letztere erzeugen z.B. Übersichten der Informationselemente eines

CIM-Referenzmodells oder erfüllen Servicefunktionen zur Modellverwaltung und -speicherung.

6.2.2.2.1   Modellierungswerkzeuge

Decomposition Diagrammer

Hiermit entwickelt man hierarchische Funktionsmodelle für die verschiedenen CIM-Bereiche. Diese Modelle zeigen die notwendigen Funktionen zum Erfüllen der Aufgaben des jeweiligen Bereichs, z.B. für die Produktionsplanung oder die Qualitätssicherung, auf verschiedenen Verdichtungsstufen bzw. Hierarchieebenen. In einem "Top down"-Vorgehen zerlegt man die einzelnen Funktionen sukzessive in Teilfunktionen. Diese Zerlegung (Dekomposition) erfolgt bis zu der Ebene sogenannter Elementarfunktionen, in der einzelne, abgeschlossene Aufgaben, z.B. das Berechnen einer Losgröße, abgewickelt werden. Bei diesen wäre eine weitere Zerlegung im Hierarchiemodell aus logisch-konzeptioneller Sicht nicht mehr sinnvoll. Funktionen, denen Teilfunktionen zugeordnet werden, bezeichnet die ADW-Terminologie als *Processes (P)*. Bei den Elementarfunktionen spricht man von *Sequential Processes (S)*. Auf Kriterien bzw. Regeln für das Vorgehen bei der Funktionsdekomposition wird im Abschnitt 6.6 noch näher eingegangen. Einen Bildschirm-Ausschnitt aus dem Funktionsmodell zur Steuerung von Materialflußprozessen des Fertigungsbereichs zeigt Bild 6.2.2.2.1/1.

Grundsätzlich beschränkt sich der Einsatz des *Decomposition Diagrammers* nicht nur auf hierarchische Funktionsstrukturen. Gleichermaßen können z.B. Unternehmensziele in Unterziele zerlegt oder Organisationsmodelle der betrieblichen Aufbauorganisation mit der Definition von Abteilungen und Stellen entwickelt werden.

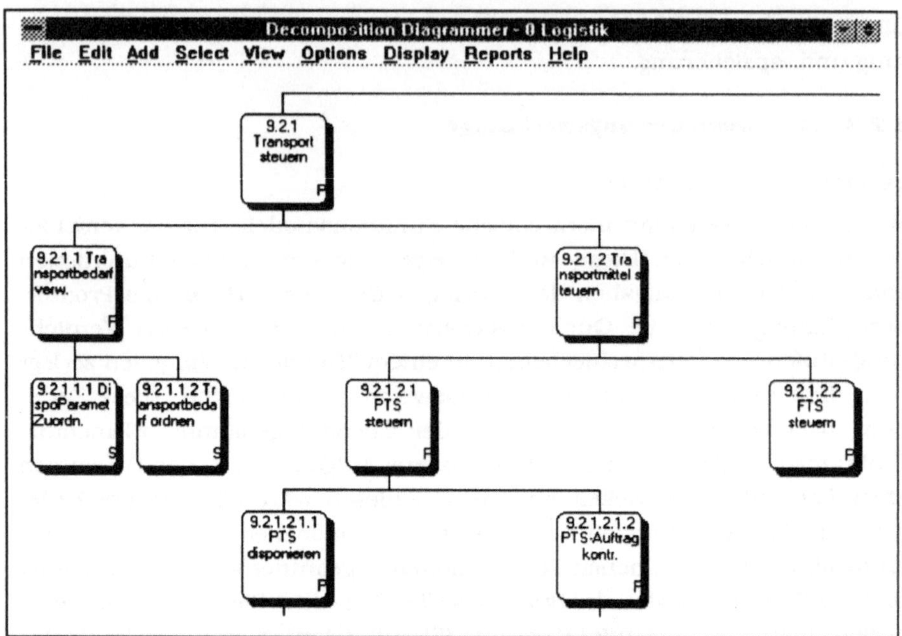

Bild 6.2.2.2.1/1: Ausschnitt aus einem Dekompositionsdiagramm zur Materialflußsteuerung

Data Flow Diagrammer

Datenflußdiagramme (DFD) zeigen für die einzelnen Funktionen des Dekompositionsdiagramms die Informationsflüsse zwischen den jeweils zugehörigen Teilfunktionen sowie die Input- und Output-Informationsflüsse [vgl. u.a. Schaele 92, S. 134]. Datenquellen bzw. Datensenken können entweder andere Funktionen, Datenspeicher oder sogenannte *External Agents* sein. Letztere sind Objekte, die sich außerhalb des modellierten CIM-Bereichs befinden und Daten erzeugen bzw. verwenden, wie z.B. Kunden. Mit *External Agents* lassen sich auch die vielfältigen CIM-Integrationsbeziehungen darstellen, bei denen ein Datenaustausch zwischen verschiedenen Bausteinen, z.B. zwischen CAD und PPS, stattfindet. Die Verwendung von *External Agents* beschränkt sich auf das DFD der höchsten Hierarchieebene, welches auch als Kontextdiagramm bezeichnet wird. Ein Beispiel hierzu findet sich im Abschnitt 6.3. Entsprechend den verschiedenen Ebenen des Funktionsmodells weisen die DFD unterschiedliche Detaillierungsgrade auf. Die DFD-Technik basiert auf der SA-/ SD-Methode (Structured Analysis/Struturred Design) [vgl. u.a. De Marco 79; Gane 79; Yourdon 79]. Bild 6.2.2.2.1/2 zeigt einen Ausschnitt aus einem DFD zum Steuern von Materialflußprozessen.

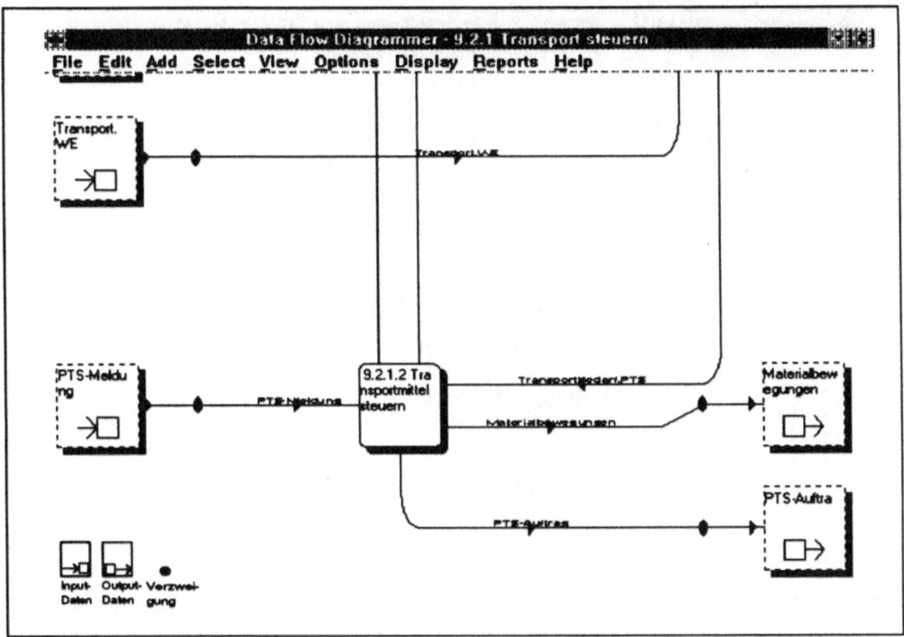

Bild 6.2.2.2.1/2: Ausschnitt aus einem Datenflußdiagramm zur Materialflußsteuerung

Action Diagrammer

Aktionsdiagramme dienen zur detaillierten Beschreibung der Ablauf- und
Verarbeitungslogik von Elementarfunktionen. Als Beschreibungsmittel
wird eine Art Pseudocode eingesetzt. Unter Verwendung von Konstrukten
der strukturierten Programmierung (Sequenz, Selektion und Iteration), die
mit "Klammern" dargestellt werden, lassen sich die einzelnen Vorgänge
detailliert spezifizieren und die zur Informationsverbeitung notwendigen
Zugriffe auf die Datenobjekte definieren. So können diese Diagramme beispielsweise als Vorlage für die personelle Programmierung oder als
Grundlage für die automatische Codegenerierung genutzt werden. Einen
Ausschnitt aus der Logik einer Elementarfunktion, dargestellt mit einem
Aktionsdiagramm, beinhaltet das Bild 6.2.2.2.1/3.

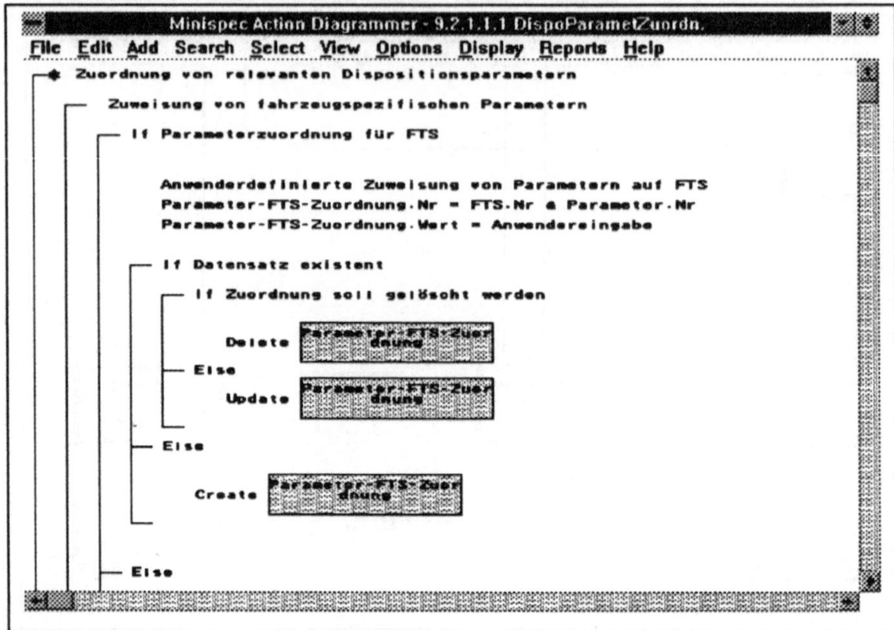

Bild 6.2.2.2.1/3: Ausschnitt aus der Ablauflogik einer Elementarfunktion

Entity Relationship Diagrammer

Mit diesem Werkzeug entwickelt man auf Basis der Entity Relationship-Methode nach Chen [vgl. u.a. Chen 76; Vetter 89; Sinz 89] Datenmodelle. Diese zeigen die in einem System zu verarbeitenden Datenobjekte (Entities), z.B. Kunden, Produkte, Betriebsmittel, sowie die Beziehungen (Relationships) zwischen den Entities. Die von ADW unterstützte Entity Relationship-Syntax unterscheidet zwischen fundamentalen, attributiven und assoziativen Entities:

- Fundamentale Entities besitzen eine eigenständige Bedeutung, z.B. Transportmittel oder Transportauftrag, und werden durch ein Rechteck dargestellt.

- Attributive Entities beschreiben andere Entities näher, z.B. die Entität FTS (Fahrerloses Transportsystem) als Konkretisierung der fundamentalen Entität Transportmittel. Sie sind durch ein Rechteck mit einem innenliegenden Dreieck gekennzeichnet.

- Assoziative Entities resultieren aus einer Verknüpfung von zwei Entities, z.B. eine Transportauftragsposition aus den Entities Transportauftrag und Transportgut. Sie werden mit einem Rechteck mit einer innenliegenden Raute abgebildet.

Die Abgrenzung zwischen diesen drei Arten von Entities ist jedoch nicht immer eindeutig möglich.

Ein Entity Relationship-Diagramm sollte die relevanten Entities und Relationships eines Untersuchungsbereichs enthalten. Das Gesamtmodell bezeichnet man als *Entity Model*. Darüber hinaus lassen sich auch Teilbereiche des Datenmodells definieren. Diese beinhalten lediglich die Datenobjekte und Beziehungen, welche für eine Teilfunktion oder für einen einzelnen Datenfluß relevant sind. Die verschiedenen Teildatenmodelle stellen jeweils eine Sicht bzw. einen *View* auf das Gesamtdatenmodell dar. Bild 6.2.2.2.1/4 illustriert einen Ausschnitt aus einem Entity Relationship-Diagramm für eine Transportsteuerung.

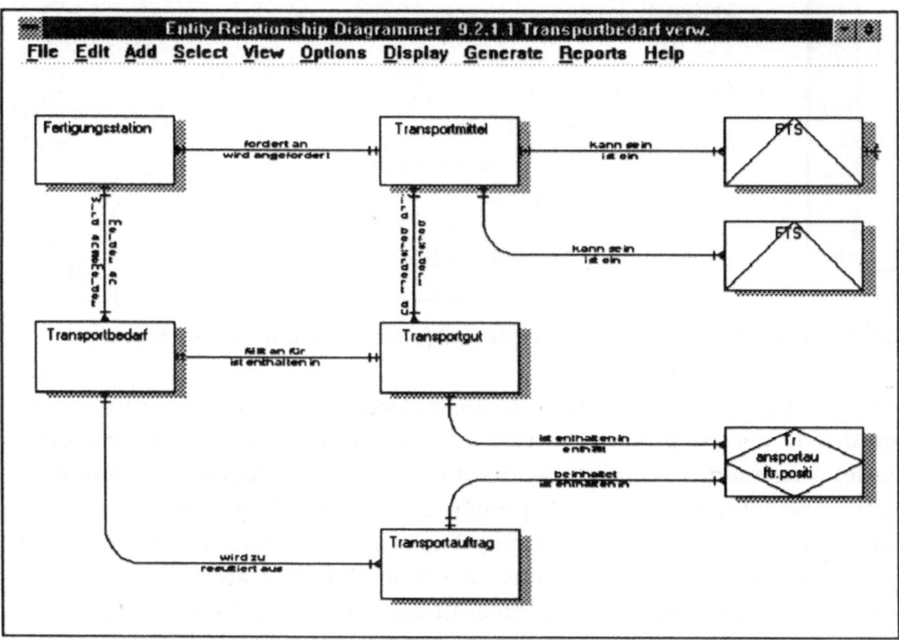

Bild 6.2.2.2.1/4: Ausschnitt aus einem Entity Relationship-Diagramm

Entity Type Description

Entity-Beschreibungen ergänzen die Entity Relationship-Diagramme und zeigen für die Entities der Datenmodelle die in dem jeweiligen Kontext zu verarbeitenden Attribute sowie die Beziehungen (Relationships) zu weiteren Entities. Darüber hinaus lassen sich Schlüsselattribute spezifizieren (*Id - Identifier*) und die Kardinalität eines Attributes, d.h. die Häufigkeit des Auftretens, bestimmen (vgl. Bild 6.2.2.2.1/5). Entity-Beschreibungen werden manchmal auch als Fein-Datenmodelle bezeichnet [vgl. Wibourny 91, S. 231].

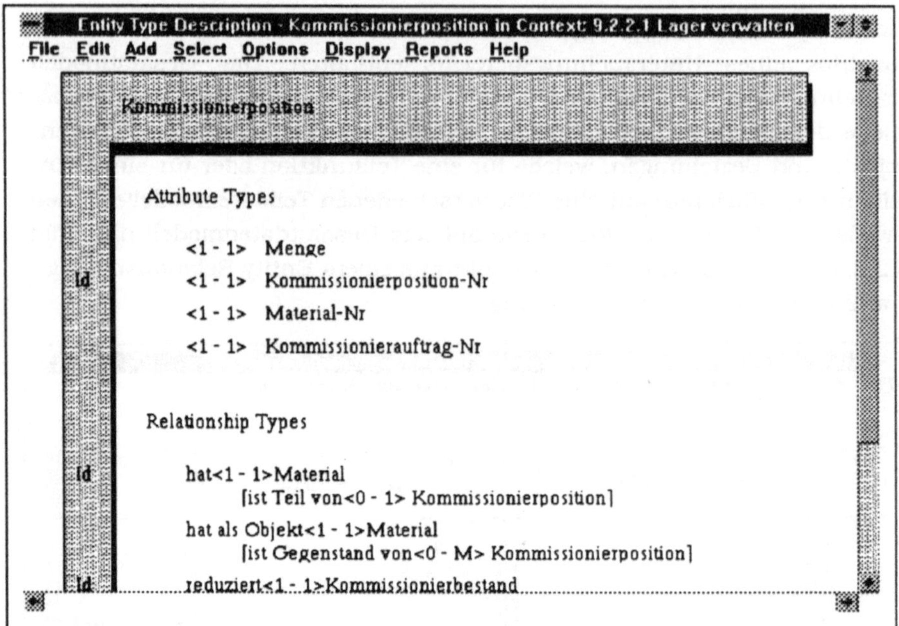

Bild 6.2.2.2.1/5: Entity-Beschreibung des Entity Kommissionierposition

Die verschiedenen Modellierungstools sind eng miteinander verknüpft und
gewähren eine funktionsorientierte, eine datenorientierte sowie eine inte-
grationsorientierte Betrachtung der CIM-Bereiche. Während Dekomposi-
tions- und Aktionsdiagramme primär die erstgenannte Sicht offenlegen,
nutzt man die Entity Relationship-Modelle und Entity-Beschreibungen
zum Strukturieren und Charakterisieren der Daten. Datenflußdiagramme
verdeutlichen insbesondere die Integrationsaspekte (vgl. Bild 6.2.2.2.1/6).

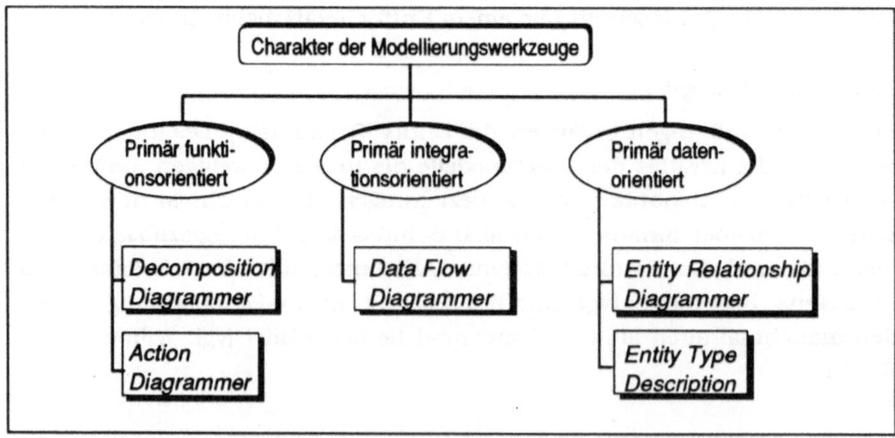

Bild 6.2.2.2.1/6: Klassifizierung der Modellierungswerkzeuge

Bild 6.2.2.2.1/7 skizziert die inhaltlichen Verknüpfungen zwischen den einzelnen Modellierungswerkzeugen. Man erkennt beispielsweise, wie die Teilfunktionen einer Funktionshierarchie in ein Datenflußdiagramm eingehen, für welche Objekte Datensichten und Attributbeschreibungen definiert werden und welche Elemente mit Aktionsdiagrammen zu spezifizieren sind. Durch diese inhaltlichen Beziehungen läßt sich eine sehr enge Verknüpfung von Daten- und Funktionsmodellierung erzielen.

Die Abbildung verdeutlicht auch die unterschiedlichen Detaillierungsgrade, die mit den verschiedenen Modellierungswerkzeugen abgebildet werden können. So detaillieren z.B.

- Datenflußdiagramme die Funktionen der verschiedenen Hierarchieebenen,
- die Entity-Beschreibungen die verschiedenen Datensichten oder
- Aktionsdiagramme die Elementarfunktionen.

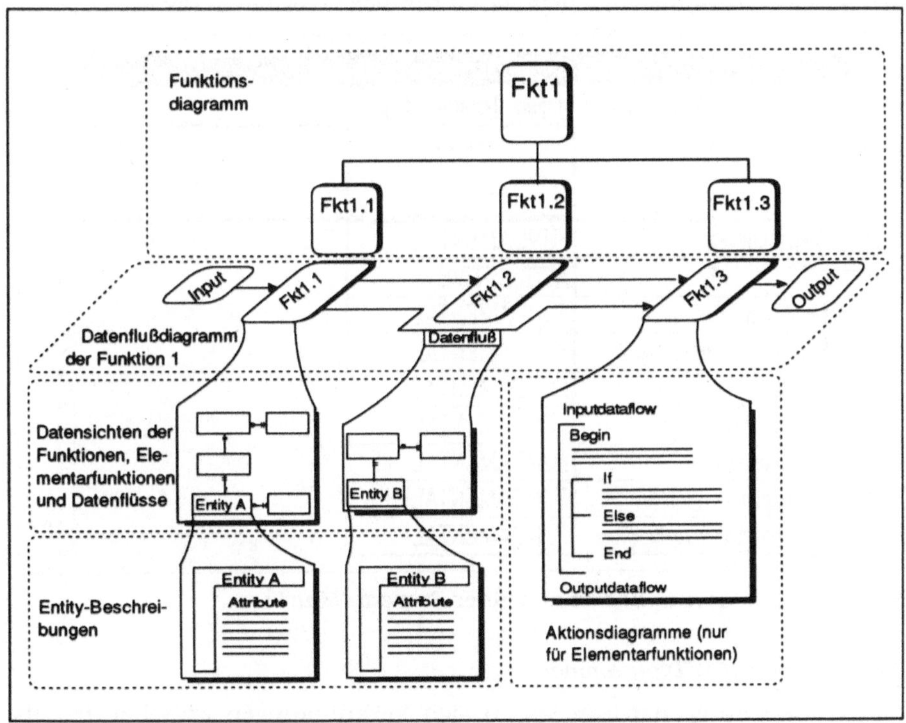

Bild 6.2.2.2.1/7: Zusammenhänge zwischen den verschiedenen Modellierungswerkzeugen

6.2.2.2.2 Unterstützungswerkzeuge

Property Matrix Diagrammer

Mit Hilfe dieses Matrixgenerators (vgl. Bild 6.2.2.2.2/1) lassen sich in den Zeilen einer Matrix die Informationselemente der CIM-Referenzmodelle, z.B. Funktionen oder Entities, auflisten. In den Spalten können diese Elemente durch Eigenschaften, z.B. die Wichtigkeit einer Unternehmensfunktion, charakterisiert werden. Das Werkzeug stellt jedoch keine Strukturen und Beziehungen zwischen den einzelnen Informationselementen dar, sondern gibt jeweils einen kontextunabhängigen Gesamtüberblick. Der *Property Matrix Diagrammer* läßt sich u.a. zu Beginn der Modellentwicklung einsetzen, um beispielsweise schnell eine Sammlung der in dem Modell auftretenden Datenobjekte oder Funktionen zu erstellen, ohne detaillierte Überlegungen zu deren Strukturierung vorzunehmen. Das Werkzeug ist auch dann sinnvoll, wenn ein Anwender sich einen Überblick z.B. über die in dem Modell definierten Entities verschaffen möchte.

	Purpose	
Verladungsauftrag	FUNDAMENTAL	
PTS	ATTRIBUTIVE	
Transportbedarf	FUNDAMENTAL	
Kommissioniereinzelauftrag	FUNDAMENTAL	
Material	FUNDAMENTAL	
Materialbegleitschein	FUNDAMENTAL	
Ladeeinheit	FUNDAMENTAL	
Stapelplan	FUNDAMENTAL	
Einzelverpackungstyp	FUNDAMENTAL	

Bild 6.2.2.2.2/1: Ausschnitt aus einer *Property Matrix*

Association Matrix Diagrammer

Mittels Beziehungsmatrizen lassen sich Verknüpfungen zwischen jeweils zwei Informationselementen eines CIM-Referenzmodells darlegen (vgl. Bild 6.2.2.2.2/2). So erzeugt dieses Tool automatisch z.B. einen "Verwendungsnachweis" der Entities. Dazu werden in den Zeilen der Matrix die Entities aufgelistet. Die Spalten beinhalten sämtliche Funktionen des CIM-Modells. Sobald eine Funktion ein Entity verarbeitet, erfolgt ein Vermerk in dem entsprechenden Matrixfeld. Dieses ist u.a. für die Wartung und Pflege der Modelle vorteilhaft.

		9.2.1.2.1 PTS steuern	9.2.1.2.1.2 PTS-Auftrag kontr.	9.2.1.1 Transportbedarf verw.	9.3 Warenausgang steuern	9.1 Verp.
Verladungsauftrag					✓	
PTS		✓	✓	✓		
Transportbedarf		✓		✓	✓	
Kommissioniereinzelauf...						
Material					✓	
Materialbegleitschein						
Ladeeinheit					✓	
Stapelplan					✓	
Einzelverpackungstyp					✓	

Bild 6.2.2.2.2/2: Ausschnitt aus einer *Association Matrix*

Encyclopedia Services

Die Speicherung aller Informationen, die sich auf ein zu entwickelndes Informationssystem beziehen, erfolgt redundanzfrei in einer sogenannten Enzyklopädie [vgl. Martin 86, S. 12 ff.]. Die Enzyklopädie integriert somit die Modellierungsaktivitäten mit den verschiedenen Werkzeugen (vgl. Bild 6.2.2.2.2/3). Die einzelnen Diagramme präsentieren spezielle, beim Aufruf eines Werkzeuges dynamisch erzeugte Sichten auf die in der Enzyklopädie hinterlegten Informationen. Wenn man ein Diagramm erstellt oder ein bestehendes modifiziert, werden direkt die Informationen in der Enzyklopädie manipuliert. Dieses hat den wesentlichen Vorteil, daß Änderungen, z.B. die Vergabe anderer Bezeichner, unmittelbar in allen Sichten auf das Modell wirksam werden. Enzyklopädieverwaltungsfunktionen, z.B. das Anlegen, Öffnen, Kopieren oder Löschen von Enzyklopädien sowie die Vergabe von Nutzungsberechtigungen oder Paßwörtern, sind mit den *Encyclopedia Services* durchzuführen.

Den *Encyclopedia Services* kommt neben den bisher genannten Funktionen noch eine weitere zu. Innerhalb des hybriden CIM-Planungstools fungiert dieses Werkzeug als Schnittstelle für den Zugriff auf die implementierten Referenzmodelle. Dem Anwender wird in Form eines Menüs ein Inhaltsverzeichnis der Modelle präsentiert, aus dem er die gewünschten Beispiele selektieren und aktivieren kann (vgl. Bild 6.2.2.2.2/4). Danach können mit Hilfe der Modellierungswerkzeuge (s.o.) die Modelle analysiert und/oder unternehmensspezifische Modifikationen durchgeführt werden.

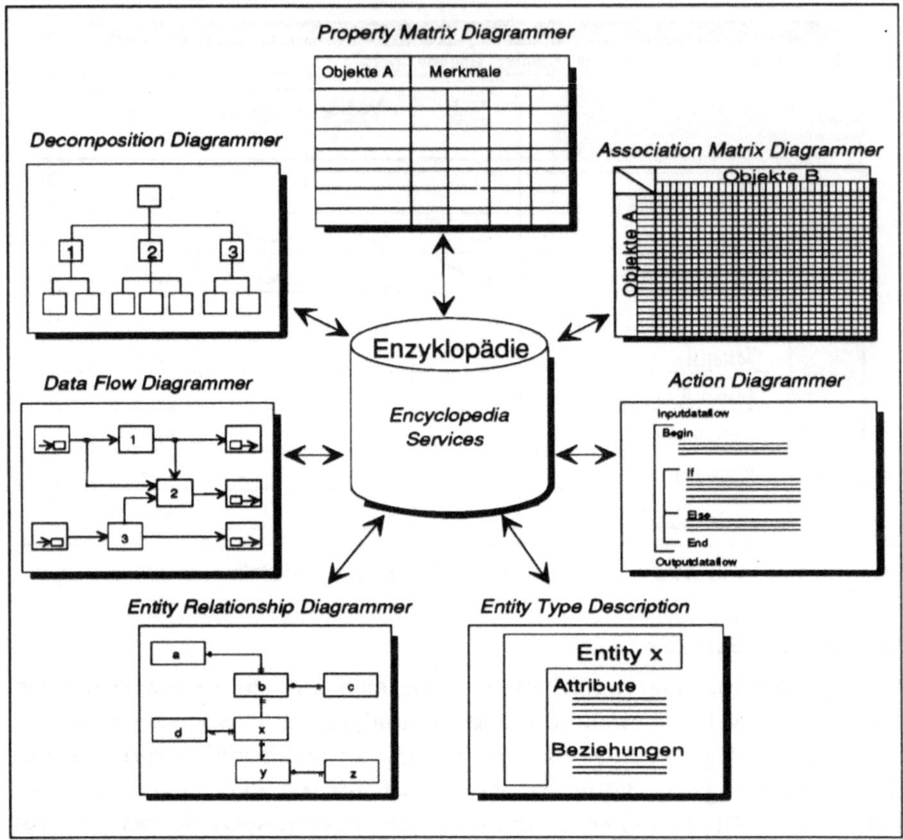

Bild 6.2.2.2.2/3: Schema der Werkzeugintegration durch die Enzyklopädie

Reports

Der Anwender des CASE-Tools kann sogenannte *Reports* aufrufen, mit denen sich die Konsistenz der Informationen innerhalb einer Enzyklopädie sicherstellen läßt. Die wichtigsten sind:

- Die *Connectivity Analysis* überprüft, ob sämtliche Datenflüsse mit gültigen Datenquellen bzw. Datensenken in Verbindung stehen.
- In der *Data Conservation Analysis* wird jeder Datenfluß daraufhin überprüft, ob die Elemente des entsprechenden *Views*, d.h. der Sicht des Datenmodells auf das Gesamtdatenmodell, auch in den *Views* der zugehörigen Datenquellen bzw. -senken enthalten sind. Die Funktionen werden daraufhin analysiert, ob der zugehörige *View* alle Elemente der Datenfluß-*Views* enthält, die in die Funktion eingehen, dort verarbeitet werden und die Funktion wieder verlassen.

```
┌─────────────────────────────────────────────────────────────────┐
│ ─                      Encyclopedia Services                  │ │
│ File  Edit  Add  Select  View  Options  Display  Reports  Help    │
│ 15 encyclopedias, 0 open, 0 selected                              │
│ 11 Qualitätssicherung Typ 1          1428683  21.33.15  28.08.1992│
│ 11 Qualitätssicherung Typ 2          1429091  21.49.16  27.08.1992│
│ 11 Qualitätssicherung Typ 3          1428287  22.40.18  27.08.1992│
│ 11 Qualitätssicherung Typ 4          1430463  20.11.25  24.11.1992│
│ 11 Qualitätssicherung Typ 5          1429365  00.08.01  28.08.1992│
│  7 Konstruktion Typ 1                 516808  10.25.09  18.08.1992│
│  7 Konstruktion Typ 2                 528202  11.00.02  18.08.1992│
│  7 Konstruktion Typ 3                 595945  11.25.09  18.08.1992│
│  8 Arbeitsplanung Typ 1              1808039  10.53.28  29.08.1992│
│  8 Arbeitsplanung Typ 2              1827669  14.32.21  24.11.1992│
│  8 Arbeitsplanung Typ 3              1800624  11.07.11  29.08.1992│
│  8 Arbeitsplanung Typ 4              1799579  11.10.06  29.08.1992│
│  9 Materialflußsteuerung Typ 1       2742409  18.20.28  17.01.1993│
│  9 Materialflußsteuerung Typ 2       2770964  17.06.26  17.01.1993│
│  9 Materialflußsteuerung Typ 3  Default  2753250  17.57.26  17.01.1993│
└─────────────────────────────────────────────────────────────────┘
```

Bild 6.2.2.2.2/4: Auswahlmenü der Referenzmodelle

-   Im *Object Summary Report* kann der Benutzer unterschiedliche Analyseobjekte sowie Auswertungsoptionen spezifizieren, je nachdem, mit welchen Kriterien er die Enzyklopädie zu untersuchen wünscht. Beispielsweise läßt sich feststellen, in welchen Aktionsdiagrammen welche Entities angelegt, gelesen, verändert oder gelöscht werden sowie welche Entities in welchen Datenflüssen auftreten.

Die *Reports* entlasten den Anwender von aufwendiger Sucharbeit nach Fehlern und Unstimmigkeiten in den Modellen.

6.3 Darstellung ausgewählter bereichsorientierter CIM-Referenzmodelle

Das CIM-Planungstool enthält CASE-basierte Referenzmodelle für die Bereiche Produktionsplanung und -steuerung, Konstruktion, Arbeitsplanung, Qualitätssicherung sowie Fertigung. Bild 6.3/1 gibt einen Überblick über die Anzahl der zur Zeit implementierten betriebstypenspezifischen Ausprägungen der bereichsorientierten Modelle.

CIM-Bereich	Anzahl der implementierten betriebsty- penspezifischen Modellausprägungen
Produktionsplanung und -steuerung	7
Konstruktion	3
Arbeitsplanung	4
Qualitätssicherung	5
Fertigung	3

Bild 6.3/1:   Überblick der Referenzmodelle

Die folgenden Abschnitte zeigen verschiedene Ausschnitte und Beispiele
der implementierten Referenzmodelle. Dabei werden ausgewählte Inhalte
der Modelle zur Arbeitsplanung sowie zur Fertigung ausführlicher dargestellt. Die Beschreibungen für die Produktionsplanung und -steuerung, für
die Konstruktion sowie für die Qualitätssicherung geben jeweils eine Kurzcharakteristik der in den entsprechenden Modellen implementierten
Inhalte sowie der betriebstypenspezifischen Kennzeichen.

6.3.1   Arbeitsplanung

Für die Arbeitsplanung sind ein Funktionsmodell, ein Entity Relationship-
Modell sowie ein Kontextdiagramm beschrieben. Die Darstellung sämtlicher typologiespezifischer Einzelheiten ist im Rahmen dieser Arbeit jedoch
nicht möglich. Deshalb sind die dargestellten Modelle nicht auf einen speziellen Betriebstyp ausgerichtet, sondern sie zeigen ein umfassendes Konzept für die Arbeitsplanung, das sämtliche Ausprägungen aus logisch-konzeptioneller Sicht enthält. Stichwortmäßig wird dann aufgezeigt, wie man
daraus betriebstypenspezifische Modelle ableitet.

In Abwandlung zum Vorgehen der Intelligenten Checkliste, bei der zum
Zweck eines möglichst modularen Aufbaus die Arbeitsplanerstellung, die
NC- und die RC-Programmierung separat bearbeitet wurden (vgl. Kapitel
5), werden diese Aufgaben in den Referenzmodellen zur Arbeitsplanung
zusammengefaßt.

6.3.1.1 Referenzmodelle der Arbeitsplanung

Die Bilder 6.3.1.1/1 bis 6.3.1.1/3 zeigen eine Funktionshierarchie, ein
Entity Relationship-Modell sowie ein Kontextdiagramm der Arbeitsplanung. Die Ordnungsziffern in den Funktionsbezeichnungen (vgl. Bild
6.3.1.1/2 und 6.3.1.1/3) dienen u.a. einer besseren Orientierung im
Modell.

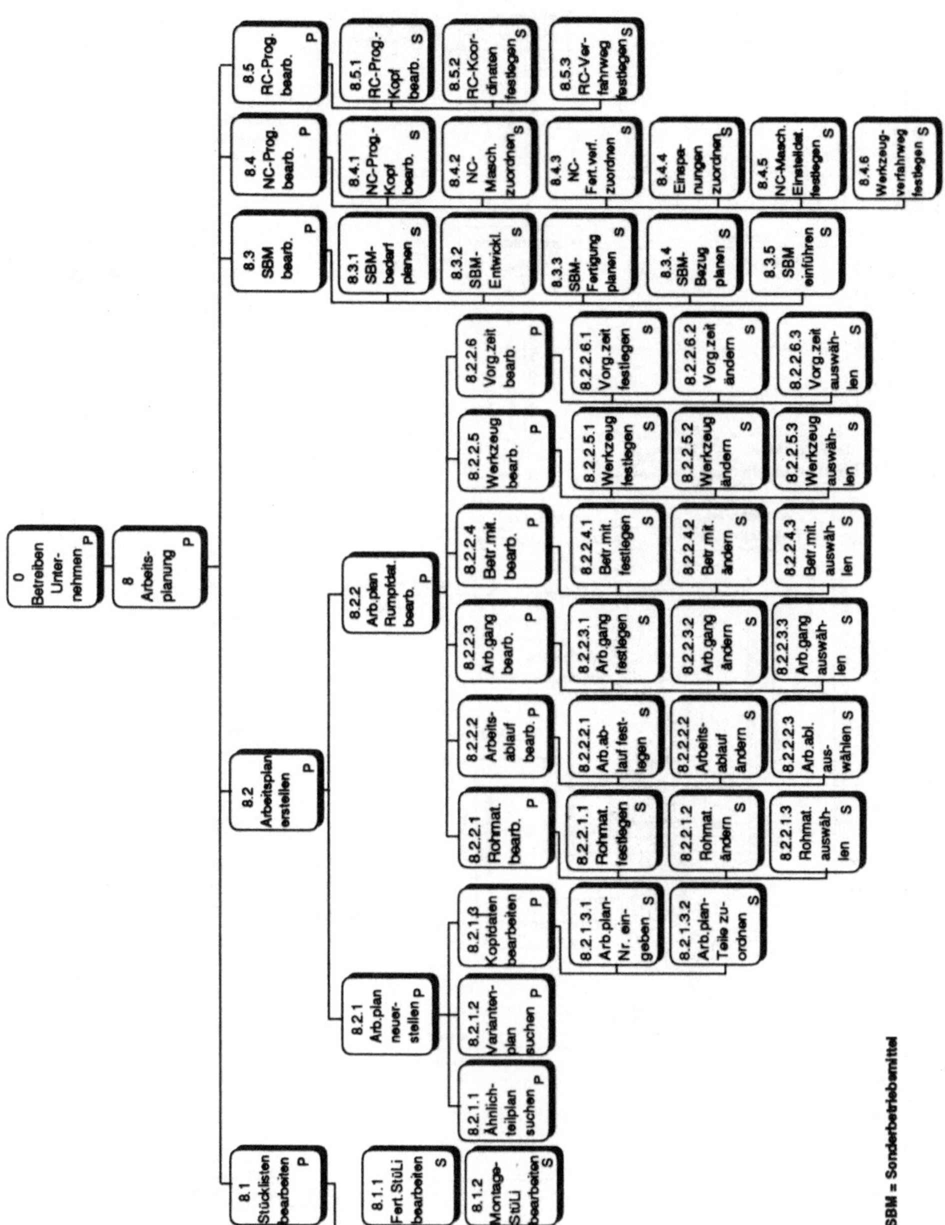

Bild 6.3.1.1/1:   Funktionshierarchie der Arbeitsplanung

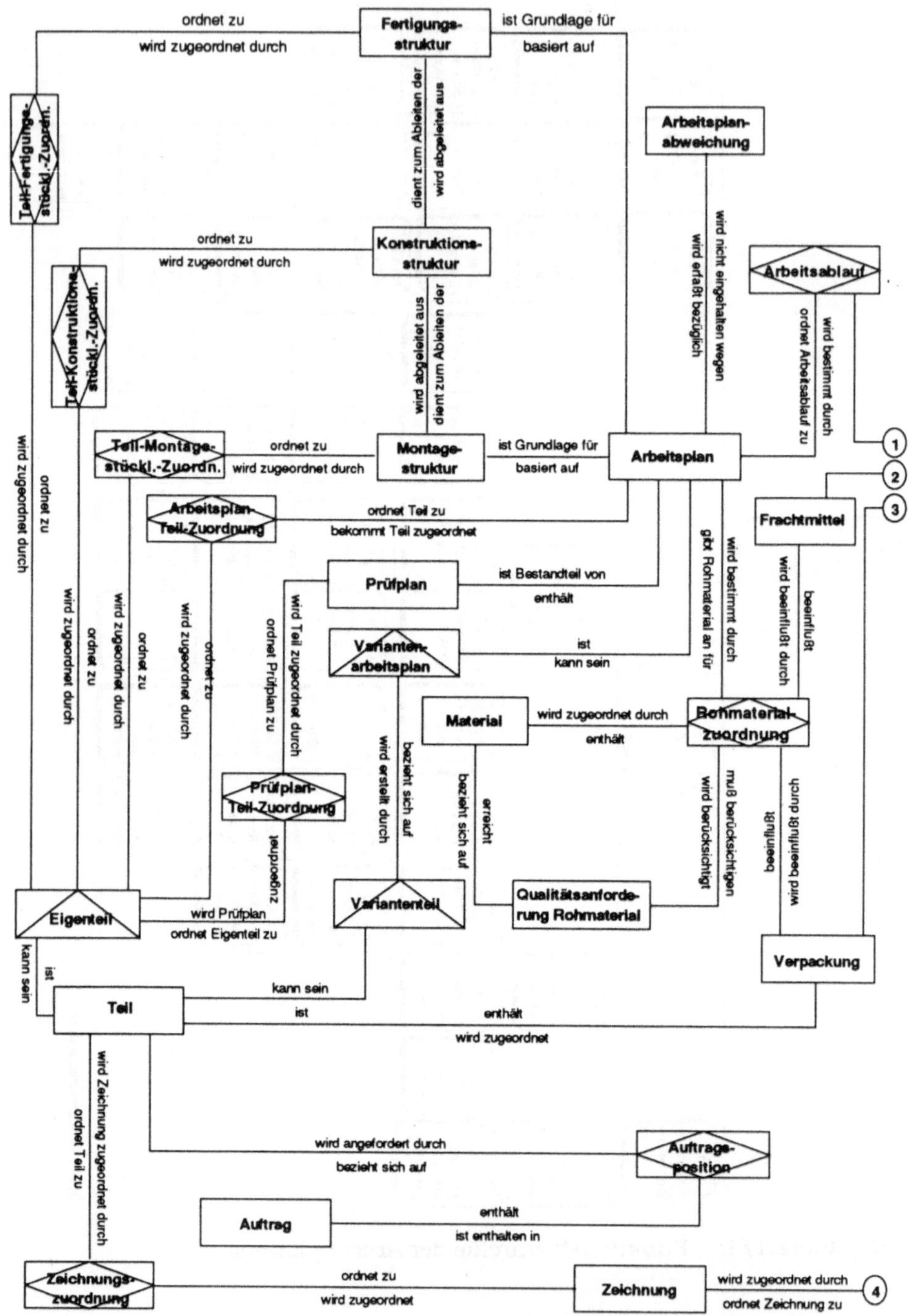

Bild 6.3.1.1/2:   Entity Relationship-Modell der Arbeitsplanung

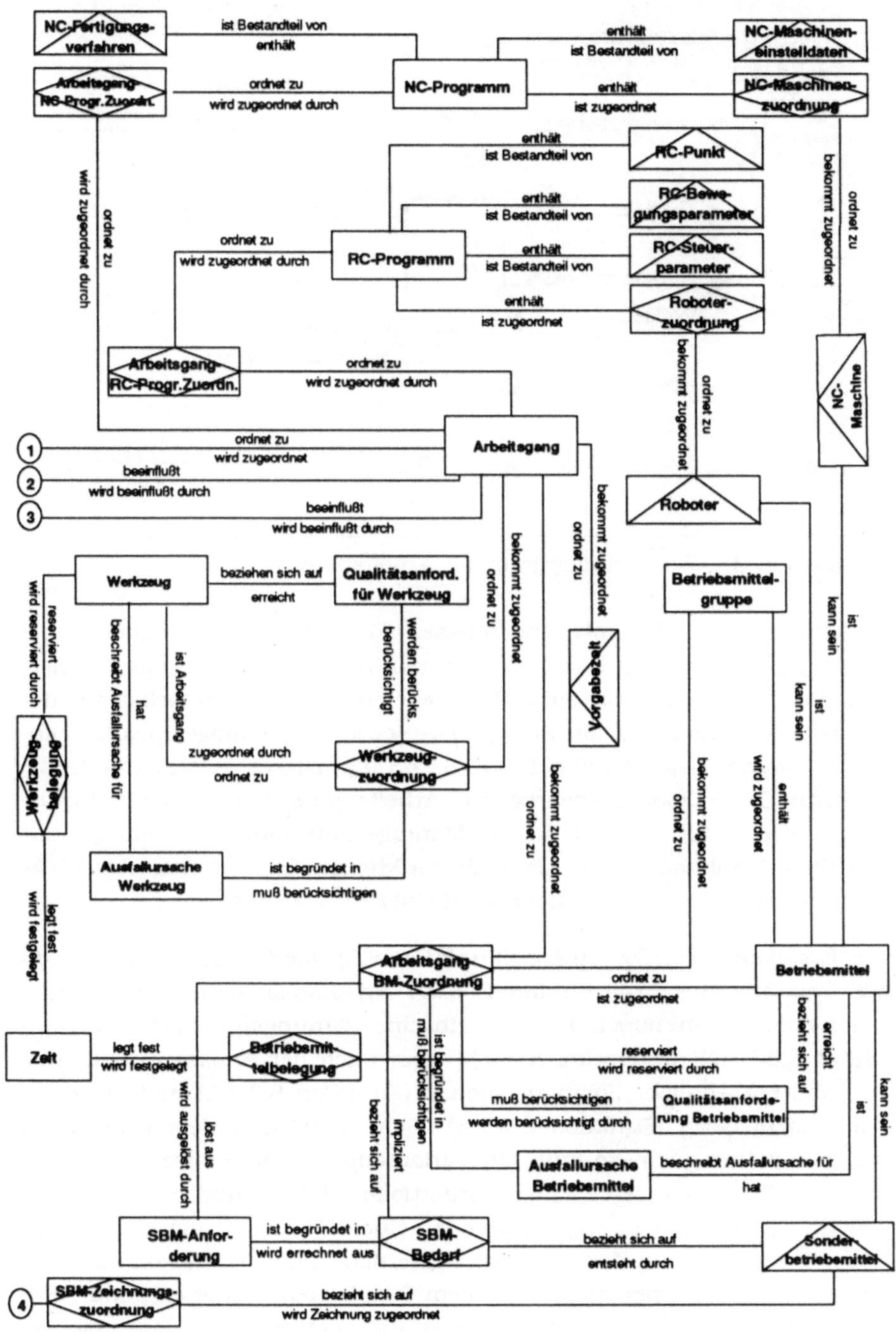

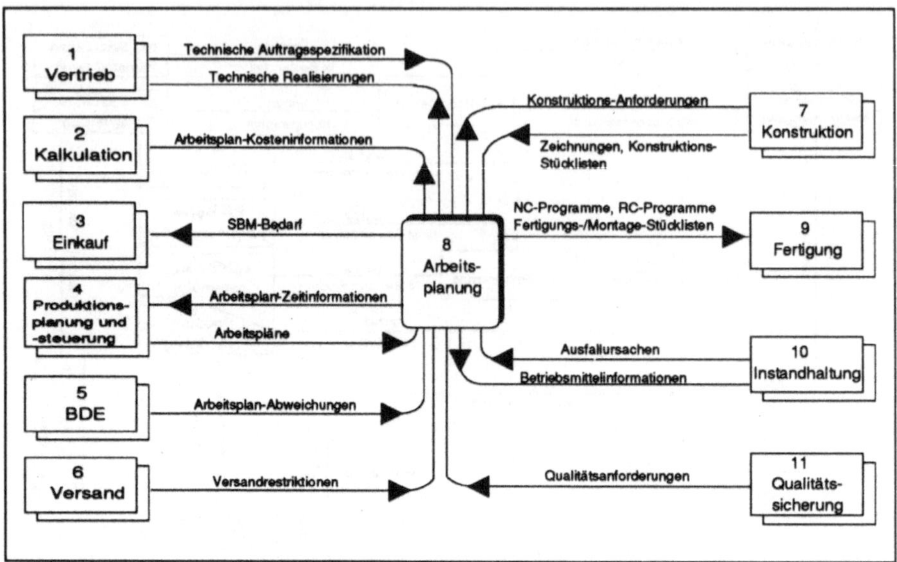

Bild 6.3.1.1/3:   Kontextdiagramm der Arbeitsplanung

Im Rahmen der Arbeitsplanung müssen für Produkte, bei denen keine Kongruenz zwischen der konstruktionsorientierten und fertigungsorientierten Erzeugnisstruktur besteht [vgl. Scheer 89, S. 11 ff.], zunächst aus der Konstruktionsstückliste die Fertigungs- sowie die Montagestückliste abgeleitet werden [vgl. Rembold 90, S. 43 f.]. Dieses erfolgt durch die Funktion "8.1 Stücklisten bearbeiten". Arbeitspläne sind zum einen für die Fertigung und ggf. separat für die Montage notwendig. Deshalb gliedert sich diese Funktion in die Elementarfunktionen "8.1.1 Fertigungsstückliste bearbeiten" und "8.1.2 Montagestückliste bearbeiten".

Das Erstellen der Arbeitspläne (Funktion 8.2) gliedert sich zunächst in zwei Teilfunktionen. Die Funktion "8.2.1 Arbeitsplan neuerstellen" weist drei Elementarfunktionen auf, die einzelne Planungsprinzipien (vgl. Abschnitt 5.3.2.2.2) unterstützen. Geht man nach der Anpassungsplanung vor, sind ein Ähnlichteilplan zu suchen (Funktion 8.2.1.1) und die Kopfdaten anzupassen (Funktion 8.2.1.3). Geht man nach dem Prinzip der Variantenplanung vor, so muß ein Variantenplan gesucht werden (Funktion 8.2.1.2). Die beiden Elementarfunktionen 8.2.1.1 und 8.2.1.2 unterscheiden sich durch die einzusetzenden Suchkriterien, anhand derer die gespeicherten Arbeitspläne durchsucht werden. Geht man davon aus, daß die vorhandenen Arbeitspläne in einem PPS-System hinterlegt sind, wird eine entsprechende Integrationsbeziehung notwendig. Diese ist im Kontextdiagramm (vgl. Bild 6.3.1.1/3) berücksichtigt. Beim Prinzip der Neuplanung entfallen die Suche/das Umwandeln von Arbeitsplänen.

Die für das Erstellen der Arbeitspläne notwendigen Zuordnungen von Rohmaterialien, kompletten Arbeitsabläufen, einzelnen Arbeitsgängen, Betriebsmitteln und Werkzeugen sowie das Festlegen von Vorgabezeiten [vgl. u.a. Kluge 87, S. 44] erfolgt in der Funktion "8.2.2 Arbeitsplan Rumpfdaten bearbeiten". Diese ist unterteilt in das Bearbeiten des Rohmaterials (Funktion 8.2.2.1), des Arbeitsablaufs (Funktion 8.2.2.2), der Arbeitsgänge (Funktion 8.2.2.3), der Betriebsmittel (Funktion 8.2.2.4), der Werkzeuge (Funktion 8.2.2.5) sowie in das Ermitteln der Vorgabezeiten (Funktion 8.2.2.6) mit jeweils drei zugeordneten Elementarfunktionen.

Die Funktion "8.2 Arbeitsplan erstellen" muß auf Informationen über die technische Auftragsspezifikation zugreifen können. Diese Daten sind grundsätzlich von der Konstruktion, bei einem kundenauftragsbezogenen Unternehmen ggf. auch vom Vertrieb, bereitzustellen. Die Beziehungen zum Konstruktions- und zum Vertriebsbereich werden im Kontextdiagramm (vgl. Bild 6.3.1.1/3) über die *External Agents* "Konstruktion" sowie "Vertrieb" eingerichtet. Zum Vertrieb fließen Informationen, welche die technische Realisierung der Produkte betreffen. Der Vertrieb benötigt die Informationen, um z.B. bei Kundenanfragen Aussagen darüber zu treffen, ob ein Kundenwunsch im Unternehmen technisch überhaupt realisierbar ist. Zur Konstruktion sind grundlegende Anforderungen bzw. Restriktionen, die beim Konstruieren berücksichtigt werden müssen, zu übertragen. Außerdem beeinflussen Qualitätsanforderungen sowie ggf. auch Versandrestriktionen Freiheitsgrade bei der Planung der Materialien oder Betriebsmittel. Der Arbeitsplanung müssen diese Informationen über entsprechende *External Agents* verfügbar gemacht werden.

Die Funktionen "8.2.2.1 Rohmaterial bearbeiten" bis "8.2.2.6 Vorgabezeit bearbeiten" sind bei einer Neuplanung grundsätzlich auszuführen. Je nach dem Maß der Übereinstimmung zwischen einem bereits vorhandenen und dem gerade zu entwickelnden Arbeitsplan kann jedoch beim Prinzip der Anpassungs- oder Variantenplanung die Ausführung einzelner Zuordnungen nicht mehr nötig sein, etwa dann, wenn sich Betriebsmittel- oder Werkzeugzuordnungen unverändert übernehmen lassen. Für das Bearbeiten von Vorgabezeiten (Funktion 8.2.2.6) sind Informationen notwendig, inwieweit frühere Zeitvorgaben erfüllt werden konnten. Im Kontextdiagramm ist zu erkennen, daß dieses von der Betriebsdatenerfassung zu leisten ist.

Sofern spezielle Betriebsmittel, z.B. Spannvorrichtungen oder Transport-/ Lagergestelle, benötigt werden, die in einer eigenen Abteilung anzufertigen oder fremd zu beziehen sind, erscheint es sinnvoll, der Arbeitsplanung die koordinierende Abwicklung der notwendigen Aufgaben zuzuordnen. Eine entsprechende funktionelle Unterstützung für diese Aufgaben gewährleistet die Funktion "8.3 Sonderbetriebsmittel planen". Das Aufgabenspektrum erstreckt sich von der Sonderbetriebsmittel (SBM)-Bedarfsermittlung über das Anfertigen von SBM-Konstruktionsaufträgen, -Fertigungsaufträgen oder -Fremdbezugsaufträgen bis zum Einführen der SBM, für die jeweils eine Elementarfunktion (Elementarfunktionen 8.3.1 bis 8.3.5) definiert wurde. Aus diesen Funktionen resultieren Integrationsbeziehungen zu der Qualitätssicherung, der Kalkulation, der Produktionsplanung und -steuerung, der Fertigung, dem Einkauf sowie der Instandhaltung (vgl. Bild 6.3.1.1/3).

Dem Referenzmodell der Arbeitsplanung liegt die Annahme zugrunde, daß im Bereich der Fertigungsautomatisierung NC- und CNC-gesteuerte Bearbeitungsmaschinen sowie für einzelne Fertigungs- und/oder Montagevorgänge, z.B. für die Versorgung von Bearbeitungsmaschinen mit Rohmaterial, Roboter eingesetzt werden. Dieses macht das Erstellen von NC-Programmen sowie von Roboterprogrammen erforderlich. Die entsprechenden Funktionen sind der Arbeitsplanung zugeordnet (Funktionen "8.4 NC-Programme bearbeiten" und "8.5 RC-Programme bearbeiten"). Die fertiggestellten Programme werden dem Fertigungsbereich übergeben.

Ein Referenzmodell für die Arbeitsplanung, das die charakteristischen Datenobjekte und deren Beziehungen darstellt, zeigt das Bild 6.3.1.1/2. Aus Gründen der Übersichtlichkeit des Schaubildes wurden nur die wesentlichen Beziehungen zwischen den Entities abgebildet. Wenngleich eine eindeutige Segmentierung des Datenmodells nicht möglich ist, sind in der rechten oberen Ecke des Modells Datenobjekte zu finden, welche die NC- und RC-Programme charakterisieren. Darunter und in der Mitte der Abbildung wurden vorwiegend die Datenobjekte gruppiert, welche die Zuordnung von Betriebsmitteln, Werkzeugen und Materialien zu Arbeitsgängen beschreiben. Im linken Bereich des Datenmodells sind u.a. die Entities zum Charakterisieren von Teilestrukturen und der Zuordnung zu Arbeits- und Prüfplänen (für die Einbindung der Qualitätssicherung in die Arbeitsplanung) angetragen. Die Entities mit den meisten Beziehungen sind der Arbeitsplan sowie der Arbeitsgang.

6.3.1.2   Betriebstypenspezifische Kennzeichen der Referenzmodelle

6.3.1.2.1   Generelle Kennzeichen

Grundsätzlich konnte man beim Ausarbeiten der Referenzmodelle für die Arbeitsplanung feststellen, daß sich die betriebstypenspezifischen Unterschiede vor allem bei der Gestaltung der funktionsorientierten Modellsichten auswirken. Stellt man die typenspezifischen Referenzdatenmodelle einander gegenüber, d.h. die Entity Relationship-Modelle, erkennt man einen höheren Deckungsgrad zwischen den einzelnen Modellen als bei den Funktionshierarchien. Abweichungen zwischen den Datenmodellen ergeben sich vor allem dann, wenn komplette Aufgaben, z.B. die RC-Programmierung, wegfallen und damit auch die entsprechenden Entities sowie Beziehungen nicht auftreten.

Die gleiche Tendenz, d.h. eine höhere "Stabilität der Datenmodelle von Betriebstyp zu Betriebstyp" kann man bei den weiteren bereichsorientierten CIM-Referenzmodellen ebenfalls beobachten. Daraus läßt sich der Schluß ziehen, daß Datenmodelle im Vergleich zu Funktionsmodellen einen anwendungsneutraleren Charakter haben. Ähnliche Beobachtungen machen Unternehmen, die sich bereits seit längerem mit der Daten- und Funktionsmodellierung befassen. Danach unterliegen die Daten einer Anwendung im Zeitablauf einer geringeren Änderungshäufigkeit als dies bei den Funktionen der Fall ist [vgl. u.a. Pocsay 91, S. 42; Vetter 88, S. 23; Stickel 91, S. 10]. Dieser Sachverhalt läßt sich auch darauf zurückführen, daß Maßnahmen zur Effizienzverbesserung oder Umgestaltung von betrieblichen Vorgängen primär auf die Art und die Methoden der Abwicklung zielen. Diese spiegeln sich in den Funktionen wider. Hingegen bleiben die Objekte dieser Abläufe, z.B. Kunden, Aufträge, Mitarbeiter oder Betriebsmittel, prinzipiell dieselben.

Allerdings muß man berücksichtigen, daß sich charakteristische Merkmale eines betriebstypenspezifischen Datenmodells häufig erst in den Attributen zeigen und somit auf der Entity Relationship-Ebene, wie sie im Bild 6.3.1.1/2 gezeigt ist, nicht direkt sichtbar werden. Der Abschnitt 6.3.2 beinhaltet hierzu ein Beispiel, bei dem Entity-Beschreibungen einander gegenübergestellt werden.

6.3.1.2.2   Betriebstypenspezifische Kennzeichen der Arbeitsplanung

Im Bereich der Arbeitsplanung werden vier Betriebstypen unterschieden.
- Betriebstyp 1 läßt sich als ein Unternehmen charakterisieren, das kundenindividuelle Lösungen auf Einzelbestellung in kleinen Serien nach dem Werkstatt- oder Gruppenprinzip herstellt. Beispielhaft könnte man sich ein auf die Herstellung von speziellen Transportfahrzeugen für die innerbetriebliche Logistik spezialisiertes Unternehmen vorstellen. Ein Betrieb, der Ladeneinrichtungen nach Kundenwunsch produziert, ist - obwohl er einer anderen Branche angehört - ebenfalls dem Typ 1 zuzuordnen, sofern die weiteren Merkmalsausprägungen übereinstimmen.

- Typische Beispiele für den Betriebstyp 2 findet man u.a. im Bereich der Elektrotechnik, wo auf der Basis von Einzel- oder Rahmenaufträgen z.B. Elektroantriebe in Serie produziert werden, wobei die gleiche Organisationsform der Fertigung wie beim Typ 1 gewählt wird. Gegenüber dem Betriebstyp 1 ist dabei ein höherer Anteil von Standardprodukten zu verzeichnen.

- Firmen des Betriebstyps 3 unterscheiden sich vom Typ 1 und 2 dadurch, daß das Produktsortiment keine kundenindividuellen Lösungen vorsieht und keine Einzel- bzw. Kleinserienfertigung auftritt. Als Organisationsform der Fertigung kommt überwiegend die Fließfertigung zum Einsatz.

- Dem Typ 4 sind solche Unternehmen zuzuordnen, die man üblicherweise als Massenfertiger bezeichnet. Charakteristische Beispiele sind etwa Firmen, die Konsumelektronik produzieren.

Wesentliche typenspezifische Unterschiede, die sich in der Funktionshierarchie der Arbeitsplanung widerspiegeln, resultieren aus dem jeweils zugrunde gelegten Planungsprinzip. Bild 6.3.1.2.2/1 zeigt die Zuordnung von Elementarfunktionen zu den Planungsprinzipien. Je nachdem, welches Planungsprinzip angewendet wird, sind die entsprechenden Elementarfunktionen in das Sollkonzept aufzunehmen.

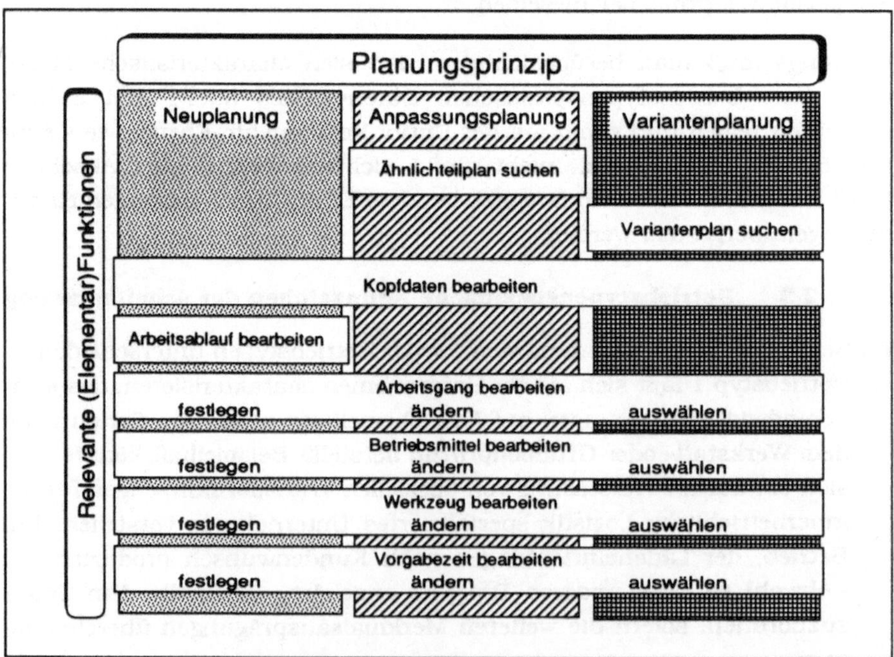

Bild 6.3.1.2.2/1: Funktionelle Unterschiede der Planungsprinzipien in der Arbeitsplanung

Beim Betriebstyp 1 ist die Neuplanung als zentrales Planungsprinzip vorgesehen. Der Schwerpunkt der Unterstützung bei den Betriebstypen 2 und 3 verlagert sich hin zur Anpassungs- und Variantenplanung. Für den Betriebstyp 4 ist wiederum die Neuplanung von grundlegender Bedeutung, jedoch mit geänderten Anforderungen, z.B. an die Integration zur vorgelagerten Konstruktion, der Fertigung sowie der Qualitätssicherung. Diese Anforderungen resultieren u.a. aus der Massenfertigung, da sich bei hohen Stückzahlen fehlerhafte oder suboptimale Arbeitspläne gravierender auf Fehlerfolgekosten auswirken können als dies etwa bei einer Einzelfertigung der Fall ist.

Darüber hinaus sind die Gewinnmargen im Bereich der Massenfertigung meist geringer als bei individueller Herstellung, so daß hier entsprechende Integrationsbeziehungen speziell zur Kalkulation notwendig werden, um eine kostenoptimale Fertigung sicherzustellen (dies gilt in noch höherem Maße für Integrationsbeziehungen zwischen der Konstruktion und der Kalkulation). Derartige Anforderungen wirken sich durch einen höheren Informationsgehalt der entsprechenden Datenflüsse aus. Dieser spiegelt sich in den *Views* der Datenflüsse wieder. Es sind zusätzliche Entities sowie Attribute zu deren Beschreibung in die *Views* aufzunehmen.

Für den Betriebstyp 3 und vor allem für den Betriebstyp 4 kann die funktionelle Unterstützung der Sonderbetriebsmittelplanung im Rahmen der Arbeitsplanung reduziert werden. Aufgrund der Ausprägungen von Produkttypisierungsgrad, Fertigungsauftragsgröße und der Organisationsform der Fertigung ist davon auszugehen, daß ein Sonderbedarf an Betriebsmitteln seltener auftritt. Dadurch entfallen Datenflüsse sowie Entities in den entsprechenden Modellen.

Roboter findet man am ehesten im Bereich der Großserien- und Massenfertigung (Betriebstypen 3 und 4). Dieses bedingt die funktionelle Unterstützung der Roboter-Programmierung im Rahmen der Arbeitsplanung. Notwendig werden gleichfalls das Einrichten entsprechender Datenflüsse sowie eines Entity Relationship-Modells, das RC-relevante Datenobjekte, wie z.B. RC-Programm, beinhaltet.

6.3.2   Fertigung

Die in diesem Abschnitt vorgestellten Referenzmodelle für den CAM-Bereich beziehen sich nur auf einen Teil der dort anfallenden Aufgaben, nämlich auf das Steuern von Materialflußprozessen. Darunter versteht man Transport-, Prüf-, Lager-, Umschlag-, Kommissionier- und/oder Verpackungsvorgänge, die im Rahmen des betrieblichen Wertschöpfungsprozesses anfallen. Diese Vorgänge dienen im wesentlichen dazu, a) den Materialfluß im Wareneingang abzuwickeln, b) die Fertigungs- und Montagestationen mit Rohmaterial, Hilfs- und Betriebsstoffen sowie Zwischen-/Endprodukten zu ver-/entsorgen und c) den Materialfluß im Warenausgang durchzuführen [vgl. u.a. Paetz 88]. Einer Materialflußsteuerung kommt somit die Aufgabe zu, die relevanten betrieblichen Stellen mit den für einen möglichst reibungslosen Materialfluß erforderlichen Informationen zu versorgen.

In der aktuellen Ausbaustufe des CIM-Planungstools sind für diesen Aufgabenbereich drei betriebstypenspezifische Referenzmodelle implementiert [vgl. Böttjer 93]:

- Modell 1 charakterisiert ein Sollkonzept für einen kundenbezogenen Einzelfertiger mit hoher Fertigungstiefe, der komplexe Produkte nach dem Werkstattprinzip herstellt. Die innerbetriebliche Transportstruktur ist durch flexible Transportverbindungen gekennzeichnet. Die Warenannahme geschieht zentral. Die Lagerhaltung ist ebenfalls zentral organisiert. Die Beschaffung für häufig verwendete Teile erfolgt auf Vorrat, selten gebrauchte Teile werden jeweils einzeln beschafft. Die Lieferanten können von Beschaffungsvorgang zu Beschaffungsvorgang auch wechseln.

- Modell 2 ist einem Serienfertiger zuzuordnen, der bei einer mittleren Fertigungstiefe Standardprodukte mit Varianten in Gruppenfertigung überwiegend auf Lager fertigt. Die innerbetriebliche Transportstruktur ist flexibel. Die Warenannahme erfolgt zentral. Die zum Fertigen der Produkte und Varianten notwendigen Teile werden am Lager vorgehalten. Teilweise bestehen feste Lieferantenbeziehungen.

- Modell 3 kennzeichnet ein Sollkonzept für einen Großserien-/Massenfertiger, der auf der Basis von Rahmenverträgen durchschnittlich komplexe Produkte bei geringer bis mittlerer Fertigungstiefe in Fließfertigung herstellt; dementsprechend liegen vorwiegend feste Transportverbindungen vor. In diesem Modell wird angenommen, daß auf der Beschaffungsseite produktionssynchrone Beschaffungskonzepte (PSB) zum Einsatz kommen. Unter produktionssynchron wird dabei eine stunden- bis tagesgenaue Zulieferung der notwendigen Teile verstanden. Das bedeutet eine geringe Lagerhaltung sowie feste Lieferantenbeziehungen.

Über die angeführten betriebstypenspezifischen Charakteristika hinaus wurden zum Gestalten der Materialfluß-Modelle noch weitere Annahmen getroffen. Diese beziehen sich auf systemtechnische Merkmale wie den Automatisierungsgrad von Lager-, Transport- und Kommissionierungseinrichtungen [vgl. u.a. Bernhard 88; Jünemann 89; Schulte 91], ablauforientierte Merkmale wie Lagerplatzvergabe-, Kommissionier- oder Transportstrategien [vgl. u.a. Mertens 91, S. 102; Rode 90, S. 18 ff.] oder das Verwenden von Standard- bzw. Nicht-Standardbehältern für den Materialtransport.

Bild 6.3.2/1 zeigt die Basisstruktur der implementierten Funktionsmodelle von Typ 1 und 2. Aufgrund der getroffenen Annahmen vereinfacht sich die Funktionsstruktur beim Typ 3 in den Funktionen "9.1 Wareneingang steuern" und "9.2.2 Lager steuern".

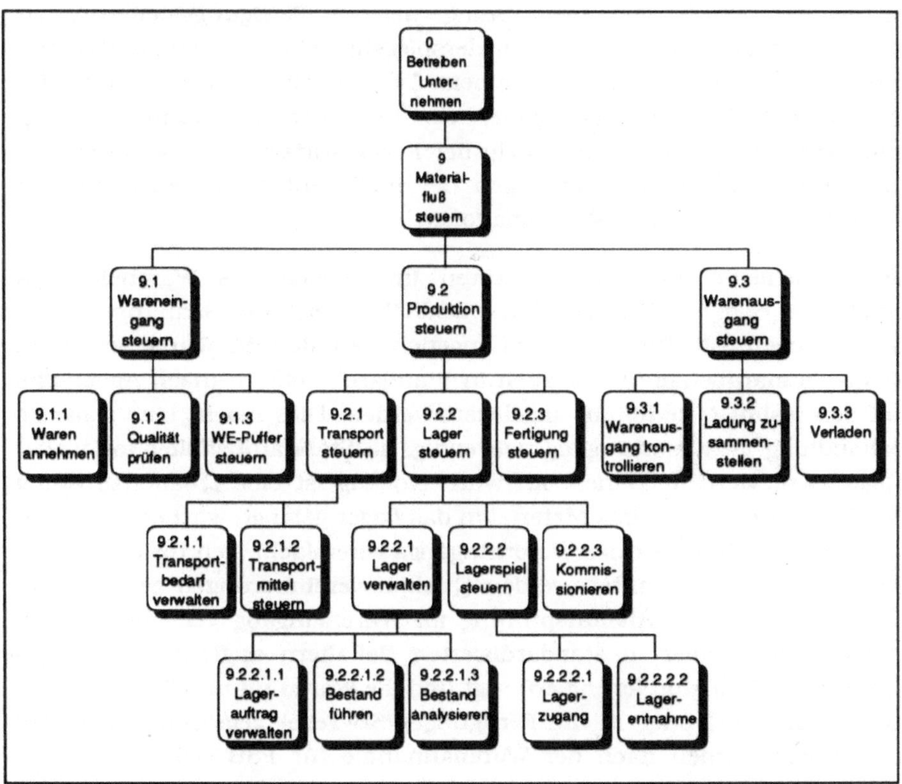

Bild 6.3.2/1:   Basisstruktur eines Funktionsmodells zum Steuern von Materialflüssen

Das Steuern der Materialflüsse gliedert sich in die Bereiche Wareneingang, Produktion sowie Warenausgang. Im Wareneingang wird nach "Waren annehmen", "Qualität prüfen" sowie "Wareneingangspuffer steuern" unterschieden. Die Inhalte der Funktion "Qualität prüfen" sind auch im Funktionsmodell der Qualitätssicherung (vgl. Bild 6.3.3.3/1) enthalten. Diese Redundanz wurde bewußt in Kauf genommen, um jeweils in sich abgeschlossene Teilmodelle abzubilden. Beim Kombinieren der Teilmodelle zu einem Gesamtmodell (darauf wird im Abschnitt 6.4 noch näher eingegangen) muß diese Redundanz beseitigt werden.

Das Steuern der Produktion gliedert sich in die Teilfunktionen "Transport steuern", "Lager steuern" sowie "Fertigung steuern". Letztgenannte Funktion ist ebenfalls in den Funktionsmodellen der Produktionsplanung und -steuerung enthalten (vgl. Bild 6.3.3.1/1). Alternativ hätte man diese Funktion in dem hier dargestellten Modell somit auch als *External Agent* mit entsprechenden Datenflüssen definieren können. Die gewählte Modellierung soll jedoch den engen Bezug, den die Fertigungssteuerung zu einem Materialflußkonzept hat, widerspiegeln. Für die Fertigungssteuerung wurde angenommen, daß sie beim Typ 1 nach dem Prinzip der belastungsorientierten Auftragsfreigabe, beim Typ 2 nach dem Kanban-Prinzip und beim Typ 3 nach dem Prinzip der Fortschrittszahlen organisiert ist. Dies entspricht den Empfehlungen der Intelligenten Checkliste für die entsprechenden Merkmalskombinationen.

Unterschiedliche Funktionsstrukturen im Bereich des Wareneingangs beschreibt Bild 6.3.2/2. Die linke Bildhälfte zeigt die Struktur für ein Unternehmen vom Typ 2. Es wird angenommen, daß die Waren sowohl in Nicht-Standardbehältern als auch in Standardbehältern (nach Absprache mit den festen Lieferanten) angeliefert werden. Dies macht eine separate Behandlung im Wareneingang notwendig, da Standardbehälter rationeller abgewickelt werden können. Im Wareneingang ist eine Qualitätsprüfung durchzuführen. Bevor das Material in das Lager gelangt, wird es zwischengepuffert. Die Struktur des Wareneingangs vereinfacht sich für den Typ 3. Mit den festen Lieferanten werden Qualitätsvereinbarungen getroffen, so daß man auf eine Qualitätsprüfung im Wareneingang verzichten kann. Ebenso wird immer in standardisierten Behältern angeliefert, wodurch sich eine Zwischenpufferung erübrigt und die Waren unmittelbar ins Lager (Nicht-PSB-Teile) oder in die Fertigung (PSB-Teile) gelangen. Im Modell wird unterschieden nach der Warenannahme für PSB-Teile und Nicht-PSB-Teile. Die Warenannahme für PSB-Teile vereinfacht sich dahingehend, daß nur noch eine Annahmebestätigung notwendig ist.

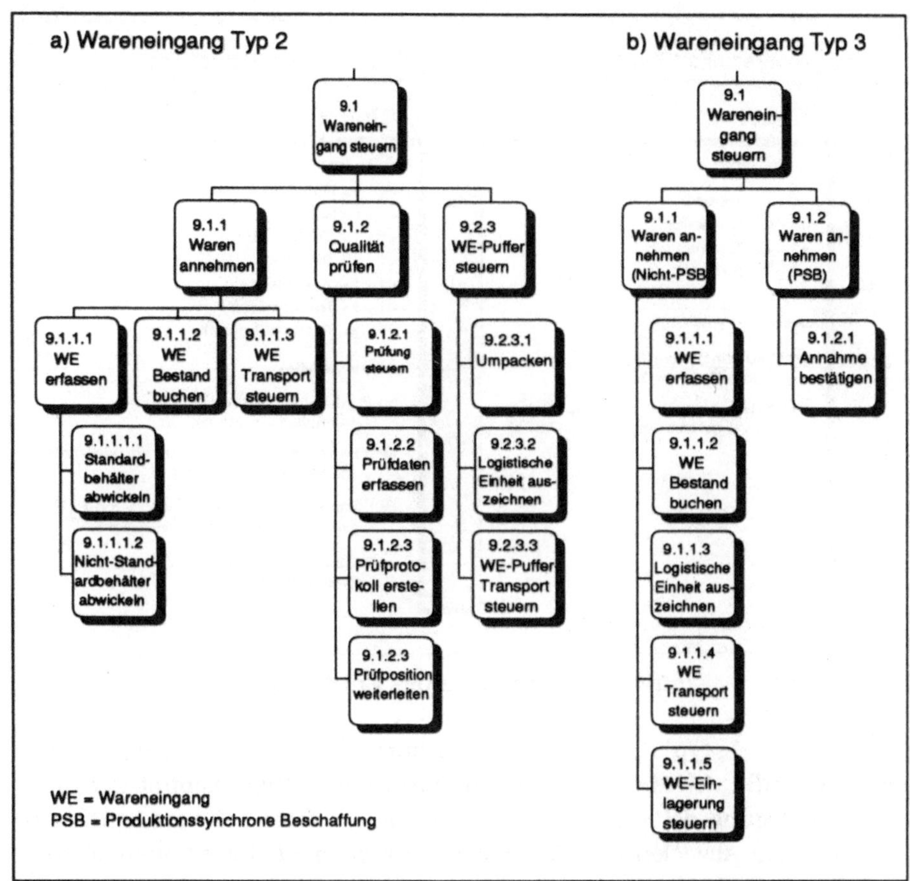

Bild 6.3.2/2:   Alternative Funktionsstrukturen des Wareneingangs

Die für die Materialflußsteuerung implementierten Datenmodelle umfassen jeweils ca. 100 Entities. Die wichtigsten Entities, d.h. die Datenobjekte, welche die meisten Beziehungen zu anderen Entities aufweisen, sind: Logistische Einheit, Wareneingangsposition, Warenausgangsposition, Material, Teil sowie Transportbedarf.

Charakteristische Unterschiede in den Datenmodelle erkennt man, wie bereits festgestellt wurde, meist auf der Attributebene. Bild 6.3.2/3 stellt die Entity Typ-Beschreibungen der Entität "Route" in den Modellen des Typs 1 und des Typs 3 einander gegenüber. Unter Route versteht man dabei die Verbindung zweier Stellen im betrieblichen Materialfluß, z.B. zwischen dem Wareneingang und dem Lager oder zwischen dem Lager und einer Fertigungs- oder Montagestation.

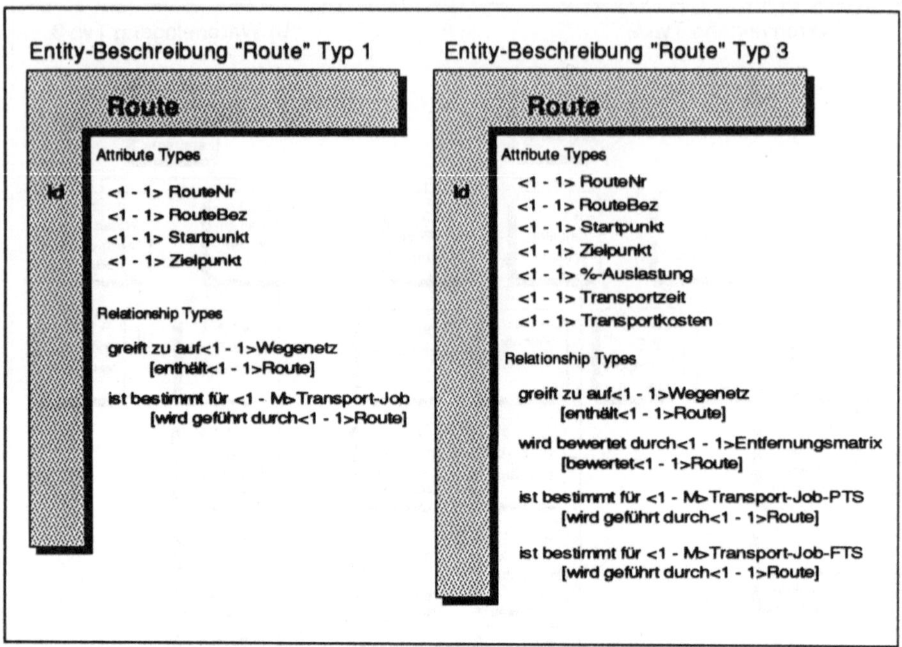

Bild 6.3.2/3:   Entity-Beschreibungen des Entity Route

Für den Betriebstyp 1 wurden vier Attribute und zwei Beziehungen definiert. Aufgrund der Merkmalsausprägungen dieses Typs kommt der optimalen Auslegung der innerbetrieblichen Routen keine sehr große Bedeutung zu. Zum Abwickeln der Transportaufträge erscheint es ausreichend,
im Referenzmodell Attribute über die Materialquelle (Startpunkt) sowie die
Materialsenke (Zielpunkt), zur Identifizierung (RouteNr) sowie eine verbale
Kurzbeschreibung (RouteBez) zu definieren. Detailliertere Attribute bzw.
Beziehungen können fallspezifisch hinzugefügt werden.

Zum Steuern des Materialflusses beim Betriebstyp 3 sind hingegen detail-
liertere Informationen über die Routen notwendig. Derartige Unternehmen
stehen meist unter einem starken Kostendruck, was ein effizientes
Gestalten der Materialflüsse erfordert. Diese Anforderung spiegelt sich im
Referenzmodell durch Hinzunahme weiterer Attribute für eine quantitative
Materialflußanalyse, z.B. hinsichtlich Auslastung, Transportzeiten oder
Transportkosten, wider. (Durch Definieren von Zwischenpunkten, d.h. eine
Zerlegung in Teilabschnitte, ließe sich die Beschreibung einer Route noch
weiter detaillieren.) Darüber hinaus weist das Entity auch mehr Beziehun-
gen auf. So wird bei den Transport-Jobs nach solchen für Fahrerlose (FTS)
und solchen für Personengesteuerte Transportsysteme (PTS) unterschieden. Auch hier sind betriebsspezifische Erweiterungen denkbar.

6.3.3 Kurzcharakteristik weiterer Beispiele

6.3.3.1 Produktionsplanung und -steuerung

Den aus betriebswirtschaftlicher Sicht komplexesten Modellbereich stellt die Produktionsplanung und -steuerung dar. Dieses spiegelt sich in sieben verschiedenen betriebstypologiespezifischen PPS-Konzepten wider [vgl. Meyer 92]. Die entwickelten Soll-Konzepte basieren auf generellen Empfehlungen für PPS-Systeme nach Glaser [Glaser 91]. Darüber hinaus fließen Gestaltungshinweise weiterer Autoren ein [vgl. u.a. Schreuder 88; Kühn 90; Büdenbender 91; Finger 91; Geiger 91].

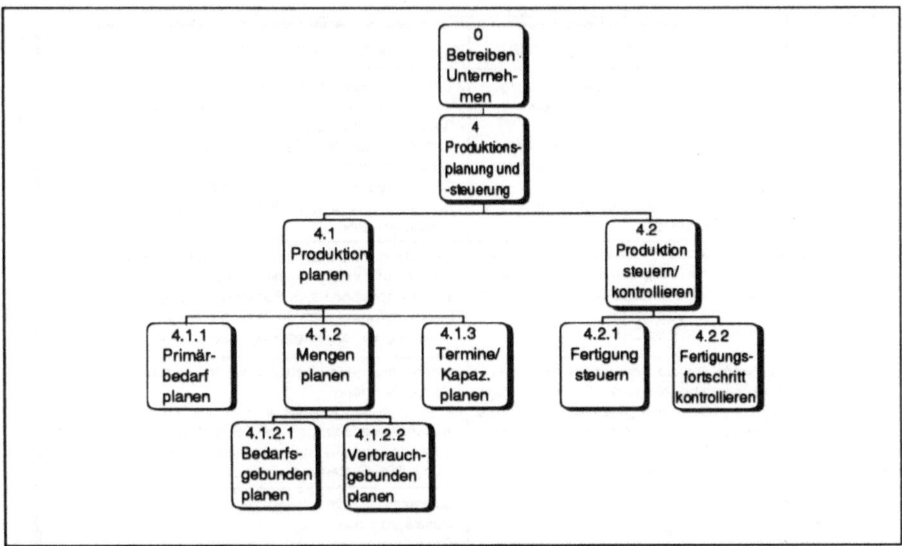

Bild 6.3.3.1/1:   Basisstruktur der Funktionshierarchie für die PPS

Die Datensicht der PPS-Referenzmodelle beruht auf dem PPS-Datenmodell nach Scheer [Scheer 90, S. 245 ff.]. Die betriebstypenspezifischen Funktionsmodelle bauen auf einer Basisstruktur auf, wie sie im Bild 6.3.3.1/1 dargestellt ist.

Wesentliche Unterschiede in der Realisierung der einzelnen PPS-Modelle resultieren aus den verschiedenen Planungs- und Steuerungsverfahren ("PPS-Philosophien"). Im "klassischen" PPS-Konzept wird zweistufig terminiert (Durchlauf- und Kapazitätsterminierung) [vgl. Rose 88, S. 76]. Erfahrungsberichte zeigen, daß dieses mit verschiedenen Problemen verbunden sein kann, wie etwa langen Durchlaufzeiten und hohen Werkstattbeständen [vgl. u.a. Wildemann 88a; Papst 85]. Deshalb haben sich auf Basis des klassischen Konzepts unterschiedliche, modernere Verfahren entwickelt. Beispielsweise hat sich für Unternehmen, die überwiegend in Großserien auf der Grundlage von Rahmenverträgen produzieren, das Fortschrittszahlenkonzept bewährt. Für Betriebe, die in Werkstätten variantenreiche Produkte in Einzel- und Serienfertigung (z.B. im Maschinenbau) herstellen, hilft das Konzept der belastungsorientierten Auftragsfreigabe, angestrebte Ziele, wie z.B. die Durchlaufzeitreduzierung oder die Bestandssenkung, besser zu erreichen. Ein Kanban-Konzept findet vorzugsweise dann Anwendung, wenn standardisierte Produkte in Serien- und Massenfertigung kundenanonym hergestellt werden. Bild 6.3.3.1/2 faßt wesentliche Kennzeichen der Betriebstypen sowie der entsprechenden Referenzmodelle zusammen.

	Kennzeichen der PPS-Betriebstypen	Kennzeichen der PPS-Modelle
Betriebstyp 1	- Kundenindividuelle Einzel- und Kleinserienfertigung ein- und mehrteiliger Erzeugnisse auf der Basis von Einzelbestellungen - Fertigungsorganisation nach dem Prinzip der Werkstatt- und/oder Gruppenfertigung mit ein- oder mehrstufiger Fertigung - Hohe Flexibilität bei kurzen Durchlaufzeiten als primäre Zielsetzung der PPS	- Einfache Primärbedarfsplanung - Vorlaufverschiebung nach arbeitssys.bezogenen DLZ - Bedarfsgeb. Materialplanug nach Dispositionsstufen - Verbrauchsgeb. Materialplanung nach dem Bestellpunktverfahren - Termindisposition nach dem Prinzip der BOA - Erfassung von Zu- und Abgangsterminen an den Arbeitssystemen
Betriebstyp 2	- Ein- und mehrteilige Standarderzeugnisse mit kunden- und anbieterspezifischen Varianten, Einzelbestellung - (Groß-)Serienfertigung nach dem Prinzip der Werkstattfertigung - Hohe Termintreue als primäre Zielsetzung der PPS	- Vorlaufverschiebung nach arbeitsgangbezogenen DLZ - Bedarfs- und verbrauchsgeb. Materialplanung wie bei Typ 1 - Termindisposition durch Rückwärtsterminierung - Feinterminierung nach der Schlupfzeitregel - Erfassung von arbeitsgangbez. Zu- und Abgangsterminen
Betriebstyp 3	- Ein- und mehrteilige Standarderzeugnisse mit kunden- und anbieterspezifischen Varianten, Rahmenverträge - (Groß-)Serien- und Massenfertigung nach dem Prinzip der Werkstattfertigung oder Fließfertigung ohne Zeitzwang - Hohe Termintreue als primäre Zielsetzung der PPS	- Differenzierte Primärbedarfsplanung auf Basis der Rahmenverträge - Anwendung des Prinzips der Fortschrittszahlen für die Materialbedarfsplanung und Termindisposition - Erfassung der Ist-Fortschrittszahlen in der Fertigung durch BDE-Systeme
Betriebstyp 4	- Mehrteilige Standarderzeugnisse auch mit anbieterspezifischen Varianten, Lageraufträge - Massenfertigung nach dem Prinzip der Gruppenfertigung oder Fließfertigung ohne Zeitzwang - Niedrige Bestände als primäre Zielsetzung der PPS	- Differenzierte Primärbedarfsplanung mit Jahres- und Monatsprognosen - Einfache programmgebundene Mengenplanung - Termindisposition und Feinsteuerung nach dem Kanban-Prinzip
Betriebstyp 5	- Mehrteilige Standarderzeugnisse mit kunden- und anbieterspezifischen Varianten, Einzelbestellungen - (Groß-)Serien- und Massenfert. nach dem Prinzip der Gruppenfertigung oder Fließfertigung ohne Zeitzwang - Hohe Termintreue und hohe Flexibilität als primäre Zielsetzungen der PPS	- Primärbedarfsplanung und Materialbedarfsplanung ähnlich wie bei Typ 1 - Differenzierte Termindisposition mit detaillierter Durchlaufzeitenreduzierung und kurzfristigem Kapazitätsabgleich - Dezentrale Feinterminierung an den Arbeitsstationen
Betriebstyp 6	- Ein- und mehrteilige Standarderzeugnisse mit kunden- und anbieterspezifischen Varianten, Einzelbestellungen - (Groß-)Serien- und Massenfertigung nach dem Prinzip der Fließfertigung (mit Zeitzwang) oder mit Einzelfertigungssystemen - Hohe Termintreue und hohe Kapazitätsauslastung als primäre Zielsetzungen der PPS	- Differenzierte Primärbedarfsplanung für sogenannte Bevorratungsteile - Detaillierte programmgebundene Mengenplanung auf der Basis von Kundenaufträgen - Einfache Termindisposition (Ermittlung der Starttermine)
Betriebstyp 7	- Ein- und mehrteilige Standarderzeugnisse mit kunden- und anbieterspez. Varianten, Rahmenverträge, Lageraufträge - (Groß-)Serien- und Massenfert. nach dem Prinzip der Fließfert. (mit Zeitzwang) oder mit Einzelfert.sys. - Hohe Termintreue und hohe Kapazitätsauslastung als primäre Zielsetzungen der PPS	- Modifikation des PPS-Konzepts vom Typ 6 mit einem Schwerpunkt im Bereich der Auftragsterminierung

Bild 6.3.3.1/2:   Wesentliche Kennzeichen der PPS-Betriebstypen und der entsprechenden Referenzmodelle

6.3.3.2 Konstruktion

Im Konstruktionsbereich werden drei Betriebstypen unterschieden [vgl. Scheer 89], wobei die Typen 1 und 3 in ihrer Charakteristik in etwa den Typen 1 und 4 der Arbeitsplanung entsprechen. Typ 2 läßt sich als Serienfertiger von Standardprodukten mit Varianten auf der Basis von Kundenaufträgen in Werkstatt- oder Gruppenfertigung charakterisieren. Bild 6.3.3.2/1 zeigt die funktionelle Basisstruktur des Konstruktionsbereichs.

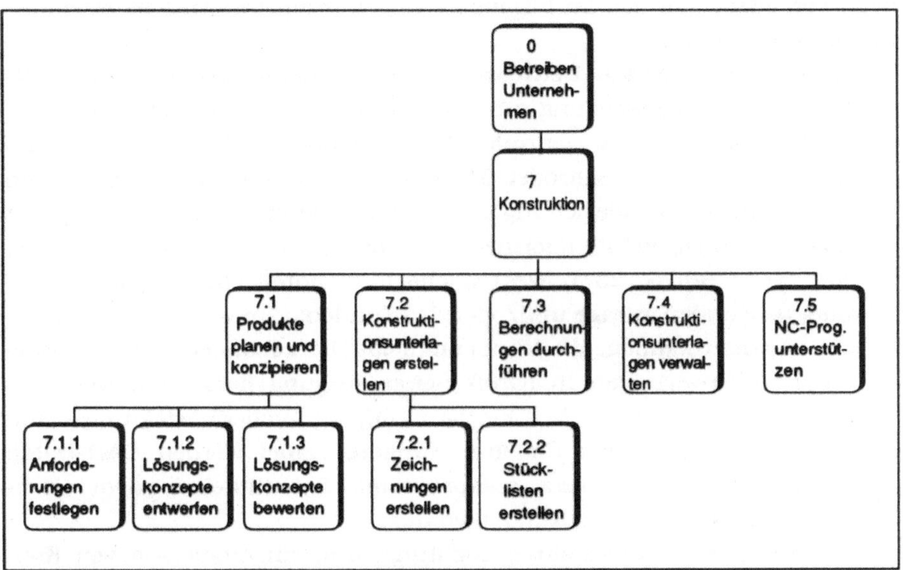

Bild 6.3.3.2/1: Basisstruktur der Funktionshierarchie für die Konstruktion

Dabei werden innerhalb der Funktion "7.1 Produkte planen" qualitative Anforderungen an die zu entwickelnden Produkte festgelegt, prinzipielle Lösungen erarbeitet sowie die Lösungskonzepte bewertet. Für das am besten bewertete Konzept sind die Konstruktionsunterlagen, insbesondere Zeichnungen und Stücklisten, zu erstellen (Funktion 7.2). Zum Erstellen der Lösungskonzepte und um die Konstruktionsunterlagen auszuarbeiten, sind Berechnungen, z.B. hinsichtlich der Belastbarkeit von Bauteilen, durchzuführen (Funktion 7.3). Welche Methoden dabei zum Einsatz kommen, ist u.a. davon abhängig, ob es sich um elektrotechnische Produkte wie Leiterplatten, oder um mechanische Produkte, z.B. Werkzeuge, handelt. Auf diese primär technologischen Aspekte soll hier jedoch nicht näher eingegangen werden. Im Rahmen der Entwicklung und Konstruktion sind ferner zahlreiche Routinetätigkeiten zur Informationsbeschaffung, etwa die Suche nach Wiederholteilen, durchzuführen [vgl. u.a. Wildemann 86, S.

68]. Diese Tätigkeiten sind der Funktion "7.4 Konstruktionsunterlagen verwalten" zugeordnet. Die Funktion 7.5 "NC-Programmierung unterstützen" soll dazu dienen, Konstruktionsdaten für nachgelagerte NC-Programmieraufgaben aufzubereiten.

Die Funktionshierarchien der drei Betriebstypen unterscheiden sich nur unwesentlich. Charakteristische und bedeutsame Unterschiede zwischen den abgegrenzten Betriebstypen resultieren aus logisch-konzeptioneller Sicht vor allem aus den im folgenden aufgeführten Integrationsbeziehungen der Konstruktion.

- Insbesondere für den Betriebstyp 1 (Kundenauftragsorientierte Fertigung auf Einzelbestellung z.B. in Werkstattfertigung) sollte der Konstruktionsbereich die zentrale CIM-Komponente des Unternehmens darstellen [vgl. u.a. Schröder 91; Malle 89]. Dieses hat Auswirkungen auf die Integrationsbeziehungen der Konstruktion. Charakteristisch ist dabei eine ausgeprägte informelle Beziehung zum Vertriebsbereich [vgl. u.a. Keller 90, S. 233]. Wesentliche Bestandteile dieser Datenflüsse sind die Kundenanfrage und/oder der Kundenauftrag.
- Zulieferunternehmen, die kundenindividuelle Lösungen auf der Basis von Rahmenverträgen in (Groß-)Serienfertigung herstellen, übernehmen außer der eigentlichen Fertigung häufig auch Entwicklungs- und Konstruktionsaufgaben für ihre Kunden. Dabei werden CAD-Daten ausgetauscht. Dieses setzt entsprechende Schnittstellen zu der Konstruktionsabteilung des Kunden voraus.
- Das Pendant in umgekehrter Richtung, d.h. ein Austausch von Konstruktionsdaten mit Lieferanten, findet man bei Großserien- und Massenfertigern. Diese Unternehmen verlagern häufig Konstruktions- und Entwicklungsaufgaben auf Lieferanten.
- Für Großserien- und Massenfertiger entfallen i.d.R. die Integrationsbeziehungen zum Vertrieb auf der Basis von Kundenaufträgen. Stattdessen ist die Entwicklungsabteilung mit verdichteten Informationen über Marktanalysen zu informieren, um so aktuelle Trends rasch in Produkte umsetzen zu können. Dieses gilt z.B. für die Unterhaltungselektronik oder auch für die Automobilindustrie.

Bild 6.3.3.2/2 faßt die wesentlichen Kennzeichen der Betriebstypen und der entsprechenden Referenzmodelle im Konstruktionsbereich zusammen.

	Kennzeichen der Konstruktions-Betr.typen	Kennzeichen der Konstruktions-Modelle
Betriebstyp 1	- Erzeugnisse mit einfacher und komplexer Geometrie - Kundenindividuelle Produkte und Standardprodukte mit kundenindividuellen Varianten - Auftragsauslösung durch Einzelbestellungen - Einzel- und Kleinserienfertigung nach dem Prinzip der Werkstatt- und/oder Gruppenfertigung	- Neukonstruktion als wichtiges Konstruktionsprinzip - Erstellen/Verwalten von Strukturstücklisten - Austausch von Konstruktionsdaten direkt mit Kunden - Enge Koordination mit dem Vertrieb zur Kundenauftragsabwicklung - Simultaner Entwurf von Sonderbetriebsmitteln
Betriebstyp 2	- Erzeugnisse mit einfacher und komplexer Geometrie - Standardprodukte mit kundenindividuellen und anbieterspezifischen Varianten - Auftragsauslösung durch Einzelbestellung oder Rahmenverträge - (Groß-)Serienfertigung nach dem Prinzip der Werkstatt und/oder Gruppenfertigung	- Anpassungs-/Variantenkonstruktion als wesentliche Konstruktionsprinzipien - Hohe Anforderungen an Speicherung und Verwaltung von Konstruktionsunterlagen da Mehrfachverwendung gefordert - Erstellen/Verwalten von sogenannten einstufigen Baukastenstücklisten - Simultaner Entwurf von Sonderbetriebsmitteln (sofern notwendig)
Betriebstyp 3	- Erzeugnisse mit einfacher und komplexer Geometrie - Standardprodukte mit kundenindividuellen und anbieterspezifischen Varianten - Auftragsauslösung durch Rahmenverträge oder Lagerfertigung - (Groß-)Serienfertigung und Massenfertigung nach dem Prinzip der Fließfertigung oder mit Einzelfertigungssystemen.	- Konstruktion nicht mehr in die laufende Auftragsabwicklung einbezogen - Austausch von Konstruktionsdaten mit Kunden - Konstruktionsdienstleistungen für Abnehmer - Detaillierte Kalkulation der Konstruktionsentwürfe - Austausch von Konstruktionsdaten mit Lieferanten

Bild 6.3.3.2/2: Wesentliche Kennzeichen der Konstruktions-Betriebstypen und der entsprechenden Referenzmodelle

6.3.3.3 Qualitätssicherung

Im Bereich der Qualitätssicherung sind fünf Typen zu unterscheiden (vgl. Abschnitt 4.2). Die funktionelle Basisstruktur gliedert die Aufgaben nach "Qualität planen", "Qualität prüfen/erfassen" sowie "Qualitätsstatistik" (vgl. Bild 6.3.3.3/1). Im Rahmen der Qualitätsplanung spezifiziert man die Anforderungen an Produkt- und/oder Prozeßqualität [vgl. u.a. Eck 90, S. 212]. Die Qualitätsprüfung umfaßt das Vorbereiten und Durchführen von Qualitätsprüfungen sowie das Erfassen von Qualitätsdaten. Diese Funktionen können im Wareneingangsbereich, parallel zum Fertigungsprozeß sowie an den Endprodukten notwendig sein. Darüber hinaus ist die Analyse von Qualitätsdaten über Produktreklamationen der Qualitätsprüfung zugeordnet. Qualitätsstatistiken lassen sich für Lieferanten, Mitarbeiter (-gruppen), Fertigungsprozesse oder Produkte anlegen, verwalten und auswerten [vgl. u.a. Butzmann 91, S. 11].

Kennzeichnende Unterschiede der betriebstypenspezifischen Soll-Konzepte ergeben sich u.a.:

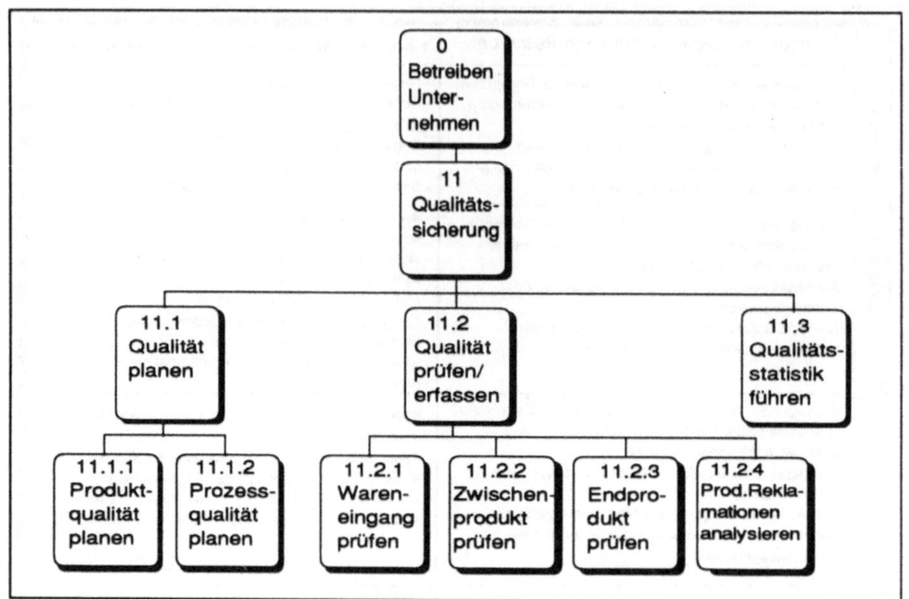

Bild 6.3.3.3/1:   Basisstruktur der Funktionshierarchie für die Qualitätssicherung

- durch die Verlagerung bzw. den Wegfall von Qualitätsprüfungen im Wareneingang.
  Dies ist beispielsweise bei fertigungssynchronen Anlieferungskonzepten (Just in time - JIT) der Fall [vgl. Wildemann 88b]. Ein entsprechendes Konzept für den Abnehmer, das ausgeprägte Integrationsbeziehungen zum Lieferanten umfaßt, enthält Betriebstyp 5. Beispiele für Unternehmen, die selbst als JIT-Lieferant fungieren, findet man vorzugsweise beim Betriebstyp 2, weshalb das Modell dieses Typs ggf. zu variieren ist.
- durch unterschiedliche Bearbeitung von Lieferanten-Qualitätsdaten.
  Insbesondere für Unternehmen mit hohem und weitgehendem Fremdbezug (Betriebstypen 4 und 5), der von verschiedenen Lieferanten stammt, ist das Erfassen und Auswerten von Lieferantenqualitätsdaten notwendig. Diese können dann z.B. als Grundlage für eine automatisierte Lieferantenauswahl dienen.
- durch unterschiedliche Konzepte zum Durchführen von produktionsbegleitenden Prüfungen.
  Für Unternehmen, die in Serien und/oder Massen fertigen (Betriebstypen 3, 4 und 5), ist die Einrichtung von selbststeuernden Qualitätsregelkreisen, sogenannten Statistical Process Control (SPC)-Systemen [vgl. Specht 91, S. 76], für die automatisierte Überwachung der Fertigungsprozesse sinnvoll und möglich. Die logisch-konzeptionelle Einbin-

dung eines derartigen Qualitätsbausteins in das Referenzmodell erfolgt in den vorhandenen Aktionsdiagrammen.

- durch unterschiedliche Konzepte zur Analyse von Reklamationsdaten. Zum Erfassen und Verarbeiten von Qualitätsdaten nach dem Produktverkauf kann die Qualitätssicherung bei kundenauftragsorientierter Einzel-/Serienfertigung (Betriebstypen 1-4) die Beziehungen zu den Kunden, bei denen diese Informationen anfallen, nutzen [vgl. u.a. Hauer 91, S. 9]. Dagegen muß bei kundenanonymer Massenfertigung auf Lager (Betriebstyp 5) die Qualitätssicherung auf Reklamationsdaten zurückgreifen, die beispielsweise aus der Analyse von Kundenbeschwerden oder Garantieansprüchen zu gewinnen sind.

Bild 6.3.3.3/2 zeigt zusammenfassend die wesentlichen Kennzeichen der Betriebstypen und der entsprechenden Referenzmodelle im Bereich Qualitätssicherung.

	Kennzeichen der Qualitätssicherungs-Betr.typen	Kennzeichen der Qualitätssicherungs-Modelle
Betriebstyp 1	- Kundenindividuelle Produkte und Standardprodukte mit kundenindividuellen Varianten auf der Basis von Einzelbestellungen - Arbeitsintensive Einzel- und Kleinserienfertigung - Geringer Fremdbezug, Einzelbeschaffung - Fertigung nach dem Werkstatt oder dem Gruppenprinzip	- Berücksichtigung kundenspezifischer Qualitätsvorgaben - Wareneingangsprüfung dient primär zur Identifikation und mengenmäßigen Prüfung der Lieferungen - Flexible Prüfplanerstellung für wechselnde (kundenindividuelle) Erzeugnisse - Qualitätsstatistik mit personenbezogenen Qualitätsdaten
Betriebstyp 2	- Standardprodukte mit kundenindividuellen Varianten auf der Basis von Rahmenverträgen - Arbeitsintensive (Groß-)Serienfertigung - Geringer Fremdbezug, Einzel- und Vorratsbeschaffung - Fertigung nach dem Werkstatt und/oder dem Gruppenprinzip und/oder Fließfertigung ohne Zeitzwang	- Produktstatistik für die mittel- bis langfristige Qualitätsauswertungen der gefertigten Produktserien - Übernahme von Qualitätsprüfungen für Kunden - Austausch von Qualitätsdaten mit Kunden
Betriebstyp 3	- Standardprodukte mit kundenindividuellen und anbieterspezifischen Varianten auf der Basis von Einzelbestellungen - Materialintensive (Groß-)Serien- und Massenfertigung - Fremdbezug in größerem Umfang, Einzel- und Vorratsbeschaffung - Fertigung nach dem Werkstatt und/oder dem Gruppenprinzip	- Detaillierte Erfassung und Auswertung von Wareneingangsprüfdaten - Verwalten und Auswerten von Lieferantenstatistiken - Statistical Process Control-Systeme für die Überwachung der Fertigungsprozesse - Integration zum Einkauf
Betriebstyp 4	- Standardprodukte mit kundenind. und anbieterspezifischen Varianten auf der Basis von Einzelbestellungen und Rahmenverträgen - Material- und anlagenintensive (Groß-)Serien- und Massenfertigung - Fremdbezug in größerem Umfang, Einzel- und Vorratsbeschaffung - Fertigung nach dem Gruppenprinzip, in Fließfertigung oder in Einzelfertigungssystemen	- Verwalten und Auswerten von Lieferantenstatistiken - Verwalten und Auswerten von Maschinen- und Fertigungsprozeßstatistiken - Statistical Process Control-Systeme für die Überwachung der Fertigungsprozesse in der Fließfertigung und den Einzelfertigungssystemen - Integration zum Einkauf
Betriebstyp 5	- Standardprodukte mit anbieterspezifischen Varianten auf der Basis von Rahmen- und Lagerverträgen - Material- und anlagenintensive (Groß-)Serien- und Massenfertigung - Weitestgehender Fremdbezug, Fertigungssynchrone Beschaffung und Vorratsbeschaffung - Fertigung in Fließfertigung oder in Einzelfertigungssystemen	- (Teilweise) Verlagerung von Wareneingangsprüfungen zu Lieferanten - Austausch von Qualitätsprüfungsdaten mit Lieferanten - Intensiver Datenaustausch mit dem Einkauf - Detaillierte Auswertung von Lieferantenstatistiken - Kundenanonyme Auswertung von Reklamationsdaten

Bild 6.3.3.3/2:   Wesentliche Kennzeichen der Qualitätssicherungs-Betriebstypen und der entsprechenden Referenzmodelle

6.4 Verknüpfung bereichsorientierter Modelle zu einem CIM-Gesamtmodell

Die bereichsorientierten Referenzmodelle repräsentieren Insellösungen. Für ein umfassendes CIM-Konzept sind diese Insellösungen zu kombinieren und zu einem unternehmensspezifischen CIM-Gesamtmodell zusammenzuführen [vgl. u.a. Rhefus 91]. Das zum Modellieren genutzte CASE-Tool bietet die Möglichkeit, verschiedene Enzyklopädien zu einer sogenannten Master-Enzyklopädie zusammenzufassen. Dieses Verknüpfen erfolgt sowohl logisch, d.h. die einzelnen Inhalte werden inhaltlich gekoppelt und aufeinander abgestimmt, als auch physisch, d.h. alle Informationen werden in einer gemeinsamen Datenbasis hinterlegt. Der originäre Zweck dieser Option liegt darin, die Arbeit mehrerer CASE-Anwender bzw. -Anwendungsteams, welche parallel z.B. die verschiedenen Funktionsäste eines Informationssystem(modell)s entwerfen, zu konsolidieren.

Im Ansatz des hybriden CIM-Planungstools wird diese Funktionalität zum Verknüpfen mehrerer (Bereichs-)Enzyklopädien zu einer CIM-Enzyklopädie eingesetzt. Dabei sind für die in der CIM-Analyse (vgl. Kapitel 5) als relevant identifizierten CIM-Bereiche jeweils die passende(n) betriebstypenspezifische(n) Enzyklopädie(n) zu selektieren und zu einem CIM-Gesamtmodell zu konsolidieren. Bild 6.4/1 zeigt dieses Vorgehen schematisch.

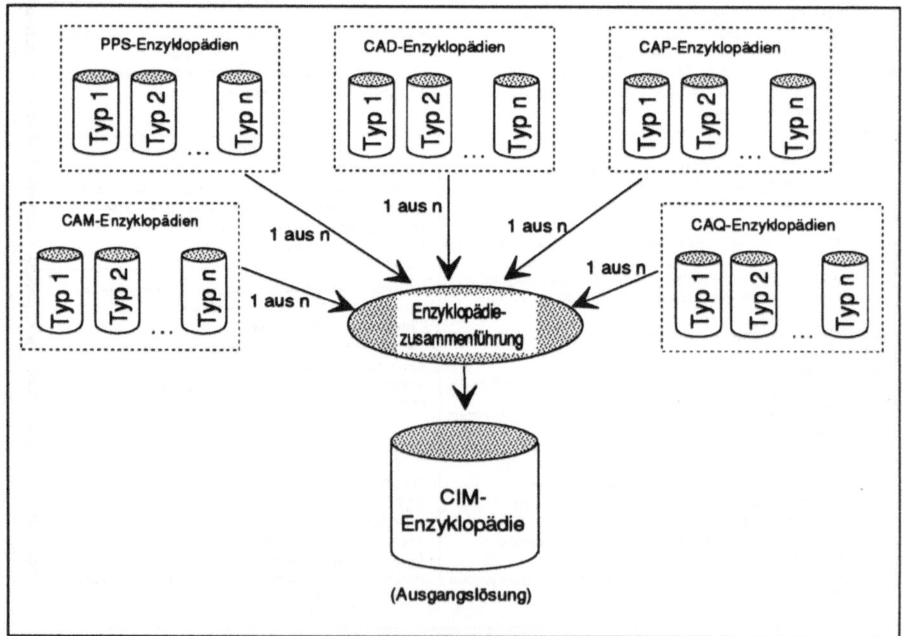

Bild 6.4/1:   Schema der Verknüpfung von Bereichsmodellen zu einem CIM-Gesamtmodell

Grundsätzlich ist beim Zusammenführen von mehreren Modellen sukzessive vorzugehen, da toolbedingt immer nur zwei Enzyklopädien in einem Konsolidierungsvorgang miteinander verknüpft werden können. Will man n verschiedene Enzyklopädien koppeln, sind somit n-1 Konsolidierungen notwendig. Sollen beispielsweise ein PPS-, ein CAD- und ein CAP-Modell zusammengeführt werden, muß man zunächst zwei Modelle, z.B. das PPS- und das CAD-Modell, kombinieren, bevor das CAQ-Modell mit dem "PPS/CAD-(Zwischen-)Modell" zur Gesamtlösung gekoppelt wird.

Generell verknüpft das Tool die Enzyklopädien additiv, d.h. es wird die Summe der entsprechenden Modellinhalte gebildet. Die Zusammenführung wirkt sich in den Modellierungssichten folgendermaßen aus:

- In der Funktionshierarchie werden unterschiedliche Teilfunktionen einer identischen übergeordneten Funktion addiert (vgl. Bild.6.4/2).

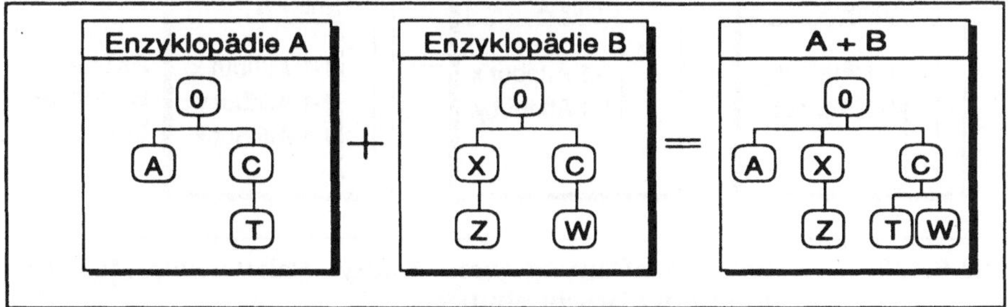

Bild 6.4/2:   Zusammenführung von Funktionshierarchien

Da mit der Wurzelfunktion "0 Unternehmen betreiben" jeder CIM-Bereich bzw. jedes CIM-Bereichsmodell das gleiche Informationselement als höchste Hierarchieebene enthält und durch die Verwendung der Ordnungsnummern sichergestellt ist, daß keine weiteren identischen Funktionen in den bereichsorientierten Modellen enthalten sind, ergeben sich beim Zusammenführen der Funktionshierarchien keine Abstimmungserschwernisse. Ebenso ist aufgrund der überschneidungsfreien Definition von Elementarprozessen die Konsolidierung der Aktionsdiagramme problemlos.

Es ist darauf zu achten, daß bei Funktionen, die in mehreren Modellen die gleichen Aufgaben unterstützen, z.B. die Funktion "Fertigung steuern" (sowohl im Modell der Materialflußsteuerung als auch im PPS-Modell enthalten), inhaltliche Redundanzen entstehen können, wenn die entsprechenden Modelle zusammengeführt werden. Um dies zu vermeiden, wären nach der Modellverknüpfung die Funktion an einer Stelle zu entfernen und die entsprechenden Datenflüsse "umzulenken" (vgl. auch Bild 6.4/4).

- Im Entity Relationship-Modell sowie in der Entity-Beschreibung werden die Entities, Beziehungen und Attribute kombiniert (vgl. Bild 6.4/3), wobei das Tool Redundanzen automatisch eliminiert.

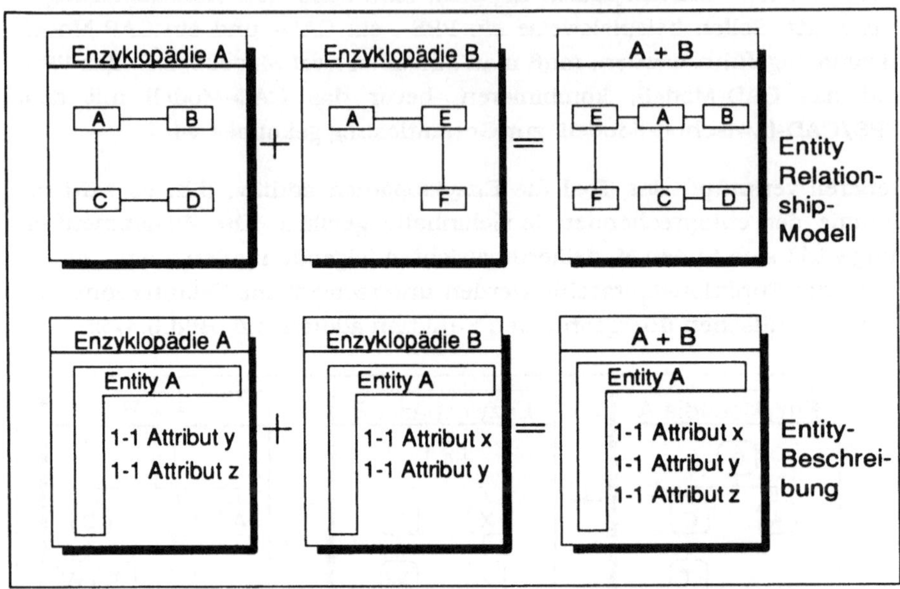

Bild 6.4/3:   Zusammenführung von Entity Relationship-Modellen und Entity-Beschreibungen

Für das Datenflußdiagramm der Wurzelfunktion im Gesamtmodell, d.h. das CIM-Kontextdiagramm, ergibt sich Anpassungsaufwand (vgl. Bild 6.4/4). Im Modell der Konstruktion wird der Bereich PPS als *External Agent* dargestellt und die entsprechenden Integrationsbeziehungen über Datenflüsse abgebildet. Im Modell der PPS dagegen ist die Konstruktion als *External Agent* definiert (vgl. Bildausschnitt 1). Im konsolidierten Gesamtmodell sind PPS und Konstruktion gleichrangige Funktionen auf einer Hierarchiebene. Bei der Zusammenführung bleiben diese Bereiche jedoch auch als *External Agents* erhalten, ebenso die entsprechenden Datenflüsse, so daß hieraus eine Redundanz entsteht (vgl. Bildausschnitt 2). Um diese zu eliminieren, muß man die entsprechenden Datenflüsse "umlenken" und doppelte Datenflüsse sowie die überflüssigen *External Agents* löschen (vgl. Bildausschnitt 3).

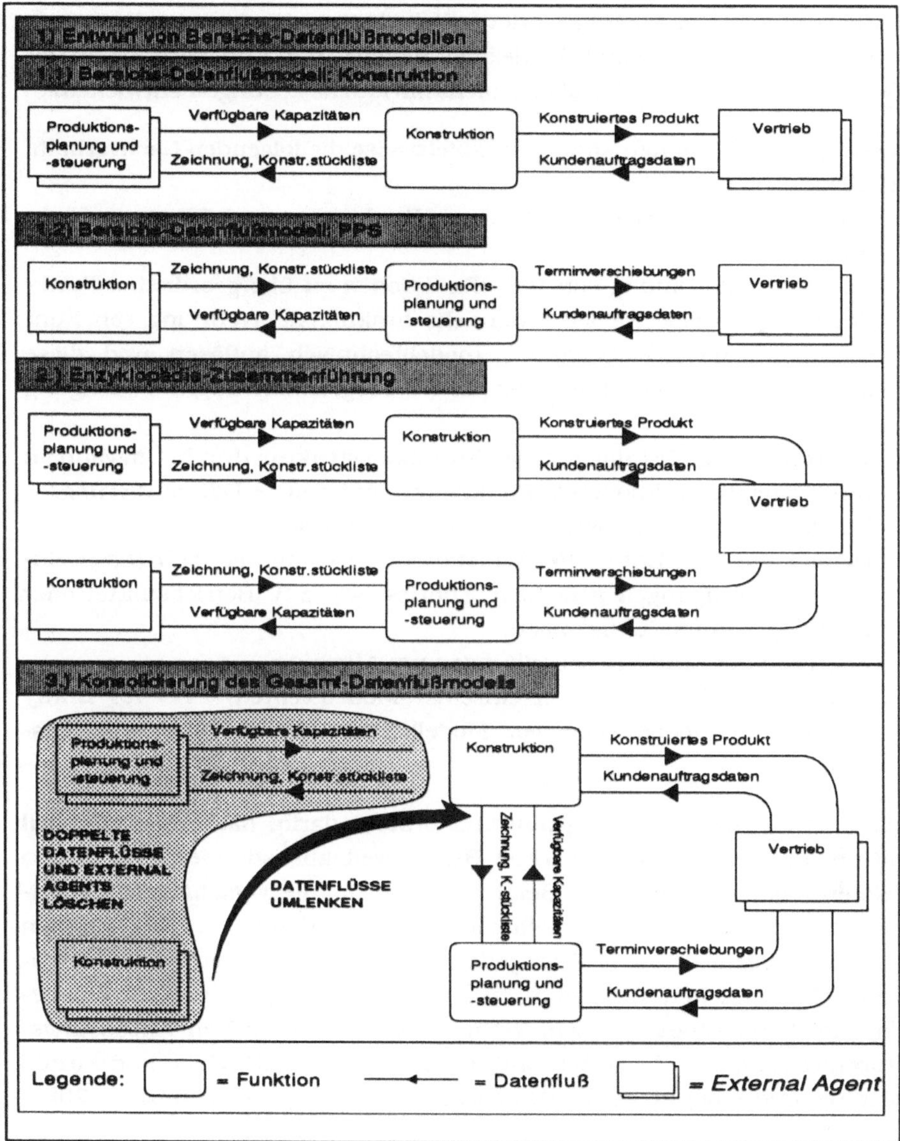

Bild 6.4/4:   Schema zum Anpassen des Kontextdiagramms

6.5 Unternehmensspezifische Modifikation der Referenzmodelle

In den unternehmensneutralen CIM-Referenzmodellen können betriebs-spezifische Rahmenbedingungen, welche die Gestaltung der Funktionen, Daten und Integrationsbeziehungen beeinflussen, nicht vollständig be-rücksichtigt werden. Dieses macht ein Anpassen der Referenzmodelle an das betrachtete Unternehmen erforderlich. Durch die Option, die vorimplementierten Referenzmodelle flexibel modifizieren und verknüpfen zu können, lassen sich komfortabel firmenindividuelle Lösungen entwickeln.

Derartige Modifikationen können beispielsweise die folgenden Sachverhalte betreffen:

- Hinzufügen und/oder Streichen von Funktionen und Elementarfunktionen.
- Geänderte Zuordnung von (Teil-)Funktionen zu übergeordneten Funktionen. Beispielsweise kann man die funktionale Trennung von Konstruktion und Arbeitsplanung modelltechnisch auflösen und diese Bereiche zusammenführen oder die NC-Programmierung der Fertigung zuordnen.
- Verfeinern und Detaillieren der Funktionsstruktur durch Umwandeln von Elementarfunktionen in Funktionen und weitere Differenzierung.
- Hinzufügen und/oder Weglassen von Datenflüssen.
- Detaillieren der Entity Relationship-Modelle um die betriebsspezifischen Ausprägungen genereller Entities, wie z.B. Betriebsmittel oder Produkte und Produktgruppen.
- Ergänzen der Entity-Beschreibungen um Attribute.
- Selektion und Modifikation einzelner Modellsichten, z.B. des Entity Relationship-Modells, oder von Modellteilen, etwa einzelne Funktionsäste.

Ein wesentlicher Anpassungsaufwand besteht darin, das Referenzmodell mit der unternehmensspezifischen Begriffswelt abzustimmen. Die in den Referenzmodellen gewählten Bezeichnungen für die verschiedenen Informationselemente orientieren sich an gängigen Definitionen und Begriffen der Fachliteratur. Diese müssen jedoch nicht mit den in einem Unternehmen gebräuchlichen Benennungen übereinstimmen, so daß Abstimmechanismen notwendig werden. Während des erforderlichen Anpassungsprozesses muß u.a. die Bedeutung von Synonymen, z.B. Höhe und Anzahl oder Teil und Produkt, eindeutig definiert werden [vgl. Gerisch 91, S. 20].

Prinzipiell lassen sich Maßnahmen zur betriebsspezifischen Modifikation sowohl lokal, d.h. an den Bereichsmodellen, als auch am Gesamtmodell durchführen. Nimmt man Änderungen lokal vor, hat dies vor allem einen besseren Überblick über das zu bearbeitende Modell zum Vorteil. Nachteilig wirken sich lokal vorgenommene Modifikationen dann aus, wenn dieselben Modellanpassungen auch in anderen CIM-Bereichsmodellen relevant und dort ebenfalls durchzuführen sind. Dies hat eine redundante Ausführung der entsprechenden Modifikationsarbeiten zur Folge. Wie bei der Analyse der betriebstypenspezifischen Bereichsmodelle bereits festgestellt wurde, sind die Datenmodelle anwendungsunabhängiger. Diese Charakteristik läßt sich auch beim Vergleich der Datenmodelle verschiedener CIM-Bereiche feststellen. Eine Analyse ergibt, daß elementare Entities wie Teil, Produkt, Betriebsmittel oder Auftrag in den meisten Bereichs-Datenmodellen enthalten sind und somit einen "bereichsunabhängigen Kern" der CIM-Datenmodelle darstellen. Darüber hinaus zeigen sich beispielsweise zwischen den Datenmodellen der Konstruktion und der Arbeitsplanung weitergehende Übereinstimmungen bei den relevanten Datenobjekten und Attributen. Entsprechende Parallelen findet man zwischen den Funktionshierarchien verschiedener CIM-Bereiche nicht.

Für die unternehmensspezifische Modellanpassung resultiert aus diesen Erkenntnissen, daß Änderungen, die die funktionsorientierten Modelle betreffen, z.B. Anpassungen der Funktionshierarchie, an den Bereichsmodellen erfolgen sollten. Modellmodifikationen, welche auf die datenorientierte Betrachtung abzielen, sollten dagegen erst nach der Verknüpfung, d.h. am Gesamtmodell, erfolgen. Dies betrifft beispielsweise das Umbennenen von Entities. Beachtet man diese einfachen Regeln, so läßt sich der Modifikationsaufwand minimieren.

6.6 Richtlinien zur Gestaltung von Referenzmodellen

Die folgenden Abschnitte beinhalten einige Richtlinien, nach denen der Entwurf und die Implementierung der Referenzmodelle erfolgten. Diese "Modellierungs-Guidelines" sind neben den CIM-Referenzmodellen ein weiteres Ergebnis der Modellierungsprojekte.

Mit modernen CASE-Werkzeugen stehen geeignete und leistungsfähige Werkzeuge zur Verfügung, welche die praktische Nutzung der unter 6.2 angeführten Methoden des Software Engineerings DV-gestützt ermöglichen. Dies ist mit ein Grund, daß insbesondere die Datenmodellierung eine zunehmende Beachtung erlangt. Hier werden gegenwärtig viele Projekte, häufig unter dem Stichwort Unternehmensweites Datenmodell (UDM), durchgeführt [vgl. u.a. Achter 91; Hanf 91]. Bislang wenig beachtet wird allerdings, daß die eigentliche Verarbeitung der Daten durch Funktionen erfolgt und somit die Verknüpfung der Daten und Funktionen in einem Modell eine höhere Transparenz über die betriebliche Informationsverarbeitung ermöglicht, als dies bei einer isolierten Betrachtung der Daten der Fall ist [vgl. Curtis 92, S. 75; Moser 93, S. 729].

Möchte man aufeinander abgestimmte Funktions- und Datenmodelle entwerfen, stellt sich die Frage nach einer sinnvollen Vorgehensweise bzw. Reihenfolge, in der die verschiedenen CASE-Werkzeuge anzuwenden und die erzeugten Modellbeschreibungen einander anzugleichen sind [vgl. Navathe 92, S. 115]. Darüber hinaus ergeben sich durch die Verknüpfung von Funktions- und Datenmodellierung bzw. einer kombinierten Anwendung der zugrundeliegenden Software Engineering-Methoden mehr "Freiheitsgrade" beim Modellentwurf als bei der alleinigen Anwendung einzelner Methoden.

Die Freiheitsgrade führen jedoch bei unkontrollierter Ausnutzung zu Modellen, die zwar in sich konsistent sein mögen, jedoch stark durch die individuelle Auffassung oder auch "Modellierungsphilosophie" des Entwicklers geprägt sind. Dieser Sachverhalt ist bei Modellierungsprojekten, wie der Gestaltung der hier vorgestellten CIM-Referenzmodelle, in die verschiedene Entwickler eingebunden sind, nicht akzeptabel.

Die nachfolgend aufgeführten "Modellierungs-Guidelines" sollen traditionelle Methodenbeschreibungen zum Thema Software Engineering [vgl. u.a. Balzert 91] um Aspekte, die insbesondere beim Einsatz von CASE-Tools wichtig sind, ergänzen.

6.6.1   Vorgehensweise der Modellierung

Das zum Implementieren der Referenzmodelle angewendete iterative Vorgehen mit den verschiedenen Modellierungshilfsmitteln (vgl. Abschnitt 6.2.2.2) verknüpft den "Top Down" mit dem "Bottom Up"-Ansatz zur Systementwicklung. Dabei wird Top Down der grobe "Modellrahmen" definiert, welcher dann Bottom Up mit Feinstrukturen zu füllen ist. Die Vorgehensweise ist darauf abgestimmt, daß zu Beginn der Modellgestaltung beim Modellierer oftmals noch nicht alle Detailkenntnisse bezüglich der abzubildenden Sachverhalte vorliegen, sondern diese erst sukzessive erarbeitet werden. Daten- und Funktionsmodellierung werden bei den aufgezeigten Schritten nicht isoliert, sondern kombiniert und eng miteinander verzahnt durchgeführt [vgl. auch Napier 91, S. 96 ff.].

1) Initialisieren des CIM-Modells

Zum Initialisieren eines Modells wird eine Enzyklopädie eröffnet. Mit dem *Decomposition Diagrammer* definiert man die Wurzelfunktion "0 Betreiben Unternehmen" und legt den Modellierungsbereich fest. Dazu wird eine den Bereich kennzeichnende Funktion, die sogenannte Topfunktion, mit Ordnungsziffer und Bezeichnung, z.B. "11 Qualitätssicherung", angelegt und der Wurzelfunktion zugeordnet.

2) Anlegen eines groben Bereichsdatenmodells

Als erste Modellierungsaktivität entwickelt man auf einem hohen Aggregationsgrad ein grobes Datenmodell, d.h. es sind die wichtigsten Entities sowie deren grundlegenden Beziehungen und Attribute zu definieren. Damit wird u.a. das Ziel verfolgt, schon frühzeitig eine einheitliche Datenbasis zu schaffen, auf die in den Folgeschritten zurückgegriffen werden kann. Als Werkzeug lassen sich hier der *Property Matrix Diagrammer* zur Definition der Informationselemente, der *Entity Relationship Diagrammer* sowie die *Entity Type Description* einsetzen.

3) Hierarchieebenen definieren

Mit dem *Decomposition Diagrammer* zerlegt man nun die Topfunktion in Teilfunktionen und vergibt jeweils eine Funktionsbezeichnung. Dieser Schritt ist sehr eng mit dem nachfolgenden Schritt verknüpft. Es ist sinnvoll, nach jeder Funktionszerlegung den Schritt 4, d.h. eine grobe Datenanalyse der definierten Teilfunktionen, durchzuführen.

4) Grobe Datenanalyse der Teilfunktionen durchführen

Dabei ist zunächst eine lose Zuordnung der Entities des Gesamtdatenmodells zu den Teilfunktionen vorzunehmen (Erzeugen der *Views*). Anschließend beschreibt man den Ablauf der Funktion, indem die Input- und Outputdatenflüsse abgebildet sowie die definierten Teilfunktionen mit dem *Data Flow Diagrammer* durch Datenflüsse miteinander verbunden werden. Somit entsteht das Datenflußdiagramm für die Funktion.

Schritt 3 und 4 bilden eine "Schleife", die sich entsprechend der Anzahl der Hierarchieebenen des Funktionsmodells bzw. der Menge der Verzweigungen wiederholt (vgl. Bild 6.6.1/1). Vor dem ersten Schleifendurchlauf spezifiziert man das Kontextdiagramm. Die Schleife bricht ab, wenn in keiner Verzweigung der Funktionsstruktur das Anlegen einer weiteren Hierarchieebene sinnvoll ist und somit auf den unteren Hierarchieebenen ausschließlich Elementarfunktionen vorliegen.

5) Aktionsdiagramme für die Elementarfunktionen festlegen

Die konkreten Verarbeitungsvorgänge bzw. Datenaktionen (*Data Actions*), z.B. das Lesen, Aktualisieren oder Löschen von Daten, erfolgen auf der Ebene der Elementarfunktionen. Zur Konzeption der entsprechenden Ablauf- und Verarbeitungslogiken werden die Konstrukte zur strukturierten Programmierung verwendet. Der *Minispec Action Diagrammer* stellt hierfür eine Pseudocode-Beschreibungssprache zur Verfügung, bei der mit Hilfe von "Klammern" (vgl. Bild 6.2.2.2.1/3) diese Konstrukte dargestellt werden können.

6) Detaillierte Datenanalyse der Elementarfunktionen durchführen

Aus der Spezifikation der Ablauf- und Verarbeitungslogik in Schritt 5 geht im einzelnen hervor, welche Attribute der Entities in den einzelnen Elementarfunktionen tatsächlich verarbeitet werden. Mit der *Entity Type Description* ist nun für jedes Entity eine Liste dieser Attribute anzulegen, um dadurch die Entity Relationship-Modelle der verschiedenen Elementarfunktionen zu vervollständigen. Ebenfalls sind die *Views* der Datenflüsse zu detaillieren.

7) Detaillierte Datenanalyse aller Modellebenen durchführen

Mit Abschluß des sechsten Schrittes liegen die genauen Spezifikationen der Elementarfunktionen (Ablauf- und Verarbeitungslogik sowie *Views* auf das Datenmodell) vor. Entsprechendes ist nun für sämtliche Hierarchieebenen bzw. die entsprechenden Funktionen des Modells durchzuführen. Hierfür sind Bottom up die Inhalte der *Views* von Datenflüssen und von übergeordneten Funktionen zu spezifizieren.

8) Modellchecks durchführen

Selbst bei einer sorgfältigen Modellierung lassen sich Konsistenzverletzungen in den Modellen nicht vollständig vermeiden. Mit Hilfe der *Reports*, speziell der *Data Conservation Analysis* sowie der *Connectivity Analysis* (vgl. 6.2.2.2.2), können diese schnell lokalisiert und beseitigt werden. Das Tool gibt Fehlerlisten aus, anhand derer vom Anwender entsprechende Korrekturen in den zugehörigen Diagrammen vorzunehmen sind. Der Einsatz der Analyse- und Reportfunktionen ermöglicht es somit, konsistente CIM-Daten- und Funktionsmodelle zu implementieren.

Die aufgezeigte Vorgehensweise bedingt vom vierten zum dritten Schritt Rücksprünge, deren Häufigkeit von der Anzahl an Hierarchieebenen und Verzweigungen der Funktionsstruktur abhängt. Wie die Modellierungsprojekte gezeigt haben, sind darüber hinaus Rücksprünge in vorangegangene Schritte und Modifikationen bzw. Ergänzungen bereits ausgeführter Modellierungsarbeiten während des gesamten Erstellungszyklus der CIM-Referenzmodelle notwendig. Beispielsweise ist die Verfeinerung des groben Datenmodells durch Hinzunahme weiterer Entities ein permanenter Vorgang, der alle Modellierungsschritte begleiten sollte. Insbesondere während der Spezifikation der untersten Hierarchieebene sowie bei den Modellchecks können sich logische Brüche oder unvollständige Beschreibungen zeigen, die einen entsprechenden Änderungsaufwand induzieren. Dieser läßt sich bei konsequenter Verzahnung von Funktions- und Datenmodellierung und einem entsprechend eng gekoppelten Einsatz der Modellierungswerkzeuge, wie es bei dem gezeigten Vorgehen der Fall ist,

minimieren. Bild 6.6.1/1 illustriert die verschiedenen Modellierungsschritte.

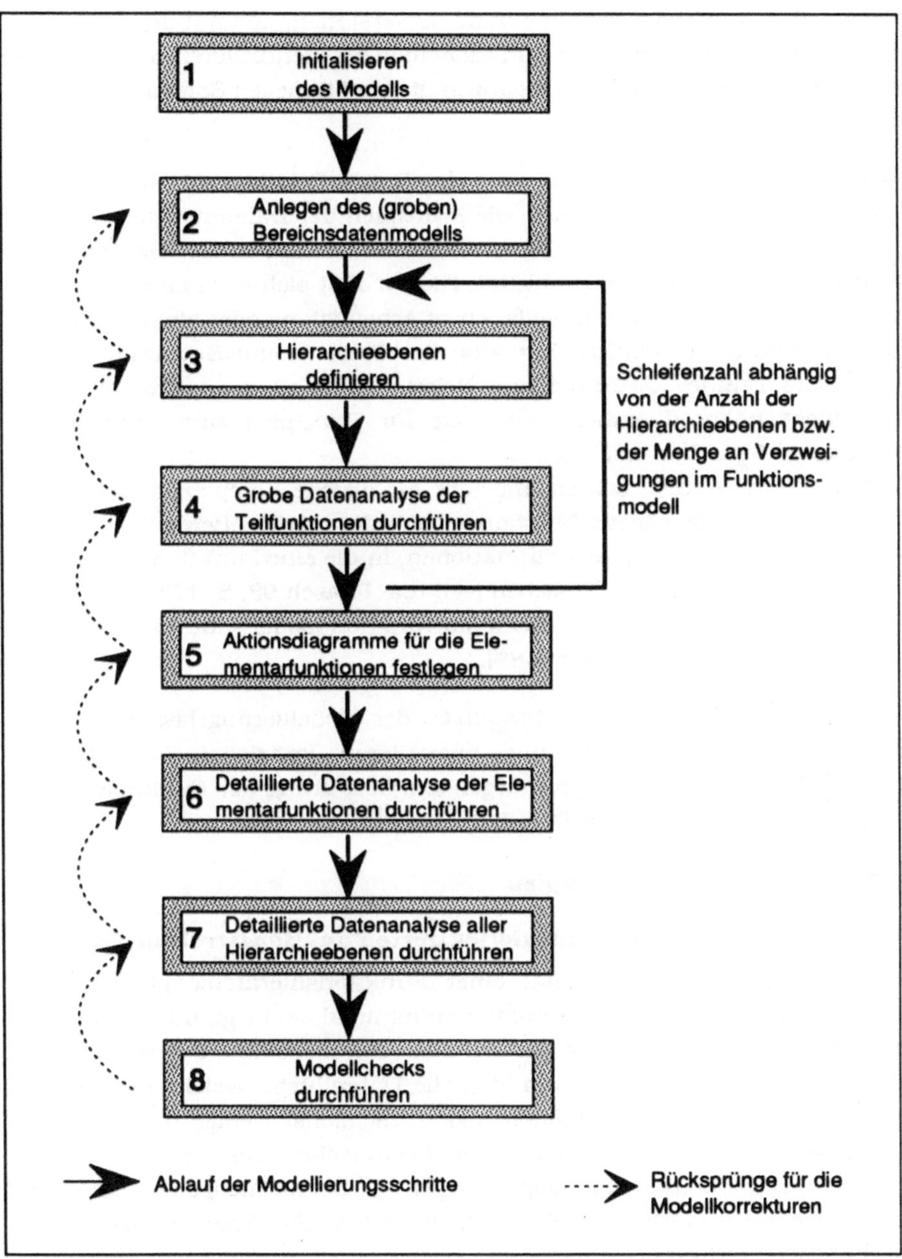

Bild 6.6.1/1:   Ablauf der Modellierungsschritte

6.6.2   Prinzipien der Modellierung

Unter Prinzipien der Modellierung sind Regeln, Kriterien, Kennzeichen, Vorgehensweisen oder Anhaltspunkte zu verstehen, anhand derer man die Elemente für die Daten- und Funktionsmodelle identifizieren und strukturieren kann. Diese Prinzipien ergänzen die traditionellen Software Engineering-Methoden.

Möchte man ein Datenmodell nach der Entity Relationship-Methode entwickeln, dann beschäftigen sich die Prinzipien der Datenmodellierung beispielsweise damit, wie man aus realen Sachverhalten die Elemente des Entity Relationship-Modells ableitet. Hierfür läßt sich etwa eine Formularanalyse, z.B. eines Prüfprotokolls, eines Arbeitsplans oder einer Konstruktionszeichnung, anwenden, um aus den Feldern und Substantiven des Formulars Entities, Attribute und Relationships zu deduzieren. Weitere, hier nicht näher diskutierte Beispiele für Prinzipien zum Entwurf der Funktionshierarchie sind u.a.:

-   Die Teilfunktionen sollten ungefähr die gleiche Komplexität aufweisen und die übergeordnete Funktion vollständig repräsentieren.
-   Die optimale Anzahl an Teilfunktionen, in die eine Funktion zu zerlegen ist, beträgt etwa fünf bis sieben [vgl. u.a. Raasch 92, S. 177].
-   Zum Beschreiben einer Elementarfunktion sollte eine DIN A4-Seite ausreichen [vgl. u.a. Endres 89].

Die nachfolgend behandelten Prinzipien der Modellierung lassen sich abgrenzen nach allgemeinen und spezielleren Prinzipien. Erstgenannte beschäftigen sich mit der grundlegenden Gestaltung der Funktionsstruktur. Letztere greifen ausgewählte Einzelaspekte auf.

6.6.2.1   Allgemeine Prinzipien

Objektorientierte versus ablauforientierte Funktionsstrukturierung

Als Kriterium für die Qualität einer Funktionshierarchie gilt, daß die Schnittstellen zwischen den Funktionen minimal sind [vgl. u.a. Schach 90, S. 219 ff.]. Demgemäß sind im Rahmen der Modellierung mit ADW die Funktionen so zu strukturieren, daß die Datenflüsse, welche die Schnittstellen zwischen den Funktionen bilden, möglichst wenige Informationen enthalten. Dies bedeutet, etwas "modelltechnischer" ausgedrückt, daß die *View* des Datenflusses eine möglichst geringe Schnittmenge der *Views* der entsprechenden Funktionen darstellt. Bild 6.6.2.1/1 skizziert diesen Sachverhalt schematisch.

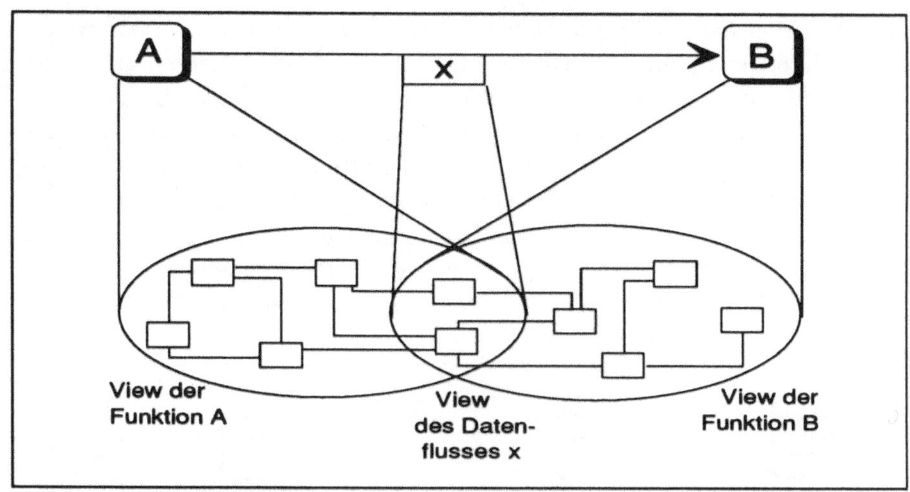

Bild 6.6.2.1/1:   *View* eines Datenflusses als Schnittmenge der *Views* zweier Funktionen

Diese Zielsetzung ist dann zu erreichen, wenn man bei der Entwicklung der Funktionsstruktur die jeweils zu verarbeitenden Daten so berücksichtigt, daß die Zerlegung möglichst überschneidungsarme *Views* der Teilfunktionen ergibt. Dieses Prinzip weist eine gewisse Analogie zu der Kopplung von Funktionen und Daten in einer Einheit, wie man es bei der Objektorientierten Programmierung verfolgt [vgl. u.a. Becker 92], auf. Zum Identifizieren einer Elementarfunktion könnte man sich dann an dem Kriterium orientieren, daß in einem Aktionsdiagramm jeweils nur auf Attribute einer Entität wertverändernde Aktionen, d.h. Anlegen (*Create*), Ändern/Aktualisieren (*Update*) oder Löschen (*Delete*), auszuführen sind [vgl. Achatzi 91, S. 68]. Lesezugriffe (*Read*) auf Attributwerte von Entities sind von dieser Einschränkung nicht betroffen. Die *Views* des jeweiligen Aktionsdiagramms bestehen deshalb nicht nur aus einem einzigen Entity. An einem stark vereinfachten Beispiel aus der Arbeitsplanung wird dieser Sachverhalt näher erläutert.

Beim Erstellen der Arbeitspläne ist etwa zwischen der Neuerstellung von Arbeitsplänen sowie der Anpassung von Arbeitsplänen zu differenzieren. Beide Funktionen führen Aktionen (festlegen und anpassen) aus, die sich auf die gleichen Objekte, genauer Entities (Rohmaterial, Betriebsmittel, Werkzeug), beziehen. Die Aktionen erfolgen in insgesamt sechs Elementarfunktionen bzw. den entsprechenden Aktionsdiagrammen. Beim Entwurf einer geeigneten Funktionsstruktur hat ein Modellierer grundsätzlich zwei Möglichkeiten, die in Bild 6.6.2.1/2 dargestellt sind. Orientiert er sich primär an dem Ablauf der Funktionen (Alternative a) so wird er auf der mittleren Hierarchiestufen zwischen "Neuplan erstellen" und "Plan anpassen" differenzieren und diesen Funktionen jeweils drei Elementarfunktionen zuordnen. Geht man "objektorientiert" vor (Alternative b), resultiert eine Funktionsstruktur, welche auf der mittleren Hierarchieebene die drei Funktionen "Rohmaterial planen", "Betriebsmittel planen" und "Werkzeug planen" umfaßt, denen jeweils zwei Elementarfunktionen zugeordnet sind.

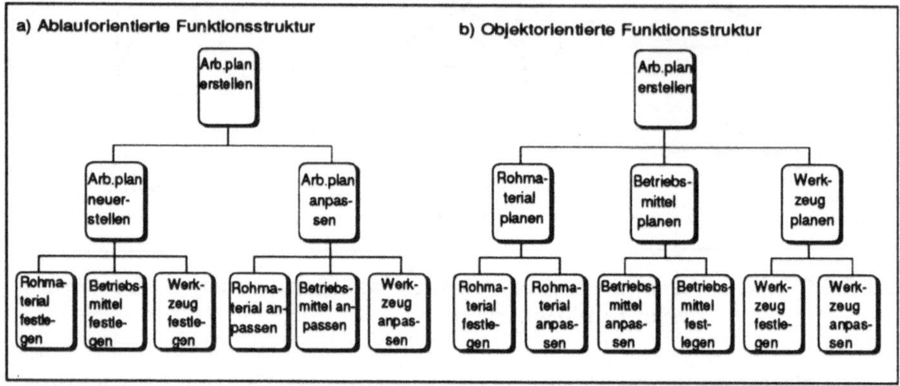

Bild 6.6.2.1/2:   Ablauf- und objektorientierte Funktionsstruktur

Die Auswirkungen auf die *Views* der Funktionen in der mittleren Hierarchieebene sind naheliegend. Geht man nach Alternative a) vor, weisen beide Funktionen eine vergleichbare Sicht auf das Datenmodell auf. Diese müssen jeweils ähnliche bzw. identische Informationen, z.B. qualitative Anforderungen oder erfolgte Zuordnungen, über die Entities Rohmaterial, Betriebsmittel und Werkzeuge enthalten. Anders dagegen bei Alternative b). Dort separieren sich die entsprechenden Views und enthalten die notwendigen Informationen jeweils nur für eine der Entities.

Für die Datenflüsse gilt, daß sie bei der objektorientierten Struktur bereits im Datenflußdiagramm der Arbeitsplanerstellung nach Informationen über das Rohmaterial, die Betriebsmittel und die Werkzeuge aufgespalten werden, während diese Differenzierung bei der ablauforientierten Struktur erst in den Datenflußdiagrammen der nächst tieferliegenden Ebene erfolgt.

Ähnliche Beispiele mit diesem Freiheitsgrad in der Funktionsstruktur, d.h. bei denen auf mehrere Objekte identische Aktionen auszuführen sind, findet man in allen CIM-Bereichen. Im Bereich der Transportsteuerung beispielsweise, wo für unterschiedliche Transportmittel, etwa Gabelstapler oder Fahrerlose Transportsysteme, Dispositionen durchzuführen, Transportmittelbedarfe zu priorisieren, Transportmittel auszuwählen und die Transportaufträge zu generieren sind. In diesen Fällen wurden die Funktionshierarchien nach dem objektorientierten Prinzip modelliert.

Ebenenkonzept

Beetz und Lambers [vgl. Beetz 92, S. 101 ff.] schlagen ein sogenanntes Ebenenkonzept vor, welches für den Entwurf einer Funktionsstruktur herangezogen werden kann. Dabei wird eine "Unternehmensfunktion", hier z.B. die Materialsteuerung, als Topfunktion angesehen. Diese kann man in "Fachgebiete" aufspalten. In dem Beispiel entspräche dies der Aufteilung in Wareneingang, innerbetriebliche Materialflußsteuerung und Warenausgang. Die Unternehmensfunktion und die Fachgebiete können auch durch die Aufbauorganisation eines Unternehmens vorgegeben sein. Den Fachgebieten sind Ressourcen, z.B. Informationen, Personen, Formulare etc., zugeordnet, mit denen "Abläufe" bewältigt werden, z.B. die Warenannahme. Die Abläufe werden durch Ereignisse (im Modell entspricht dies Input-Datenflüssen) ausgelöst und setzen sich aus einer Folge von "Arbeitsgängen" (den Elementarfunktionen) zusammen.

Nach dem Ebenenkonzept können Modelle gestaltet werden, die auf die unternehmensspezifischen Rahmenbedingungen zugeschnitten sind. Dabei läuft man allerdings Gefahr, unzulängliche Strukturen eines Betriebes ins Modell zu übertragen. In dem hier verfolgten Planungsansatz kann das Ebenenkonzept herangezogen werden, um die im Referenzmodell implementierten Strukturen mit denen eines konkreten Unternehmens abzugleichen. Ergeben sich Abweichungen, ist zu hinterfragen, worauf diese zurückzuführen sind. Ggf. können daraus Ansatzpunkte für Optimierungen in den Abläufen des Unternehmens resultieren.

6.6.2.2 Speziellere Prinzipien

Ordnungsnummern für Funktionsbezeichnungen

In den Dekompositions- und Datenflußdiagrammen der CIM-Referenzmodelle (vgl. Abschnitt 6.3) erkennt man Ordnungsnummern, die der Bezeichnung einer Funktion vorangestellt sind. Diese Nummern spiegeln die Position der Funktion in den Hierarchieebenen wider. Die Vergabe der ersten Ziffer dieser Nummer ist so geregelt, daß für zukünftig hinzukommende Referenzmodelle, z.B. für den Vertrieb oder für den Einkauf, "Platzhalter" definiert werden. Die primär betriebswirtschaftlich orientierten Bereiche Vertrieb, Einkauf, Kalkulation, PPS, BDE sowie Versand erhalten 1 bis 6 als führende Ziffern. Den primär technisch orientierten Bereichen Konstruktion, Arbeitsplanung, Fertigung, Instandhaltung sowie Qualitätssicherung werden die Ziffern 7 bis 11 vorangestellt.

Das Prinzip der Vergabe von Ordnungsnummern erleichtert die Orientierung sowie das Verständnis der Modelle, vor allem des kombinierten Gesamtmodells, auf mehrere Arten:

- Aus der Stellenzahl der Ordnungsnummern läßt sich ableiten, in welcher Hierarchieebene der Funktionsstruktur die aktuelle Funktion angesiedelt ist. Eine dreistellige Ordnungsnummer beispielsweise bedeutet, daß die entsprechende Funktion auf der dritten Hierarchieebene zu finden ist.
- Alleine anhand der Funktionsbezeichnung ist es vor allem in den tieferen Hierarchieebenen nicht immer eindeutig ersichtlich, welchem CIM-Bereich eine (Elementar-)Funktion zugeordnet ist. Die eindeutige Lokalisierung ist anhand der ersten Ziffer der Ordnungsnummer auf jeder Hierarchieebene leicht möglich.
- Möchte man Informationsbeziehungen zwischen zwei (Elementar-)Funktionen, die nicht der gleichen Vaterfunktion zugeordnet sind, abbilden, läßt sich der entsprechende Datenfluß nicht mehr in einem einzigen Datenflußdiagramm darstellen. Stattdessen müssen diese Informationen über die nächste, den beiden Elementarfunktionen gemeinsam übergeordnete Funktion geleitet werden. Letztere ist sehr einfach anhand des gemeinsamen Teils der Ordnungsnummer der Elementarfunktionen zu identifizieren. Soll beispielsweise eine Informationsbeziehung zwischen den Elementarfunktionen 1.2.1.2 und 1.2.3.1 dargestellt werden, muß der entsprechende Datenfluß über das Datenflußdiagramm der Funktion 1.2 geleitet werden (vgl. Bild 6.6.2.2/1).

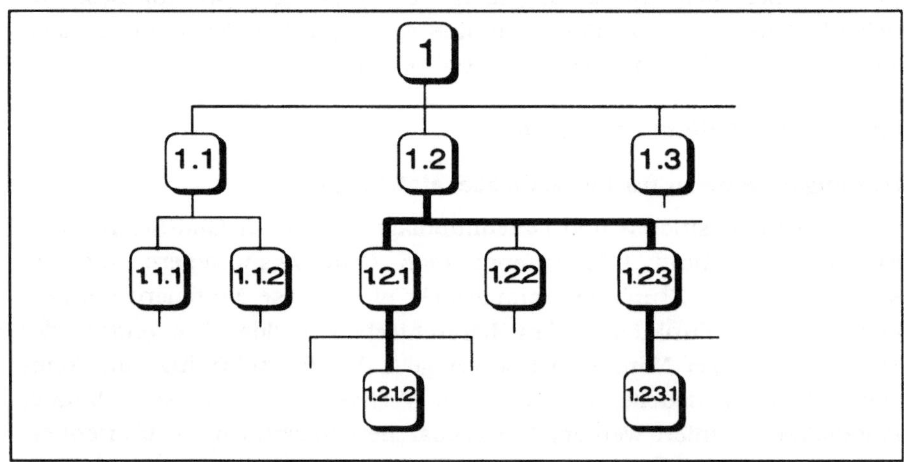

Bild 6.6.2.2/1:   Informationsflußbeziehungen über mehrere Hierarchieebenen

Definition einer Wurzelfunktion

Jedes bereichsorientierte Modell weist als oberstes Element der Funktionshierarchie eine identische Wurzelfunktion auf, die mit "0 Unternehmen betreiben" zu bezeichnen ist. Der Wurzelfunktion ist nur die Topfunktion, d.h. das Element, welches den jeweils darzustellenden CIM-Bereich kennzeichnet, z.B. die Konstruktion, zugeordnet. Dieses hat folgende Wirkungen:

- Das Kontextdiagramm enthält nur ein Funktionselement, die Topfunktion. Sämtliche Schnittstellen, d.h. die *External Agents* der bereichsorientierten CIM-Modelle, stehen somit nur mit einem Funktionselement in Verbindung (vgl. Bild 6.3.1.1/3).
  Dies ermöglicht eine übersichtliche Darstellung der Schnittstellen, insbesondere beim Zusammenführen von mehreren Enzyklopädien (vgl. 6.4).
- Ebenso können beim Zusammenführen von Bereichsmodellen die verschiedenen Funktionshierarchien einem eindeutigen Funktionselement untergeordnet werden.

6.7   Literatur zu Kapitel 6

Achatzi 91	Achatzi, H.G., Praxis der strukturierten Analyse: Eine objektorientierte Vorgehensweise, München Wien 1991.
Achter 91	Achter, B., Die konsequente Umsetzung einer strategischen Entscheidung, Computerwoche 18 (1991) 50, S. 44 - 45.
Balzert 91	Balzert, H., Ein Überblick über die Methoden- und Werkzeuglandschaft, in: Balzert, H. (Hrsg.), CASE Systeme und Werkzeuge, 3. Aufl., Mannheim u.a. 1991.
Becker 92	Becker, H., Objektorientierte Software Entwicklung, it 43 (1992) 2, S. 92 - 101.
Beetz 92	Beetz, J. und Lambers, H., Eine Anwendungsmethodik für AD/CYCLE, Bonn 1992.
Berensmann 91	Berensmann, J., Integriertes CASE ist nicht in jedem Fall ein Marketing-Bluff, Computerwoche 18 (1991) 49, S. 13 - 16.
Bernhard 88	Bernhard, J., Roboter in der Praxis: Neue Anwendungsgebiete für das Palettieren, Depalettieren und Kommissionieren, in: VDI-Gesellschaft für Fördertechnik, Materialfluß, Logistik (Hrsg.), Handhabungstechnik im Materialfluß, Düsseldorf 1988.
Böttjer 93	Böttjer, B., CASE-Tool-gestützte Modellierung von Materialflußprozessen, Diplomarbeit, Göttingen 1993.
Büdenbender 91	Büdenbender, W., Ganzheitliche Produktionsplanung und -steuerung, Berlin u.a. 1991.
Butzmann 91	Butzmann, B., CAQ im Maschinenbau: Erfahrungen mit CAQ in der Einzel- und Kleinserienfertigung, in: Nedeß, Ch. (Hrsg.), CIM-Anwendungen: Erfahrungen und Perspektiven, ONLINE 91, 14. Europäische Kongressmesse für Technische Kommunikation, Hamburg 1991, VII/07.
Chen 76	Chen, P., The Entity-Relationship Model: Towards a Unified View of Data, ACM Transcations on Database-Systems, 1 (1976) 1, S. 9 - 36.
Curtis 92	Curtis, B., Kellner, M.I. und Over, J., Process Modelling, Communications of the ACM 35 (1992) 9, S. 75 - 89.

De Marco 79   De Marco, T., Structured Analysis and System Specification, Englewood Cliffs 1979.

Eck 90   Eck, G., Integrierte Qualitätssicherung, in: Scheer, A.W. (Hrsg.), CIM im Mittelstand, Berlin u.a. 1990, S. 209 - 219.

Endres 89   Endres, G., IEW-Vorgehenshandbuch, Internes Arbeitspapier des EDV Studio Ploenzke, Nürnberg 1989.

Finger 91   Finger, J., Kundenspezifische Fertigung stellt besondere Anforderungen an die PPS, Der Betriebsleiter 32 (1991) 5, S. 48 - 50.

Forte 92   Forte, G. und Norman, R.J., A Self-Assesment by the Software Engineering Community, Communications of the ACM 35 (1992) 4, S. 28 - 32.

Gane 79   Gane, C. und Sarson T., Strutured Systems Analysis: Tools and Techniques, Englewood Cliffs 1979.

Geiger 91   Geiger, W., Computergestützte Produktionsplanung und -steuerung im Mittelstand, Wiesbaden 1991.

Gerisch 91   Gerisch, M., Datenmodellierung - Theorie und Praxis gehen auseinander, Computerwoche 18 (1991) 47, S. 17 - 22.

Glaser 91   Glaser, H., Geiger, W. und Rohde, V., PPS - Produktionsplanung und -steuerung, Wiesbaden 1991.

Hanf 91   Hanf, V., Integrierte Datenmodellierung bei BMW - ein Erfahrungsbericht, Wirtschaftsinformatik 33 (1991) 4, S. 300 - 307.

Hauer 91   Hauer, R., CAQ als Baustein von CIM im Rahmen eines umfassenden Qualitätsmanagements, in: Westkämper, E. (Hrsg.), CIM: Strategien, Konzepte und Systeme zur Gestaltung der Produktion, ONLINE 91, 14. Europäische Kongressmesse für Technische Kommunikation, Hamburg 1991, VIII/24.

Jünemann 89   Jünemann, J., Materialfluß und Logistik, Systemtechnische Grundlagen mit Praxisbeispielen, Berlin u.a. 1989.

Keller 90   Keller, G. und Kern, S., Verwirklichung des Integrationsansatzes durch CIM-Ansätzé, zfo 59 (1990) 4, S. 228 - 234.

Kelter 91   Kelter, U., CASE, Informatik Spektrum 14 (1991) 4, S. 215 - 220.

Kluge 87   Kluge, H., Beckendorff, U. und Anders, N., Zeitgemäße Auftragsorganisation in der Arbeitsplanung, VDI-Z 129 (1987) 7, S. 42 - 49.

Kühn 90   Kühn, H., Branchenlösungen versus typenorientierte PPS-Systeme, in: AWF-Ausschuß für wirtschaftliche Fertigung e.V. (Hrsg.), PPS 90 Kongreß, Leinfelden-Echterdingen 1990.

Malle 89   Malle, K., Bei CAD nicht stehenbleiben, VDI-Z 131 (1989) 3, S. 6 - 11.

Martin 86   Martin, J., Information Engineering - The Key to Success in MIS, Lancashire 1986.

Martin 89   Martin, J., Information Engineering, Book I: Introduction, Englewood Cliffs 1989.

Mertens 91   Mertens, P., Integrierte Informationsverarbeitung 1. Administrations- und Dispositionssysteme in der Industrie, 8. Aufl., Wiesbaden 1991.

Meyer 92   Meyer, W., Konzeption und Realisierung eines Modells zur Abbildung betriebstypologiespezifischer PPS-Strukturen mit einem CASE-Tool, Diplomarbeit, Göttingen 1992.

Moser 93   Moser, K.A. und Keim, R.T., ISARMS: An Object Oriented Modeling System for the Development of Information Systems

Architectures, Proceedings of the Twenty-Sixth Annual Hawaii International Conference on Systems Science 1993, Vol. IV, S. 728 - 737.

Napier 91   Napier, R., Information Engineering & Application Development using Knowledgeware's Case Tool Set, Englewood Cliffs 1991.

Navathe 92   Navathe, S.B., Evolution of Data Modelling for Databases, Communications of the ACM 35 (1992) 9, S. 112 - 123.

O.V. 91   O.V., Computer Aided Software Engineering, ist - Intelligente Software-Technologien, 1 (1991) 3, S. 57.

Paetz 88   Paetz, V., Beitrag zur Gestaltung von Informationssystemen der Produktionslogisitik, Dissertation, Dortmund 1988.

Papst 85   Papst, H.J., Analyse der betriebswirtschaftlichen Effizienz einer computergestützten Fertigungssteuerung mit CAPOSS-E, Europäische Hochschulschriften, Frankfurt u.a. 1985.

Pocsay 91   Pocsay, A. und Oetinger, R., Erarbeitung und Realisierung einer CIM-Konzeption, Computer Magazin 20 (1991) 4-5, S. 38 - 44.

Raasch 92   Raasch, J., Systementwicklung mit strukturierten Methoden, München Wien 1992.

Rembold 90   Rembold, U. (Hrsg.), CAM-Handbuch, Berlin u.a. 1990.

Rhefus 91   Rhefus, H., Top Down und/oder Bottom Up - Kritische Erfolgsfaktoren auf dem Weg zu einer Unternehmensdatenarchitektur, Information Management 6 (1991) 3, S. 32 - 37.

Rode 90   Rode, M., Produktionslogistik: Analyse und Strukturierung durch Simulation, Köln 1990.

Rose 88   Rose, H. und Stengel, H., Kurzfristige Umdisposition in verschiedenen PPS-Ansätzen, CIM Management 3 (1988) 6, S. 76 - 84.

Schach 90   Schach, St.R., Software Engineering, Boston 1990.

Schaele 92   Schaele, M. und Funke, W., Erstellen und Bewerten von CIM-Konzepten für den Werkzeugbau, VDI-Z 134 (1992) 5, S. 132 - 139.

Scheer 89   Scheer, A.W., Keller, G. und Bartels, R., Organisatorische Konsequenzen des Einsatzes von Computer Aided Design (CAD) im Rahmen von CIM, Veröffentlichungen des Instituts für Wirtschaftsinformatik der Universität des Saarlandes, Nr. 61, Saarbrücken 1989.

Scheer 90   Scheer, A.W., Wirtschaftsinformatik, 3. Aufl., Berlin u.a. 1990.

Schreuder 88   Schreuder, S. und Upmann, R., CIM-Wirtschaftlichkeit, Köln 1988.

Schröder 91   Schröder, H., Modellierung von CIM-Vorgangsketten aus der Sichtweise der Produktentwicklung und Produktion für ein Unternehmen mit Auftragsfertigung, Diplomarbeit, Göttingen 1991.

Schulte 91   Schulte, C., Logistik - Wege zur Optimierung des Material- und Informationsflusses, München 1991.

Sinz 89   Sinz, E.J., Konzeptionelle Datenmodellierung im Strukturierten Entity-Relationship-Modell (SER-Modell), in: Müller-Ertrich, G., (Hrsg.), Effektives Datendesign: Praxis-Erfahrungen, Köln 1989, S. 76 - 108.

Stickel 91   Stickel, E., Datenbank Design, Wiesbaden 1991.

Streller 92   Streller, K., CASE-Systeme, WISU 22 (1992) 11, S. 861 - 862.

Specht 91   Specht, G. und Schmelzer, H.J., Qualitätsmanagement in der Produktentwicklung, Stuttgart 1991.

Vetter 88   Vetter, M., Strategie der Anwendungssoftware-Entwicklung, Stuttgart 1988.

Vetter 89   Vetter, M., Aufbau betrieblicher Informationssysteme mittels konzeptioneller Datenmodellierung, Stuttgart 1989.

Wibourny 91   Wibourny, W., CASE Datenmodellierung Datenmanagement, Bonn München 1991.

Wildemann 86   Wildemann, H., Strategische Investitionsplanung für CAD/CAM, Stuttgart 1986.

Wildemann 88a   Wildemann, H., Die modulare Fabrik, München 1988.

Wildemann 88b   Wildemann, H., Die produktionssynchrone Beschaffung, München 1988.

Yourdon 79   Yourdon, E. und Constantine L.L., Structured Design, Englewood Cliffs 1979.

7 Hypertextbasierte CIM-Einführungsberatung

7.1 Überblick

Hat ein CIM-Planer oder -Planungsteam, unterstützt durch die in Kapitel fünf und sechs gezeigten Vorgehensweisen sowie durch das CIM-Planungstool, ein langfristig orientiertes unternehmensindividuelles CIM-Konzept erarbeitet, ist im nächsten Schritt dieses Konzept im Unternehmen umzusetzen. Dazu sind mit Hilfe der CIM-Einzel- und -Integrationsbausteine sukzessive möglichst durchgängig DV-gestützte Abläufe zu realisieren. Hier stellt sich u.a. die Frage, in welcher Reihenfolge die Komponenten eingeführt werden sollen. Prinzipiell kann sich ein Unternehmen an der strategischen Bedeutung der Einzel- und Integrationsbausteine orientieren (vgl. Abschnitt 5.3.1). Es ist jedoch zu beachten, daß beispielsweise durch technische Restriktionen gewisse Zwänge entstehen können, denen in der Einführungsplanung Rechnung zu tragen ist.

Bei der CIM-Realisierung muß man vor allem aber berücksichtigen, daß CIM-Applikationen bei genauer Betrachtung nur komfortable Werkzeuge z.B. für die Produktionsplanung oder für die Konstruktion sind. Anspruchsvolle CIM-Lösungen zeichnen sich deshalb neben der DV-technischen Unterstützung insbesondere durch Organisationskonzepte aus, die für den durchgängigen, bereichsübergreifenden CIM-Ansatz besser geeignet sind als traditionelle, tayloristisch geprägte Organisationsformen [vgl. u.a. Bühner 86; Upmann 91]. Darüber hinaus müssen personelle Aspekte der CIM-Technologie, wie etwa neue Anforderungen an die Qualifikation der Mitarbeiter, ebenfalls bei der CIM-Planung und -Einführung berücksichtigt werden [vgl. u.a. Schulz 90, S. 86].

Mit diesen Inhalten, d.h. technischen, organisatorischen und personellen Aspekten der CIM-Realisierung, beschäftigen sich die folgenden Abschnitte. Es wird ein Beratungssystem vorgestellt, das auf Hypertext-Konzepten basiert und das die CIM-Einführung unterstützen soll. Zunächst ist kurz auf die Eignung des hypertextbasierten Ansatzes für diese Aufgabenstellung einzugehen. Daran schließen sich Ausführungen bezüglich der in dem System bereitzustellenden Informationen und deren struktureller Aufbereitung an. Desweiteren werden die Realisierung und das Anwenden des Beratungssystems behandelt.

7.2 Eignung des hypertextbasierten Ansatzes

7.2.1 Komplexität der Informationen für eine CIM-Einführungsberatung

Stark vereinfacht kann man sich das Realisieren eines CIM-Systems so vorstellen, daß ein Unternehmen 1) mit einem (Einzel-)Baustein, z.B. einem CAD-System, beginnt, 2) einen weiteren hinzufügt, 3) die beiden ggf. miteinander verknüpft, 4) die nächste CIM-Komponente implementiert usw.. Sofern in einem Betrieb bereits CIM-Bausteine vorhanden sind, entfällt der erste Schritt, die folgenden Stufen sind prinzipiell dieselben. Dabei stellen sich verschiedene Fragen, z.B.:

- Mit welchem Funktionsumfang bzw. welcher Ausbaustufe der CIM-Bausteine soll man beginnen?

  Die Vorschläge aus der IC zu dieser Fragestellung stellen ein Idealkonzept dar. Ein Betrieb kann dieses aber, z.B. aus finanziellen Gründen, nicht sofort verwirklichen, so daß man vielleicht zunächst nur elementare Komponenten, d.h. Basismodule, eines CIM-Bausteins implementieren sollte.

- Wie kann sichergestellt werden, daß genügend qualifiziertes Personal verfügbar ist, um die neue Technologie auch anzuwenden? Sind ggf. Qualifikationsmaßnahmen notwendig, und wenn ja, welche?

- Kann oder muß die System-Einführung durch flankierende organisatorische Änderungen unterstützt werden, und wenn ja, welche?

- Wie lassen sich ggf. betriebsinterne Widerstände vermeiden oder überwinden?

- Welche CIM-Bausteine lassen sich parallel einführen, wo ist am besten sequentiell vorzugehen?

- Anhand welcher Kriterien wählt man die jeweils nächste CIM-Komponente aus?

  Orientiert man sich dabei an der strategischen Priorität, ist zu bedenken, daß diese Sicht u.U. nicht ausreicht. Steht beispielsweise CAD an erster und CAQ an zweiter Stelle in der Prioritätenliste, kann es trotzdem sinnvoll sein, in Verbindung mit dem CAD-System zunächst eine CAP-Lösung einzuführen und diese miteinander zu integrieren. Für das letztgenannte Vorgehen kann sprechen, daß die Einführung und Integration in einem Schritt technisch einfacher ist und weniger "Unruhe" verursacht als das Implementieren beider Bausteine sowie deren Verknüpfung in einem größeren zeitlichen Abstand.

Wie diese einfachen Beispiele bereits zeigen, besteht beim Planen und Vorbereiten einer CIM-Einführung ein hoher Informationsbedarf. Es bestehen zahlreiche Querbeziehungen zwischen den Informationen, und man muß diese z.B. aus dem organisatorischen oder dem personellen Blickwinkel betrachten. Bild 7.2.1/1 illustriert diese komplexen Informationsbeziehungen.

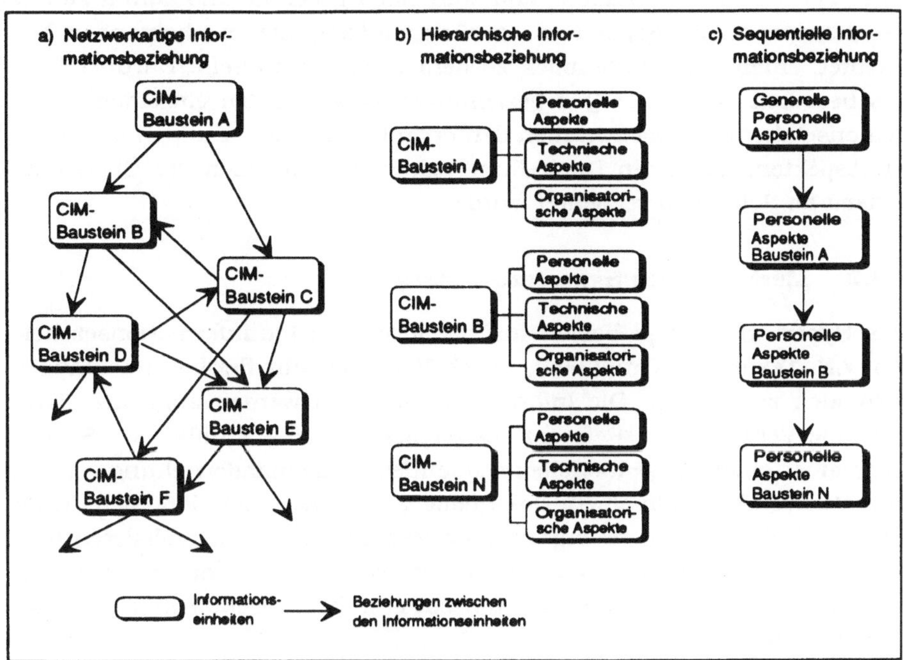

Bild 7.2.1/1:   Schema der Informationsbeziehungen für die CIM-Einführungsberatung

Die Beziehungen zwischen den einzelnen CIM-Bausteinen (Bildausschnitt a)) sollen verdeutlichen, daß es eine allgemein gültige Einführungsreihenfolge für die Komponenten nicht gibt, sondern grundsätzlich verschiedene Sequenzen möglich sind. Ein Unternehmen muß sich aus diesem "Netzwerk" einen Einführungspfad ableiten, der für den Betrieb das beste Vorgehen darstellt. Dieses Netzwerk beinhaltet keine Zeitgrößen, z.B. für den Einführungszeitpunkt eines Bausteins. Insofern unterscheidet es sich von Netzplantechniken [vgl. u.a. Meyer 85, S. 79 ff.].

Um den günstigsten Einführungspfad herauszufinden, sind für die einzelnen CIM-Komponenten vor allem die Informationen hinsichtlich der organisatorischen, personellen und technischen Aspekten zu berücksichtigen. Hierbei handelt es sich um hierarchische Informationsbeziehungen, was durch die den verschiedenen CIM-Bausteinen zugeordneten Informationseinheiten verdeutlicht werden soll (Bildausschnitt b)).

Zwischen den Informationseinheiten eines Typs, z.B. den personellen Aspekten, besteht eine sequentielle Beziehung. Möchte man sich beispielsweise einen Gesamtüberblick der personellen Gesichtspunkte einer CIM-Realisierung verschaffen, sind zum einen generelle und zum anderen bausteinspezifische Aspekte zu berücksichtigen, die, nacheinander betrachtet, einen Gesamtüberblick zu dem Thema vermitteln. Darüber hinaus bestehen zahlreiche Querbeziehungen zwischen den einzelnen Informationseinheiten, etwa zwischen den organisatorischen und den personellen Aspekten, auf deren Darstellung jedoch aus Gründen der Übersichtlichkeit im Schaubild verzichtet wurde.

7.2.2 Merkmale des Hypertext-Konzepts

Das Hypertext-Konzept basiert auf der Idee, einzelne Informationseinheiten, z.B. Texte oder Graphiken, durch Verweise sehr flexibel miteinander verbinden zu können. Die Informationseinheiten werden auch als "Knoten", die Verweise als "Referenz" bezeichnet [vgl. u.a. Kuhlen 91, S. 21]. Gegenüber einer konventionellen sequentiellen Aneinanderreihung von Informationseinheiten in einem Dokument, z.B. einem Buch, läßt sich durch Hypertext eine variablere Organisation von Informationen realisieren [vgl. u.a. Gloor 90, S. 3 ff.]. Dadurch ergeben sich für den Autor sowie den Leser eines nach dem Hypertext-Konzept gestalteten Dokuments verschiedene Vorteile:

- Ein Leser kann sehr flexibel und in Abhängigkeit seines individuellen Bedarfs die gespeicherten Informationen abrufen.
- Der Autor kann weitere Informationen durch zusätzliche Knoten einfach hinzufügen. Diese Knoten sind dann mit geeigneten Referenzen in die vorhandene Informationsstruktur einzubinden.
- Da mehrere Referenzen sowohl auf einen Knoten hin als auch von einem Knoten weg verweisen können, läßt sich eine Informationseinheit für verschiedene Zusammenhänge und/oder verschiedene Zielgruppen redundanzfrei in einem Dokument ablegen.

Allerdings laufen sowohl der Autor beim Erstellen als auch der Leser beim Betrachten Gefahr, den Überblick über die gespeicherten Informationen zu verlieren und sich in dem Dokument zu "verirren" [vgl. u.a. de Young 90, S. 240], so daß geeignete Navigationshilfen notwendig sind.

Ein charakteristisches Merkmal von Hypertext-Dokumenten ist die Technik, um die Informationseinheiten zu strukturieren. Man unterscheidet unstrukturierte, sequentielle, hierarchische und netzwerkartig verknüpfte Dokumente.

- Ein unstrukturiertes Dokument besteht aus in sich abgeschlossenen Informationseinheiten. Die Referenzen dienen für Querverweise zwischen den Knoten.

- Sind die Knoten sequentiell strukturiert, so können die Informationen ähnlich wie in einem Buch nacheinander durchgelesen werden. Die Referenzen werden hier vor allem zum "Hintereinanderhängen" der Knoten oder auch für Querverweise genutzt.

- Bei einer hierarchischen Struktur variieren die Inhalte der Informationseinheiten je nach Hierarchieebene von Übersichten und allgemeinen Sachverhalten zu speziellen Informationen. Dabei muß von einem übergeordneten Knoten zu jedem untergeordneten Knoten eine Referenz vorhanden sein.

- Netzwerkartig strukturierte Dokumente weisen zwar den komplexesten Aufbau auf, damit lassen sich aber auch vielschichtige Querbeziehungen zwischen den Knoten erfassen.

Diese Strukturierungstechniken können in einem Hypertext-Dokument auch kombiniert angewendet werden, indem man beispielsweise an den Ästen eines Hierarchiebaums Sequenzen von Informationseinheiten anfügt.

In einem Hypertext-Dokument sollte sich die Vielfalt an zu beachtenden Gesichtspunkten gut strukturieren und aufbereiten lassen, so daß ein mit der CIM-Einführungsplanung beauftragter Anwender schnell auf die für seine Aufgabenstellung relevanten Informationen zugreifen kann. Darüber hinaus dürfte er mit dem Werkzeug auch in der Lage sein, sich rasch einen Überblick zu angrenzenden Themen zu verschaffen. Aufgrund dieser Eigenschaften und Merkmale erscheint der hypertextbasierte Ansatz für ein Tool zur CIM-Einführungsberatung geeignet.

7.3 Inhaltliche Ausgestaltung der hypertextbasierten CIM-Einführungsberatung

Zum Ordnen der Informationen kann man diese, wie bereits angedeutet, nach strategischen, technischen, organisatorischen und personellen Aspekten systematisieren (wobei eine scharfe Abgrenzung allerdings nicht immer möglich ist und Überschneidungen auftreten). Die strategischen Aspekte wurden bereits im Abschnitt 5.3.1 detailliert behandelt. Hier ist vor allem von Interesse, wie sich die dabei gewonnene Prioritätenliste, d.h. die Reihung der einzelnen CIM-Bausteine in Abhängigkeit von ihrer strategischen Bedeutung für das betrachtete Unternehmen, im Rahmen der Einführungsplanung weiterverwenden läßt.

7.3.1   Basisstrategien der CIM-Einführung

Theoretisch kann die Prioritätenliste der Intelligenten Checkliste Millionen
möglicher Reihenfolgen der CIM-Komponenten aufweisen. (Die 17 in der IC
unterschiedenen Komponenten können in 17! (Fakultät) Sequenzen (ca.
$3,5 \times 10^{14}$) angeordnet werden. Davon ist die Anzahl an Sequenzen zu
subtrahieren, bei denen Integrationsbausteine vor den entsprechenden
Einzelbausteinen einzuführen wären.)

Beim Konzipieren eines Beratungstools für die CIM-Einführung steht man
zunächst einmal vor dem Problem, diese hohe Anzahl prinzipiell möglicher
Einführungssequenzen auf eine handhabbare Anzahl sogenannter sinnvoller CIM-Basiseinführungsstrategien, d.h. tendenziellen Richtungen,
nach denen man beim Einführen der CIM-Technologie vorgehen kann, zu
reduzieren. Dadurch soll dem Sachverhalt Rechnung getragen werden, daß
das Einführen der CIM-Technologie prinzipiell zwar ein unternehmensspezifisches Vorgehen erfordert, jedoch sich auch hier, ähnlich wie bei den
CIM-Referenzmodellen, gewisse charakteristische Grundmuster erkennen
lassen [vgl. Bilger 91, S. 35 ff.]. Diese Grundmuster erlauben es, durch ge-
zieltes Bereitstellen von Informationen eine nuancierte CIM-Einführungsberatung vorzunehmen.

Ein Weg, um solche Basisstrategien abzugrenzen, liegt darin, die gesamte
CIM-Komplexität zu vereinfachen und zunächst nur die drei Hauptbereiche Produktionsplanung und -steuerung, Konstruktion/Entwicklung sowie
Fertigung zu betrachten. Diese drei Hauptbereiche lassen sich in sechs
unterschiedlichen Sequenzen anordnen, aus denen die drei Basiseinführungsstrategien
- auftragsorientiert,
- produktorientiert sowie
- produktionsorientiert
abgeleitet werden können (vgl. Bild 7.3.1/1).

Diesem Ansatz liegen folgende Überlegungen zugrunde:
- Die wesentlichen Zielsetzungen von Systemen zur Produktionsplanung
  und -steuerung liegen in der Verbesserung von Termintreue und
  Durchlaufzeiten und somit in einer fristgerechten (Kunden-)Auftragsab-
  wicklung (auftragsorientierte Ziele) [vgl. u.a. Kurbel, 93, S. 21]. Weitere
  Ziele sind u.a. das Erhöhen der Auslastung, eine höhere Planungs-
  flexibilität sowie geringe Lagerhaltung. Diese Ziele können als produkt-
  bzw. produktionsorientiert bezeichnet werden.

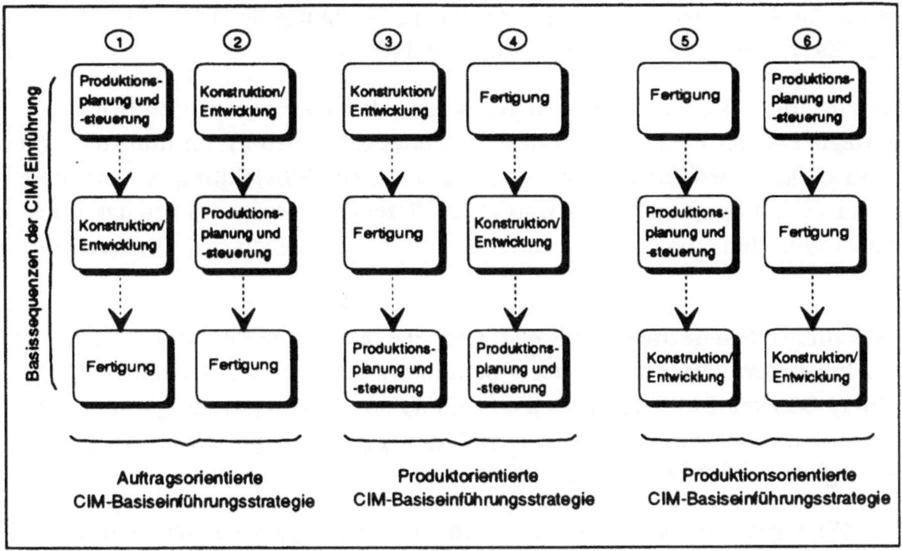

Bild 7.3.1/1: Schema zum Ableiten von CIM-Basiseinführungsstrategien

- Im CAM-Bereich will man vor allem Auslastungsverbesserungen sowie Flexibilitätsgewinne erzielen [vgl. Gupta 89, S. 120]. Den auftragsorientierten Zielen kommt hier aufgrund des meist ohnehin geringen Anteils, den Transport- und Bearbeitungszeiten an der gesamten Auftragsdurchlaufzeit vom Auftragseingang bis zur Auslieferung einnehmen, eine geringere Bedeutung zu.
- Im Konstruktions- und Entwicklungsbereich sind auftrags- und produktorientierte Ziele als gleichwertig anzusehen. Eine geringere Wichtigkeit weisen die produktionsorientierten Ziele auf.

Beginnt man bei einer CIM-Realisierung mit dem Hauptbereich Produktionsplanung und -steuerung und folgt dann die Konstruktion/Entwicklung, bevor im Fertigungsbereich CIM-Technologien eingeführt werden (vgl. Fall 1 im Bild 7.3.1/1), so soll dies im folgenden als eine auftragsorientierte CIM-Basiseinführungsstrategie bezeichnet werden. Dabei steht zunächst die DV-unterstützte Auftragsabwicklung im Vordergrund, bevor dann die Technologien in der Fertigung bzw. der Produktion eingeführt werden. Dieser Basisstrategie läßt sich auch die Variante 2 zuordnen. Dort erfolgt die CIM-Realisierung ausgehend von der Konstruktion/Entwicklung. Es schließt sich die Produktionsplanung und -steuerung an. Die Fertigung wird, wie auch im Fall 1, als letztes aufgegriffen.

Geht man dagegen wie in den Fällen 3 und 4 vor, können diese Sequenzen als produktorientierte CIM-Einführungsstrategie bezeichnet werden. Hier stellen die Entwicklung, Konstruktion und Fertigung der Produkte die primäre Zielrichtung der Technologisierung dar.

Die Varianten 5 und 6 lassen sich als produktionsorientierte Einführungsstrategie charakterisieren [vgl. u.a. Panskus 87, S. 29 f.], da aufgrund der nachrangigen Bedeutung von Konstruktion und Entwicklung zu vermuten ist, daß vor allem das Planen und Herstellen größerer Produktmengen, z.B. von Großserien, als Schwerpunkt der CIM-Technologisierung anzusehen ist.

Jede dieser Basisstrategien weist spezielle Eigenschaften auf, welche in den folgenden Abschnitten noch detaillierter betrachtet werden. Die einzelnen Basiseinführungsstrategien schließen sich gegenseitig nicht aus, sondern können von einem Unternehmen ggf. auch parallel verfolgt werden [vgl. auch Scheer 90b, S. 136 ff.].

Das Zuordnen einer CIM-Basiseinführungsstrategie zu einem Unternehmen erfolgt anhand der Stellung der Bausteine PPS, CAM und CAD in der unternehmensspezifischen Prioritätenliste, wie sie sich aus der CIM-Analyse ergibt. Dabei ist die absolute Position von PPS, CAD oder CAM zunächst nicht so wichtig; um eine Basisstrategie zuzuordnen, reicht die Information über die relative Stellung der drei CIM-Komponenten zueinander aus. Die Bausteine PPS, CAD und CAM wurden gewählt, da sie sehr charakteristisch für die Hauptbereiche sind und ihnen nach empirischen Untersuchungen entsprechend ihrer Verbreitung sowie zukünftig geplanter Investitionen die größte Bedeutung beigemessen wird [vgl. u.a. Glaser 91, S. 272 ff.; Lay 92, S. 23].

7.3.2 Organisatorische Aspekte der CIM-Einführung

Bild 7.3.2/1 zeigt im Überblick die verschiedenen Themenbereiche, nach denen die im Hypertext-Dokument abgebildeten organisatorischen Aspekte strukturiert sind. Aus Gründen der Übersichtlichkeit wurden nicht alle Äste der verschiedenen Themen vollständig abgebildet. Die organisatorischen Aspekte sind nach den vier Themengebieten: "Einführung", "CIM-orientierte Organisationskonzepte", "Realisierung CIM-orientierter Organisationskonzepte" sowie "Probleme CIM-orientierter Organisationskonzepte" gegliedert.

1) Einführung
   Im Rahmen der Einführung werden zum einen generelle Anforderungen an eine CIM-orientierte Unternehmensaufbau- und -ablauforganisation, z.B. hinsichtlich der Flexibilität oder des Zeitpunktes organisato-

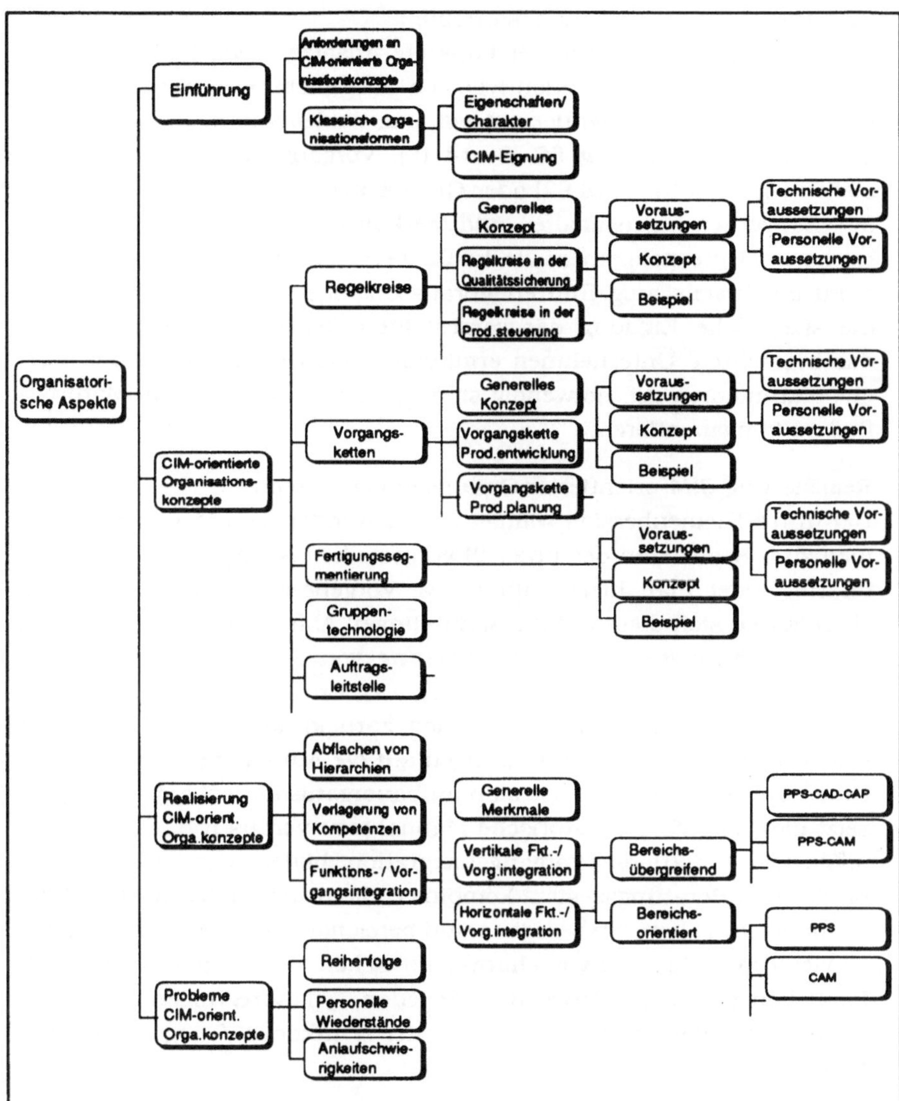

Bild 7.3.2/1: Themenüberblick zu den organisatorischen Aspekten der CIM-Einführung

rischer Maßnahmen [vgl. u.a. Brelowski 93, S. 114; Sauerbrey 90, S. 434], behandelt. Zum anderen soll der Anwender einen kurzen Überblick zu klassischen Organisationsformen, wie z.B. Linien- oder Spartenorganisation, und deren grundsätzliche Eignung in bezug auf eine CIM-orientierte Organisationsgestaltung erhalten.

2) CIM-orientierte Organisationskonzepte

   Dieser Themenbereich umfaßt konkrete Ansätze sowie Beispiele einer CIM-orientierten Organisation [vgl. u.a. Eversheim 90], wie z.B. Regelkreise, Fertigungssegmentierung [vgl. u.a. Wildemann 87a], Fertigungsinseln [vgl. u.a. Ludwig 86, S. 14 ff.], Vorgangsketten, Auftragsleitstellen [vgl. Zoll 91; Paul 92] oder Gruppentechnologien [vgl. u.a. Vajna 92]. Es werden Eigenschaften und Merkmale der Konzepte, Einsatzbereiche im Unternehmen sowie konkrete Fallbeispiele präsentiert. Anhand der jeweils aufgeführten Voraussetzungen kann der CIM-Planer die spezifische Eignung der vorgestellten Organisationskonzepte für das betrachtete Unternehmen ermitteln sowie feststellen, ob und welche Maßnahmen ggf. notwendig sind, um z.B. Regelkreise im Materialfluß zu implementieren.

3) Realisierung CIM-orientierter Organisationskonzepte

   Der dritte Themenbereich widmet sich den organisatorischen Maßnahmen zum Realisieren der unter 2) vorgestellten Ansätze. In der Fachliteratur findet man hierzu alternative Vorgehensweisen. Im wesentlichen lassen sich diese auf die Maßnahmen: Abflachen von Hierarchien [vgl. u.a. Köhl 89, S. 22], Verlagerung von Kompetenzen [vgl. u.a. Eidenmüller 87, S. 7; Lay 90, S. 83], z.B. Entscheidungsbefugnissen, sowie Funktions-/Vorgangsintegration zurückführen. Aus den ersten beiden resultieren primär Wirkungen auf die Aufbauorganisation eines Unternehmens. Beabsichtigt man aufbauorganisatorische Änderungen, setzt dies ablauforganisatorische Maßnahmen voraus [vgl. Funk 92, S. 356]. Die Funktions-/Vorgangsintegration bildet hier den Schwerpunkt. Das Beratungssystem kombiniert die Kriterien vertikale und horizontale sowie bereichsbezogene und bereichsübergreifende Integration zu vier Typen. Anhand von charakteristischen Beispielen aus den CIM-Bereichen erhält der Anwender für jeden Typ Anregungen für unternehmensspezifische Ausprägungen der Funktions-/Vorgangsintegration.

4) Probleme CIM-orientierter Organisationskonzepte

   Auf typische Schwierigkeiten beim Realisieren CIM-orientierter Organisationskonzepte geht der vierte Themenbereich ein [vgl. u.a. Hirsch-Kreinsen 90, S. 20]. Hier sind vor allem drei Kernpunkte hervorzuheben. Diese betreffen

   - die Reihenfolge, in der man organisatorische Maßnahmen umsetzt (z.B. Abgrenzen von Unternehmenseinheiten, in denen Pilotprojekte aufgesetzt werden),

   - zu erwartende personelle Widerstände und wie man diesen begegnen kann sowie

- potentielle Anlaufschwierigkeiten, die in Praxisfällen häufig auftreten, und wie sich diese begrenzen lassen [vgl. u.a. Martin 91, S. 651; Scheer 90b, S. 59].

7.3.3 Personelle Aspekte der CIM-Einführung

Die personellen Aspekte werden den Themenbereichen: "Einführung", "Akzeptanz", "CIM-orientierte Qualifikation", "CIM-orientierte Arbeitsgestaltung" sowie "CIM-Tätigkeitsfelder" zugeordnet. Zu den personellen Aspekten zählen desweiteren "CIM-orientierte Arbeitszeitmodelle" sowie "CIM-orientierte Entlohnungssysteme" (diese Themen sind in der gegenwärtigen Ausbaustufe des Hypertext-Dokuments jedoch noch nicht implementiert). Einen Themenüberblick skizziert Bild 7.3.3/1.

1) Einführung

   Im Rahmen der Einführung in die personellen Aspekte wird auf Veränderungen in den Mitarbeiterstrukturen eines CIM-orientierten Unternehmens, z.B. in den Relationen von Un-/Angelernten zu Facharbeitern und/oder zu Ingenieuren, eingegangen [vgl. u.a. Dostal 90, S. 445]. Desweiteren werden grundlegende Anforderungen an die Flexibilität sowie die Qualifikation der Mitarbeiter behandelt [vgl. u.a. Rinza 91, S. 202 ff.].

2) Akzeptanz

   Wesentliche Schwierigkeiten beim Realisieren von CIM-Konzepten resultieren oftmals aus einer mangelnden Akzeptanz der betroffenen Mitarbeiter. Um Akzeptanzhürden abzubauen, sind die notwendigen Ursachen, etwa eine unzureichende Information der Beteiligten [vgl. u.a. Joseph 92, S. 59], zu erkennen sowie geeignete Gegensteuerungsmaßnahmen, z.B. Informationsworkshops oder Seminare, zu initiieren. Je nach Tätigkeitsfeld (s.u.) eines Mitarbeiters können unterschiedliche Akzeptanzschwellen mit verschiedenen Ursachen auftreten, die auch unterschiedliche Maßnahmen notwendig machen. Im Bild 7.3.3/1 ist diese zusätzliche Gliederung durch die gestrichelten Linien zu dem Themenbereich Tätigkeitsfelder angedeutet.

3) CIM-orientierte Qualifikation
   - Grundqualifikationen setzen sich aus der fachlichen Qualifikation sowie der systemtechnischen Qualifikation zusammen [vgl. u.a. Springer 84, S. 116; Lahner 88, S. 28]. Beispielsweise sollte ein in der Materialplanung tätiger Mitarbeiter als fachliche Qualifikation Kenntnisse zu Lagerhaltungsmodellen sowie Prognosemethoden be

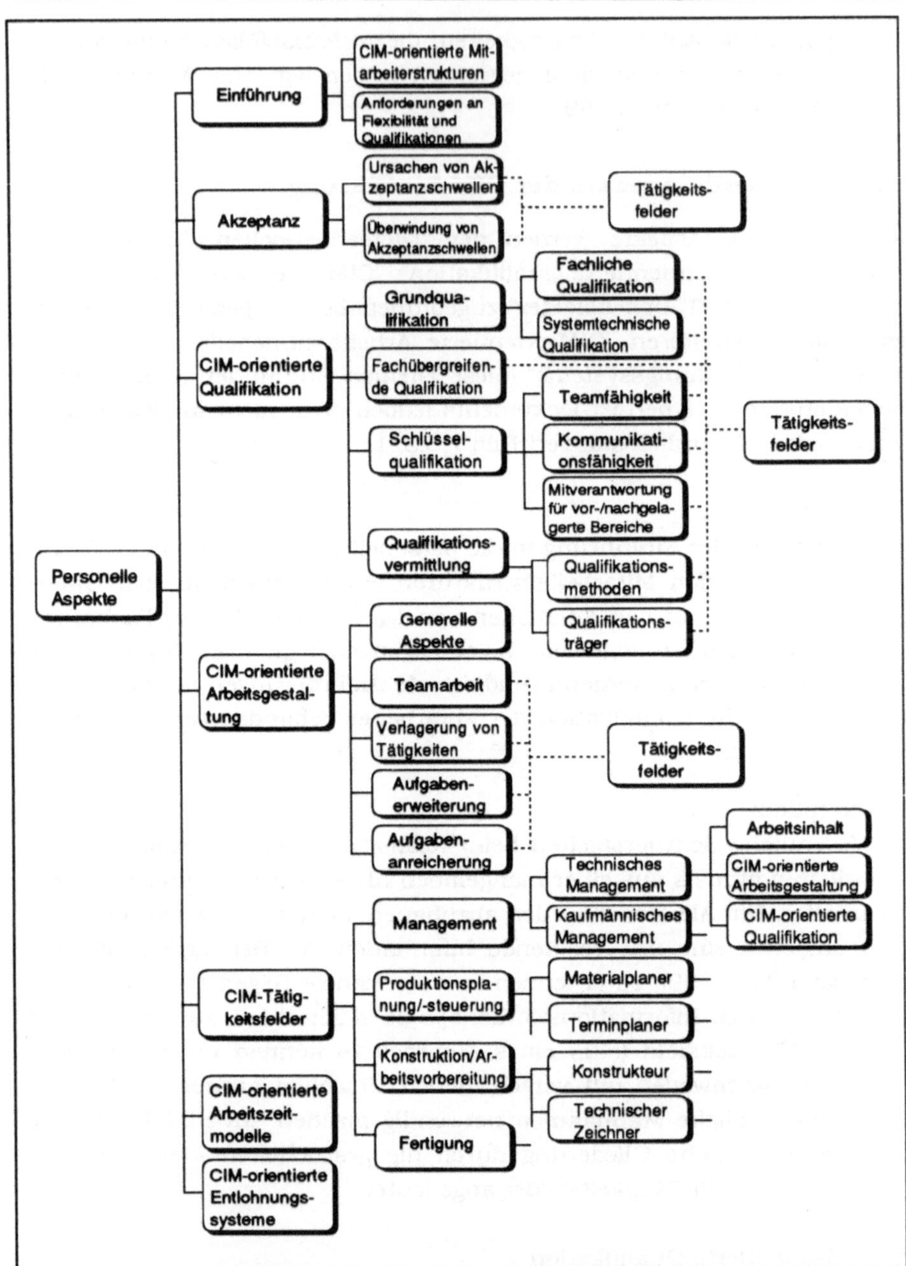

Bild 7.3.3/1:   Themenüberblick zu den personellen Aspekten der CIM-Einführung

sitzen; hinsichtlich der systemtechnischen Kenntnisse muß er in der Lage sein, Produktionsplanungs- bzw. Materialwirtschaftssysteme zu verstehen und anwenden zu können.

- Fachübergreifende Qualifikationen sind vor allem in den technischen Bereichen sinnvoll. So ist ein Konstrukteur z.B. eher in der Lage, fertigungsgerecht zu konstruieren, wenn er selbst Kenntnisse etwa bezüglich der anwendbaren Fertigungsverfahren aufweist [vgl. auch Wittkowsky 90, S. 201 ff.].
- Schlüsselqualifikationen, wie z.B. Teamfähigkeit, Kommunikationsfähigkeit oder Mitverantwortung für vor- und nachgelagerte Bereiche, sind zum Realisieren CIM-orientierter Organisationskonzepte von besonderer Bedeutung [vgl. u.a. Rinza 91, S. 213; Bray 88, S. 277 f.], da letztgenannte eine engere Zusammenarbeit verschiedener Personen erfordern, als dies bei einer tayloristisch geprägten Arbeitsteilung der Fall ist.
- Zur Qualifikationsvermittlung sind in dem System Informationen hinsichtlich der Qualifikationsträger sowie der Qualifikationsmethoden hinterlegt, die wiederum je nach Zielgruppe, d.h. Tätigkeitsfeld, variieren können [vgl. u.a. Scheer 90a, S. 249; Vajna 91, S. 634 ff.; Wildemann 90, S. 223 ff.; Dieckhoff-Schulze 89, S. 221; Karl 90, S. 109 ff.].

4) CIM-orientierte Arbeitsgestaltung

Neben den generellen Aspekten findet der Anwender hier insbesondere Informationen

- zum Zusammenstellen und Gestalten von Arbeitsteams,
- wie sich technologiebedingt in den einzelnen Tätigkeitsfeldern Aufgaben verlagern können sowie
- zu Möglichkeiten, die einzelnen Tätigkeiten durch Hinzunahme vor- und nachgelagerter Aufgaben zu erweitern oder durch das Verknüpfen von dispositiven und administrativen Funktionen anzureichern [vgl. u.a. Schulte 90, S. 415].

Die arbeitsgestaltenden Aspekte sind ebenfalls an den verschiedenen Tätigkeitsfeldern ausgerichtet [vgl. u.a. Behr 88].

5) CIM-Tätigkeitsfelder

Dieser Themenbereich zeigt für die verschiedenen CIM-Tätigkeitsfelder jeweils die grundlegenden Arbeitsinhalte, notwendige Qualifikationen sowie Aspekte der CIM-orientierten Arbeitsgestaltung. Bei den beiden letztgenannten handelt es sich prinzipiell um dieselben Informationen, wie sie auch den entsprechenden Themenbereichen "CIM-orientierte Arbeitsgestaltung" und "CIM-orientierte Qualifikation" (s.o.) zugeordnet sind. Der Unterschied liegt in der Betrachtungsrichtung. Will ein CIM-Planer sich über die notwendigen Qualifikationen - zunächst unabhängig von den verschiedenen Tätigkeiten - informieren, navigiert er durch den Themenbereich "CIM-orientierte Qualifikation". Hat der Anwender

dagegen einen Informationsbedarf bezüglich verschiedener Tätigkeitsfelder, ihrer Arbeitsgestaltung sowie Qualifikation, findet er die entsprechend seinem Bedarf strukturierten Informationen im Themenbereich "Tätigkeitsfelder". Die flexible Gestaltung von Hypertext-Dokumenten erlaubt es dabei, die Informationen ohne Mehrfachspeicherung
aus unterschiedlichen Perspektiven zu betrachten.

7.3.4 Technische Aspekte der CIM-Einführung

Unter dem Thema "Technische Aspekte" werden Gesichtspunkte zur CIM-
Einführung behandelt, welche die systemtechnische Realisierung von CIM-
Applikationen betreffen. Es wird z.B. diskutiert, ob ein CIM-Baustein als
Standardsoftware zuzukaufen oder individuell zu entwickeln ist. Bild
7.3.4/1 zeigt den Themenüberblick zu den technischen Aspekten. Neben
der "Einführung" sind die Inhalte den Bereichen "Realisierung von CIM-
Einzelbausteinen" und "Realisierung von CIM-Integrationsbausteinen"
zugeordnet.

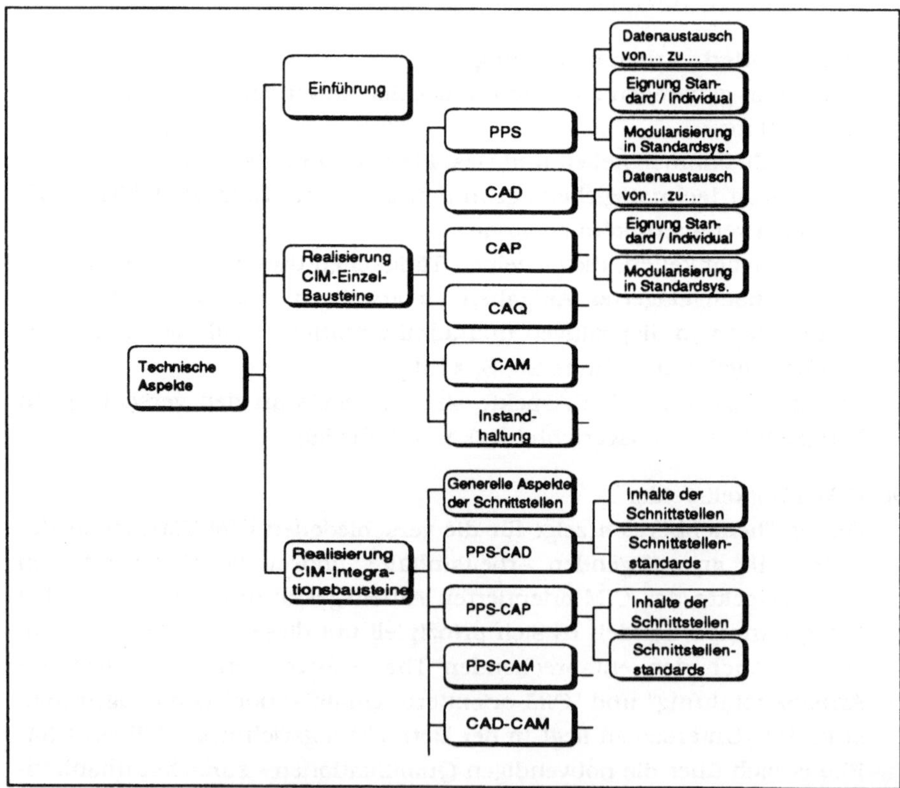

Bild 7.3.4/1:   Themenüberblick zu den technischen Aspekten der CIM-
                  Einführung

1) **Einführung**

   Hier werden grundlegende Fragen, z.B. zum Realisieren von CIM-Systemen mit Standardlösungen oder durch Individualprogrammierung, behandelt. Ein Anwender kann dabei u.a. auf Argumentenbilanzen zugreifen, in denen die grundlegenden Vorteile und Nachteile beim Realisieren von CIM-Lösungen mit Standardsoftware oder Individualentwicklung einander gegenübergestellt werden [vgl. u.a. Stein 91]. Von wesentlicher Bedeutung ist darüber hinaus, daß man CIM-Standardlösungen vor den Individualentwicklungen einführen sollte. Dieses hat z.B. Vorteile beim Gestalten unternehmensweiter Datenmodelle, da ein Betrieb sich bei den individuell zu entwickelnden CIM-Anwendungen an den Datenstrukturen der Standardanwendungen orientieren kann, um so die Integration zu vereinfachen. (Derartige Fragestellungen werden im nächsten Kapitel noch näher diskutiert.)

2) **Realisierung CIM-Einzelbausteine**

   Um einen CIM-Einführungsplaner bei der Entscheidungsfindung zu unterstützen, sind für jeden Einzelbaustein Informationen zu folgenden Themen hinterlegt:

   - Datenaustausch

     Der Anwender kann hier gezielt feststellen, ob die Komponente primär den Charakter einer Informationsquelle oder einer Informationssenke aufweist. Ersteres sind Bausteine, die vor allem Daten an andere CIM-Anwendungen weitergeben. Informationssenken sind dagegen primär Datenempfänger. Prinzipiell sollten die Informationsquellen zuerst implementiert werden, da sich so manuelle Dateneingaben reduzieren lassen. Eine typische Informationsquelle im CIM-Bereich ist beispielsweise ein CAD-System, das u.a. Stücklisteninformationen für die Arbeitsplanung und/oder die Produktionsplanung automatisch bereitstellen kann [vgl. u.a. Köhl 89, S. 14]. Inwieweit diese Informationen dann für ein konkretes Unternehmen entscheidungsrelevant sind, hängt u.a. von dem Datenvolumen ab, das ein CIM-Baustein für die anderen Komponenten bereitstellt.

   - Eignung Standardsystem/Individualentwicklung

     Unter dieser Rubrik kann der Anwender speziellere, bausteinspezifische Kriterien für die Entscheidung, ob eine Standardlösung eingesetzt werden soll oder ob der Baustein individuell zu entwickeln ist, gewinnnen. Beispielsweise eignet sich der PPS-Bereich gut für Standardanwendungen, da hier u.a. aus einem breiten Marktangebot ausgewählt werden kann [vgl. Roos 92].

- Modularisierung in Standardsystemen

  Der Anwender kann einen Überblick zu der gängigen Modularisierung von CIM-Standardanwendungen betrachten [vgl. u.a. O.V. 92, S. 65 ff.] und diese dem unternehmensspezifischen funktionellen Anforderungsprofil des entsprechenden Bausteins gegenüberstellen. Zwischen einzelnen Modulen bestehen oftmals technologische Abhängigkeiten in der Form, daß ein Modul auf anderen aufbaut und somit nur Kombinationen dieser Module einsetzbar sind. Daraus können sich Einführungszwänge ergeben.

Zu den beiden letztgenannten Themenbereichen sind allerdings (noch) keine konkreten Produktinformationen hinterlegt. Hierfür ist ein Ausbau des hybriden CIM-Planungstools um Produktdatenbanken vorgesehen (siehe Kapitel 9).

3) Realisierung von CIM-Integrationsbausteinen

   Zwei Gesichtspunkte sind besonders wichtig:

   - Inhalte der Schnittstellen

     Es ist notwendig festzulegen, welche Daten an den jeweiligen Schnittstellen einzelner Programmkomplexe zu übertragen sind. Für ein konkretes Unternehmen ist dann ein entsprechendes Mengengerüst zu ermitteln, um abzuschätzen, ob das reale Datenaufkommen an der Schnittstelle so hoch ist, daß der Integrationsbaustein möglichst rasch eingeführt werden sollte. Bei einem geringen Datenaufkommen kann es ggf. auch ausreichend sein, zunächst eine "Papierschnittstelle" einzusetzen. Dabei werden z.B. die ausgedruckten Ergebnisse eines Systems personell in das andere System eingegeben. Eine DV-technische Schnittstellenlösung könnte dann zu einem späteren Zeitpunkt erfolgen.

   - Schnittstellenstandards

     Für verschiedene Schnittstellen, vor allem im CAD-Bereich, existieren Standards hinsichtlich des Formats der zu übertragenden Daten. An diesen Standards orientieren sich viele CIM-Applikationen. Daraus ergeben sich zwei wesentliche Empfehlungen: Einerseits sollte ein Unternehmen zunächst die Schnittstellen einrichten, für die entsprechende Standards vorliegen. Andererseits sollten sich die individuell zu entwickelnden Schnittstellen ebenfalls an den Standards orientieren, um so einen möglichst reibungslosen Datenaustausch zu gewährleisten.

7.3.5   Verknüpfungen der Inhalte

Zwischen den einzelnen Themenbereichen der CIM-Einführungsberatung bestehen teilweise sehr enge inhaltliche Verflechtungen und Beziehungen.

Dieses wurde bereits am Beispiel der personellen Aspekte deutlich. Darüber hinaus findet man Verbindungen auch themenübergreifend. Einige wesentliche sollen hier kurz skizziert werden:

- Inhaltliche Beziehungen zwischen den CIM-Basiseinführungsstrategien und den organisatorischen Aspekten.
  Die Eignung CIM-orientierter Organisationsaspekte ist u.a. davon abhängig, welche CIM-Basiseinführungsstrategie verfolgt werden soll. So erscheint beispielsweise das Konzept der Fertigungssegmentierung insbesondere für Unternehmen mit einer produkt- und/oder produktionsorientierten Basisstrategie vorteilhaft [vgl. Wildemann 87a, S. 38 ff.]. Hingegen zielt das Konzept der Auftragsleitstelle [vgl. Wildemann 87b] eher auf eine auftragsorientierte Einführungsstrategie. Daraus folgen auch unterschiedliche Schwerpunkte beim Realisieren der CIM-orientierten Organisationskonzepte.

- Inhaltliche Beziehungen zwischen den organisatorischen und den personellen Aspekten.
  Um beispielsweise durch Funktions-/Vorgangsintegration CIM-orientierte Organisationskonzepte einführen zu können, sind in den betroffenen Tätigkeitsfeldern entsprechend qualifizierte Mitarbeiter notwendig. Gleichfalls ergeben sich Wirkungen auf die Arbeitsgestaltung, da beispielsweise das Abflachen von Hierarchien oder das Verlagern von Entscheidungskompetenzen Anreicherungen bzw. Erweiterungen in den Arbeitsinhalten erfordern.

- Inhaltliche Beziehungen zwischen den organisatorischen und den technischen Aspekten.
  Eine wesentliche Voraussetzung der Funktions-/Vorgangsintegration ist die angemessene Informationsversorgung der betroffenen Stellen, an denen Funktionen zusammengefaßt werden sollen. Dieses setzt wiederum den Einsatz von geeigneten DV-Systemen in den verschiedenen CIM-Bereichen sowie einen bereichsübergreifenden Informationsaustausch voraus. Kann beispielsweise ein Vertriebssachbearbeiter auf aktuelle Informationen hinsichtlich der Auslastung der Fertigungskapazitäten sowie auf umfassende Kundeninformationen, etwa auch die Kundenwichtigkeit, zugreifen, ist es vorstellbar, daß der Sachbearbeiter bei telefonisch entgegengenommenen Aufträgen bis zu einer bestimmten Größe ad hoc Liefertermine zusagen kann, ohne, wie sonst üblich, einen Produktionsprogrammplaner und/oder einen Fertigungsleiter in den Vorgang einzuschalten.

- Inhaltliche Beziehungen zwischen den personellen und den technischen Aspekten.

Die Maßnahmen sowie die Zeitpunkte zur systemtechnischen Qualifikation, um CIM-Anwendungen bedienen zu können, hängen vor allem
davon ab, welche DV-technische Durchdringung angestrebt wird und
in welchem Zeitrahmen dies erfolgen soll. Daraus ergeben sich auch
Wirkungen auf die CIM-orientierte Arbeitsgestaltung. So ist beispielsweise das Verlagern von Tätigkeiten wesentlich von den zukünftig weg-
fallenden bzw. hinzukommenden Aufgaben abhängig. Ein typisches
Beispiel hierfür ist die Substitution von personellen Zeichnungsarbei-
ten durch CAD-Systeme.

Die entscheidungsrelevanten Informationen im Rahmen der CIM-Einführungsberatung müssen einem CIM-Planer umfassend zur Verfügung gestellt werden. Dazu sind die einzelnen Aspekte sowie die inhaltlichen Verflechtungen in einer möglichst anwendungsgerechten Form in dem hypertextbasierten Beratungssystem darzustellen. Welche Hypertext-Hilfsmittel
sich dabei nutzen lassen, ist Gegenstand des folgenden Kapitels.

7.4 Realisierung des Beratungssystems

Die Realisierung des CIM-Einführungsberatungstools erfolgte mit dem
Hypertextsystem Toolbook der Firma Asymetrix [Asymetrix 90]. Die folgenden Abschnitte sollen einen kurzen Überblick zu den Arten der Informationsdarstellung, der prinzipiellen Gestaltung der Bildschirmseiten und den
Navigationshilfen in den implementierten Hypertext-Dokumenten geben.

7.4.1 Arten der Informationsdarstellung

Hinsichtlich der Arten der Informationsdarstellung lassen sich Texte,
Graphiken/Bilder und Animationen unterscheiden:
- Die textuelle Informationsdarstellung wird vor allem für Erklärungen,
Aufzählungen sowie zum Erläutern von Graphiken eingesetzt.
- Sofern sich ein Sachverhalt sinnvoll durch Graphiken darstellen läßt,
wird diese Darstellungsart bevorzugt, z.B. bei Organisationskonzepten.
Dabei ist jedoch darauf zu achten, daß die Graphiken eindeutig inter-
pretierbar sind und wenig erläuternden Text benötigen.
- Animationen, d.h. sich bewegende Bilder, stellen eine besondere Form
der Graphiken dar. Sie können direkt im Hypertextsystem erstellt werden und eignen sich insbesondere zur bildhaften Vermittlung von Vor-
gangs- und Strukturveränderungen. Für Animationen finden sich in
verschiedenen Themenbereichen der CIM-Einführungsberatung vielfäl-

tige Anwendungsmöglichkeiten. Sie werden eingesetzt, um beispielsweise

- hierarchische Organisationsstrukturen sehr bildhaft "abzuflachen",
- Funktions- und Vorgangsintegrationen zu visualisieren,
- bildlich aufzuzeigen, wie selbststeuernde Regelkreise funktionieren,
- das Zusammenfassen von einzelnen Mitarbeitern zu Arbeitsteams zu verdeutlichen,
- die Veränderung von Arbeitsinhalten und Arbeitsmitteln (z.B. wird aus einem Zeichenbrett ein CAD-System) klarzulegen oder
- sehr anschaulich Entscheidungskompetenzen zu "verlagern".

7.4.2 Gestaltung der Bildschirmseiten und Navigationshilfen

Eine Informationseinheit wird in Toolbook durch eine Bildschirmseite re-
präsentiert. Die einzelnen Bildschirmseiten lassen sich durch Referenzen
beliebig miteinander verknüpfen. Dadurch wird es möglich, das Hypertext-
Dokument zu strukturieren und einzelne Informationseinheiten so zu verknüpfen, daß komplexere Sachverhalte, deren Inhalte mehrere Bildschirmseiten umfassen, einem Anwender zugänglich gemacht werden können.
Damit sich ein Anwender auf jeder Bildschirmseite schnell orientieren
kann, wurden diese nach einem einheitlichen Schema mit Kopf- und Fußzeile sowie einem Hauptteil gestaltet (vgl. Bild 7.4.2/1).

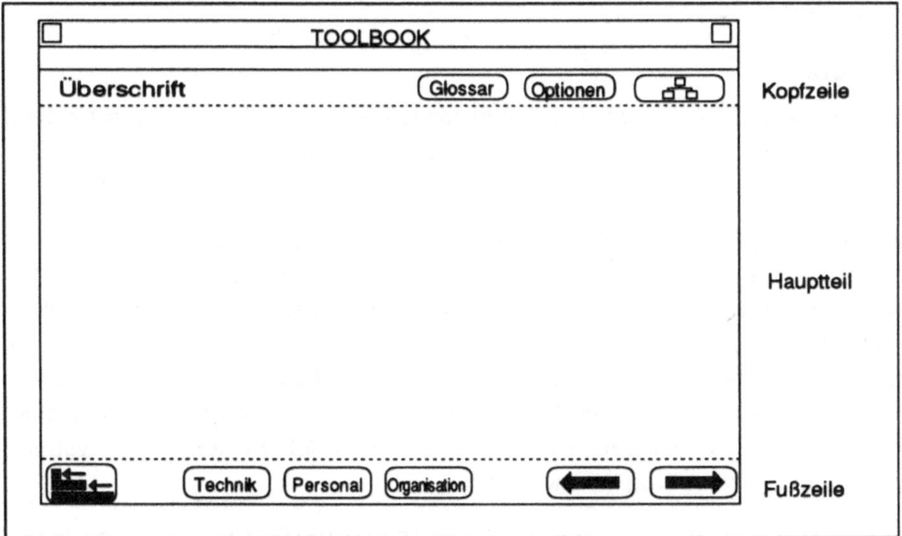

Bild 7.4.2/1:   Grundschema der Bildschirmseiten

Kopfzeile

In der Kopfzeile steht links eine Überschrift, die auf den Inhalt der Seite hinweist. Rechts befinden sich drei "Schaltflächen". Schaltflächen (häufig auch als Buttons bezeichnet) werden vor allem dazu verwendet, Referenzen auszulösen, d.h. auf andere Bildschirmseiten zu verzweigen, oder Animationen zu starten. Aktiviert ein Anwender die rechte äußere Schaltfläche, erscheint ein "graphisches Inhaltsverzeichnis". Darin sind der aktuell behandelte Themenbereich sowie die im Rahmen der aktuellen Anwendung bereits durchlaufenen Themen farblich gekennzeichnet. Somit kann sich der Anwender jederzeit über seine Position im Dokument informieren. Mit der Schaltfläche "Optionen" lassen sich Hinweise auf seitenspezifische Bedienungsoptionen, z.B. vom Autor vorgesehene Animationen, einblenden. Die Schaltfläche "Glossar" verzweigt zu einem Glossar, das Definitionen der in dem System verwendeten Begriffe enthält.

Hauptteil

Der Hauptteil des Bildschirms ist für die Präsentation der Inhalte zur CIM-Einführungsberatung vorgesehen. Im linken Bildschirmbereich erscheinen die Textfelder, rechts die Graphiken, wobei letztere - bei umfangreichen Graphiken oder bei Animationen - auch den gesamten Hauptteil belegen können. Der Hauptteil kann ggf. weitere Schaltflächen beinhalten, über die Verknüpfungen zu weiteren Bildschirmseiten des aktuellen Themenbereichs realisiert sind.

Fußzeile

Die Schaltflächen in den Fußzeilen lassen sich in solche unterscheiden, die zur Navigation innerhalb eines Themenbereichs dienen, und solche, die auf Querverweise deuten.

Zu den erstgenannten gehören die beiden rechts liegenden Buttons. Diese lassen sich nutzen, um im Kontext des aktuellen Themenbereichs die jeweils folgende oder die zurückliegende Bildschirmseite anzuzeigen. Aktiviert man die ganz links liegende Schaltfläche, springt man automatisch in das Auswahlmenü der Gliederungsebene des aktuellen Themenbereichs. Wiederholtes Aktivieren bewirkt jeweils einen Rücksprung auf die nächst höhere Gliederungsebene, so daß man letztendlich in den Ausgangsbildschirm der Anwendung gelangt.

Die Buttons "Technik", "Personal" und "Organisation" bewirken Querverweise zu angrenzenden Fragestellungen, die einen starken Bezug zu den gerade betrachteten Inhalten aufweisen (vgl. Abschnitt 7.3.5). Sind bei bestimmten Bildschirmmasken keine Querverweise vorgesehen, bleiben diese Schaltflächen ausgeblendet.

7.5 Anwendung des Beratungssystems

Die Referenzen im CIM-Einführungsberatungssystem sind so konzipiert, daß die darin hinterlegten Informationen unter verschiedenen Blickwinkeln betrachtet werden können. Das bedeutet, daß ein Anwender nach seinem individuellen Informationsbedarf durch das Hypertext-Dokument navigieren kann. Dabei lassen sich tutorielle und entscheidungsorientierte Konsultationen unterscheiden:

- Tutorielle Konsultationen dienen dazu, dem Anwender Informationen zu bestimmten Sachverhalten im Rahmen der CIM-Einführung zu präsentieren.
- Mit entscheidungsorientierten Konsultationen können die notwendigen Maßnahmen und Einführungssequenzen zur CIM-Realisierung festgelegt werden.

7.5.1 Arten der Konsultationen

7.5.1.1 Tutorielle Konsultationen

Die tutoriellen Konsultationen sind nach dem Prinzip der "Guided Tours" gestaltet. Das bedeutet, daß der Weg durch das Hyperdokument und den darin abgelegten Informationen weitgehend fest vorgegeben ist. Anwenderspezifische Abweichungen von diesem Weg sind durch das Verfolgen von Querverweisen möglich. Jedoch sind die Guided Tours so angelegt, daß man nicht beliebig von einem Querverweis zum nächsten manövrieren kann. Der Anwender wird, sobald er die unmittelbar ergänzenden Informationen betrachtet hat, immer auf den Hauptpfad zurückgeführt. Die Eingaben der Benutzer über Tastatur oder Maus dienen dem Navigieren durch das Hypertext-Dokument und zum Abrufen der implementierten Informationen.

Tutorielle Konsultationen sind zu folgenden Themenbereichen implementiert:

- Grundlegendes zum Computer Integrated Manufacturing
- Organisatorische Aspekte der CIM-Einführung
- Personelle Aspekte der CIM-Einführung
- Technische Aspekte der CIM-Einführung

Bei der Konsultation "Grundlegendes zum Computer Integrated Manufacturing" steht weniger das Vermitteln entscheidungsrelevanter Informationen im Vordergrund. Sie soll vielmehr dazu dienen, einen Benutzer mit dem prinzipiellen Aufbau und dem Bedienen der Hypertext-Anwendung vertraut zu machen.

Mit den weiteren Guided Tours wird die Zielsetzung verfolgt, jeweils einen zusammenhängenden Überblick zu sämtlichen organisatorischen, personellen sowie technischen Aspekten zu präsentieren, unabhängig davon, inwieweit sie für eine spezielle CIM-Basiseinführungsstrategie relevant sind. Die Themenbereiche, durch die der Anwender dabei navigieren kann, wurden bereits in den Abschnitten 7.3.2 bis 7.3.4 vorgestellt. In welcher Reihenfolge man die Tours absolviert, bleibt dem Anwender überlassen. Sinnvoll und wichtig ist jedoch, daß die tutoriellen Konsultationen vor den entscheidungsorientierten Konsultationen ausgeführt werden.

7.5.1.2 Entscheidungsorientierte Konsultationen

Im Rahmen einer entscheidungsorientierten Konsultation muß der Anwender an vordefinierten Stellen die verschiedenen CIM-Bausteine einer konkreten Einführungsreihenfolge zuordnen. Der weitere Konsultationsablauf ist von den dabei vorgenommenen Eingaben abhängig. Im Gegensatz zu einer tutoriellen Konsultation ist der Weg, den ein CIM-Planer durch das Hypertext-Dokument geht, somit nicht vorbestimmt.

Ein weiterer grundlegender Unterschied zwischen beiden Konsultationsformen liegt darin, daß sich die rein informellen Konsultationen auch "stand alone" nutzen lassen. Dagegen setzt eine entscheidungsorientierte Konsultation sinnvollerweise die Ergebnisse der vorgelagerten Planungsphasen, insbesondere die Resultate der CIM-Unternehmensanalyse mit der Intelligenten Checkliste, voraus. Ansonsten würden die strategischen Aspekte beim Festlegen der Einführungsreihenfolge keine Berücksichtigung finden und die CIM-Einführungsberatung könnte nicht an dem unternehmensspezifischen CIM-Systemrahmen und -Soll-Konzept ausgerichtet werden. Bild 7.5.1.2/1 zeigt in der Notation des Struktogramms das grundsätzliche Vorgehen einer entscheidungsorientierten Konsultation.

Zunächst sind die Prioritäten der CIM-Bausteine, wie sie durch die IC ermittelt wurden, in das Beratungssystem zu übernehmen. Anhand der relativen Stellung der Komponenten PPS, CAM und CAD in der Prioritätenliste ordnet das System dem Anwender dann eine der drei implementierten CIM-Basiseinführungsstrategien zu und stellt ihm generelle Informationen über diese Einführungsstrategie zur Verfügung. In den nächsten Schritten ruft der Anwender die Informationen zu dem CIM-Baustein auf, der in seiner Prioritätenliste an höchster Stelle steht und bezieht, je nach Bedarf, die entsprechenden Informationen zu den organisatorischen, personellen sowie technischen Gesichtspunkten in sein Entscheidungskalkül mit ein.

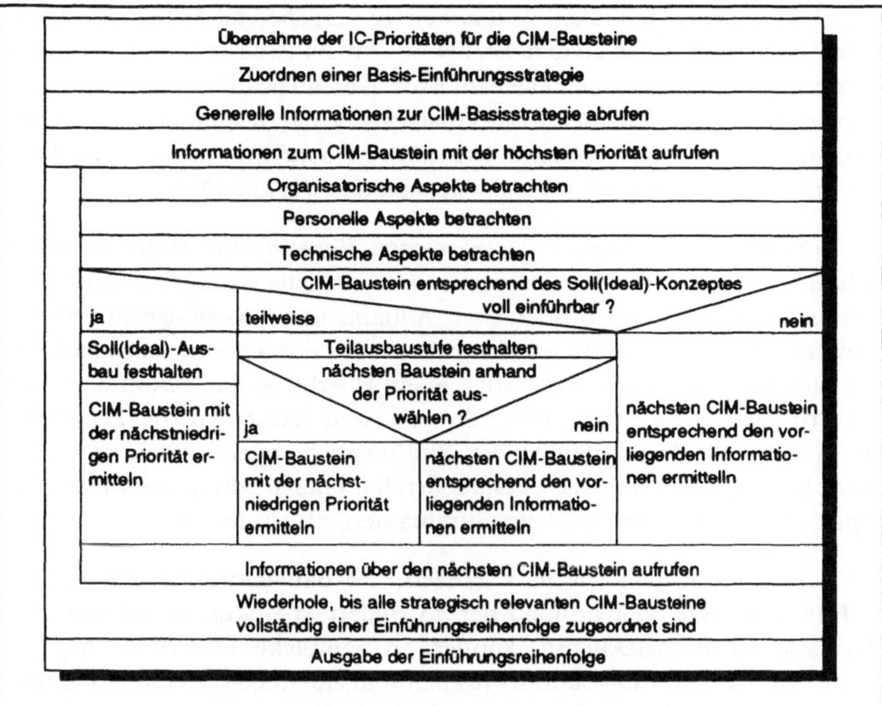

Bild 7.5.1.2/1:   Prinzipielles Vorgehen einer entscheidungsorientierten Konsultation

Dabei kann der Systembenutzer jedoch nicht mehr auf alle zu den einzelnen Themenbereichen gespeicherten Aspekte zugreifen. Bei einer entscheidungsorientierten Konsultation sind die einzelnen Informationseinheiten so verknüpft, daß nur noch die Informationen abgerufen werden können, welche für die aktuelle CIM-Basiseinführungsstrategie relevant sind. Dadurch reduzieren sich beispielsweise die geeigneten CIM-orientierten Organisationskonzepte sowie die möglichen Wege, diese zu realisieren (vgl. 7.3.5).

Der Anwender muß nun auf der Grundlage der präsentierten Informationen entscheiden, ob und in welcher Ausbaustufe die betrachtete CIM-Komponente eingeführt werden soll bzw. kann. Dabei lassen sich drei Fälle abgrenzen:

1) Ist die Realisierung entsprechend des im Soll-Konzept empfohlenen Umfangs beabsichtigt, speichert das System diese Information. Im Konsultationsablauf folgt dann der Baustein mit der nachrangigen Priorität.

2) Sofern nur eine Teilrealisierung beabsichtigt, möglich oder sinnvoll ist, muß der Anwender die gewünschte Ausbaustufe angeben. Das System

speichert diese ebenfalls. Für das weitere Vorgehen ist es dem Benutzer dann freigestellt, ob er den nächsten CIM-Baustein entsprechend der Prioritätenliste oder nach eigenem Ermessen auswählt.

3) Im dritten Fall, d.h. der CIM-Baustein mit der höchsten Priorität ist nicht als erste Komponente einzuführen sondern "zurückzustellen", kann der CIM-Planer den nächsten Baustein frei auswählen.

Die "Schleife" der entscheidungsrelevanten Konsultation sollte so lange wiederholt werden, bis alle relevanten CIM-Bausteine vollständig einer Einführungsreihenfolge zugeordnet sind. Anhand der zwischengespeicherten Informationen zu den Ausbaustufen der einzelnen Bausteine kann sich der Anwender während der Konsultation einen Überblick zum Stand der CIM-Einführungsplanung verschaffen. So läßt sich feststellen, ob Bausteine oder einzelne Ausbaustufen in der Einführungsstrategie noch nicht berücksichtigt wurden und die entsprechenden entscheidungsrelevanten Informationen in weiteren "Schleifendurchläufen" abzurufen sind.

Durch die Option, den jeweils nächsten CIM-Baustein entweder anhand der Prioritätenliste oder anhand der im Hypertext-Dokument hinterlegten Informationen zu selektieren, können so sämtliche relevanten Aspekte beim Gestalten des CIM-Einführungsplans in Abhängigkeit von der unternehmensindividuellen Situation beachtet werden. Darüber hinaus kann ein CIM-Planer auch alternative Einführungsplanungen "simulieren". Dazu muß er bei einem erneuten entscheidungsorientierten Konsultationsablauf lediglich die relativen Prioritäten der Bausteine PPS, CAD und CAM so variieren, daß dem weiteren Vorgehen eine andere CIM-Basiseinführungsstrategie zugrundegelegt wird.

7.5.2   Beispielhafte Konsultationen

Die folgenden Bilder skizzieren Ausschnitte aus der Anwendung des Beratungssystems. Die Beispiel-Konsultationen entstammen den Themen "Organisatorische Aspekte der CIM-Einführung" sowie "Personelle Aspekte der CIM-Einführung".

7.5.2.1   Beispiel-Konsultation zu organisatorischen Aspekten der CIM-Einführung

Die Bilder 7.5.2.1/1-5 zeigen anhand des Beispiels einer Auftragsleitstelle (ALS) Auszüge der in dem System implementierten Informationen zum Themenbereich "CIM-orientierte Organisationskonzepte" (vgl. Bild 7.3.2/1).

Die erste Bildschirmmaske zum Konzept der ALS (vgl. Bild 7.5.2.1/1) beschreibt graphisch und verbal die grundlegenden Charakteristika einer

ALS. Text, der im aktuellen Ausschnitt des Textfeldes nicht sichtbar ist, kann durch Verschieben der "Scroll-Leiste" (am rechten Rand des Textfeldes) sichtbar gemacht werden.

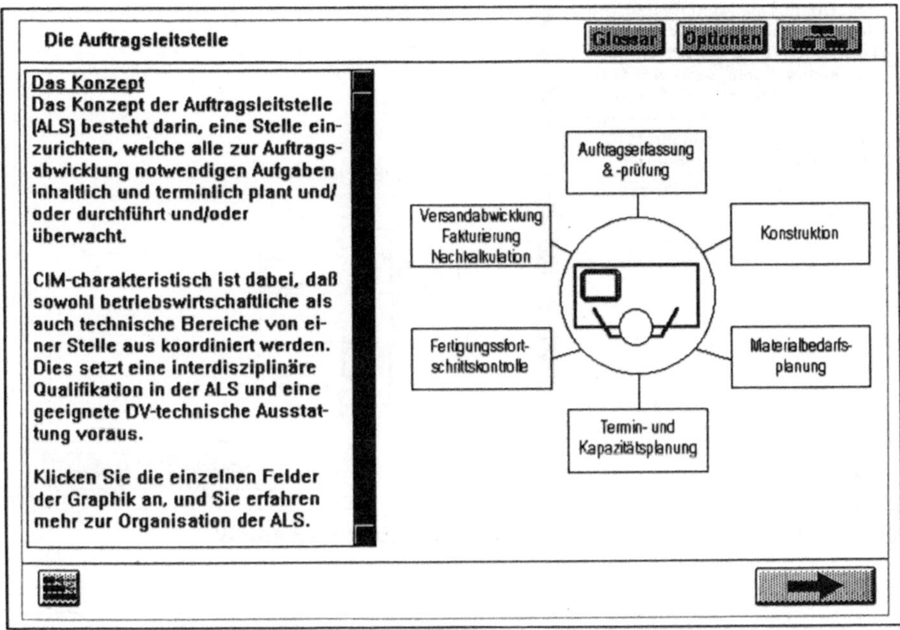

Bild 7.5.2.1/1:   Konzept einer Auftragsleitstelle

Um weitere Informationen zur Gestaltung einer ALS abzurufen, kann der Anwender wahlweise eines der Felder der Graphik (diese sind als Schaltflächen konzipiert) oder den rechten unteren Button aktivieren. Dazu sind der Mauszeiger auf die entsprechenden Schaltflächen zu bewegen und die linke Maustaste zu drücken. Nutzt man den Button mit dem "Vorwärts"-Pfeil, wird man auf einem vom Autor des Beratungssystems vorgedachten Weg durch die implementierten Informationseinheiten geführt. Über die Felder der Graphik kann direkt auf Teilaspekte, z.B. die Abwicklung der Konstruktionsaufgaben in einer ALS, zugegriffen werden. Aktiviert man beispielsweise das runde Feld der Graphik, gelangt man zu einer Bildschirmmaske, welche Informationen zur Zusammensetzung einer ALS präsentiert (vgl. Bild 7.5.2.1/2).

Zu der im Bild 7.5.2.1/3 dargestellten Bildschirmmaske würde man durch Aktivieren des Graphik-Feldes mit der Aufschrift "Konstruktion" (vgl. Bild 7.5.2.1/1) gelangen. Diese Maske beschreibt grundlegende Alternativen zur Einbindung der Konstruktion in eine ALS. Detailliertere Informationen zu den Alternativen kann man sich durch Aktivieren der Graphiken oder des "Vorwärts"-Pfeils anzeigen lassen.

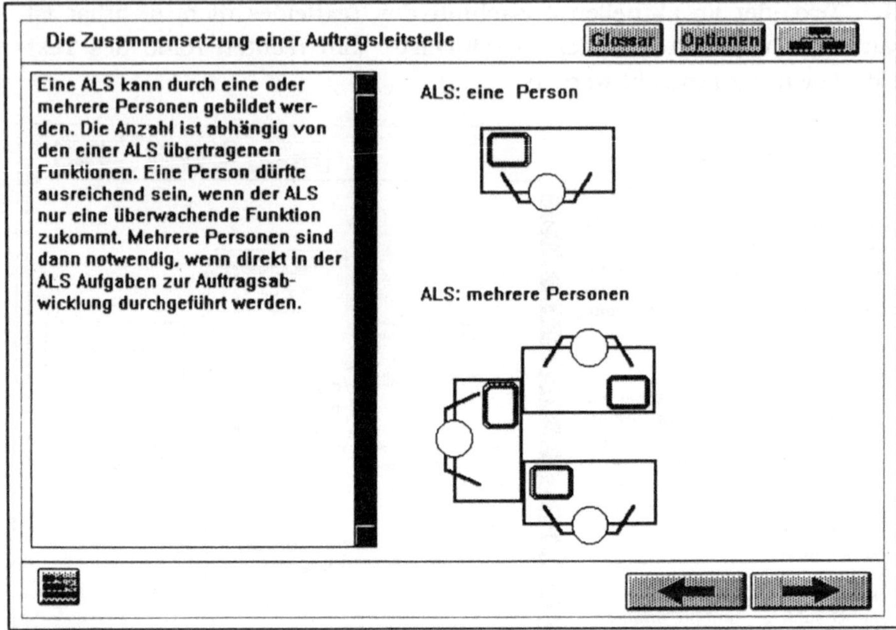

Bild 7.5.2.1/2:   Zusammensetzung einer Auftragsleitstelle

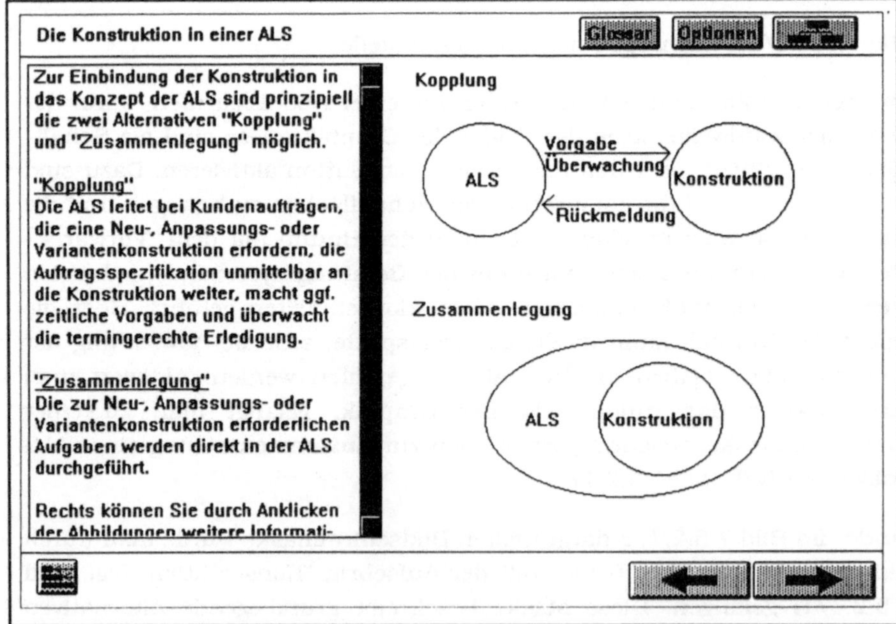

Bild 7.5.2.1/3:   Konstruktion in einer Auftragsleitstelle

Die Bilder 7.5.2.1/4 und 7.5.2.1/5 zeigen die Prinzipien "Kopplung" zwischen ALS und Konstruktion bzw. "Zusammenlegung" von ALS und Konstruktion. Über die Buttons "Organisatorische Voraussetzungen", "Personelle Voraussetzungen" und "Technische Voraussetzungen" im Hauptteil des Bildschirms kann man sich jeweils weitere Informationen zu den Bedingungen des skizzierten Organisationskonzepts einblenden lassen. In den dann erscheinenden Textfeldern werden in Stichworten die entsprechenden Voraussetzungen für eine ALS dargelegt.

Darüber hinaus ermöglichen es die Buttons "Personal" und "Technik" in den Fußzeilen, Querverweise zu angrenzenden Themen anzeigen zu lassen. So kann man beispielsweise durch Aktivieren des Buttons "Personal" zu den Bildschirmmasken verzweigen, die detaillierte Informationen hinsichtlich der erforderlichen Qualifikationen für Konstruktionsaufgaben bereithalten.

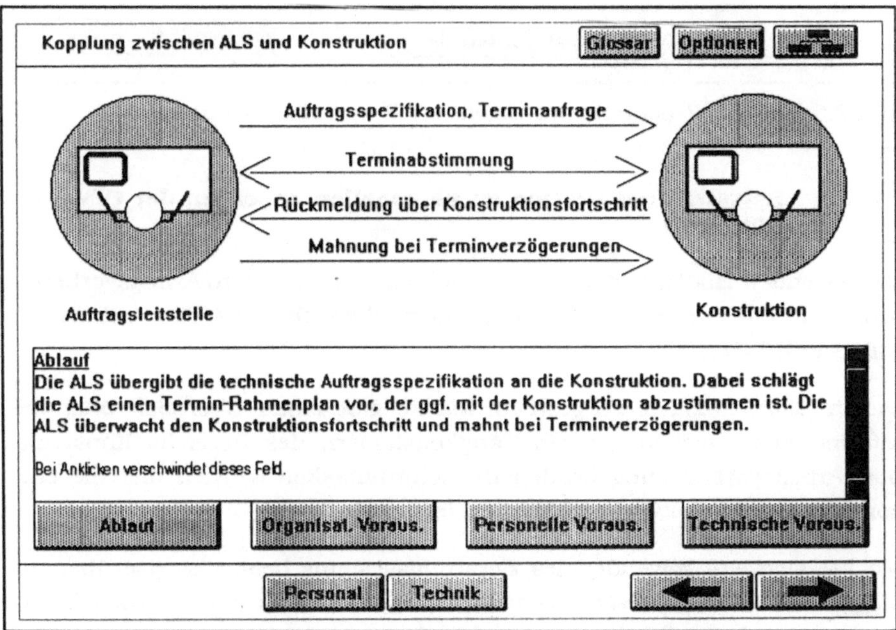

Bild 7.5.2.1/4:   Kopplung zwischen ALS und Konstruktion

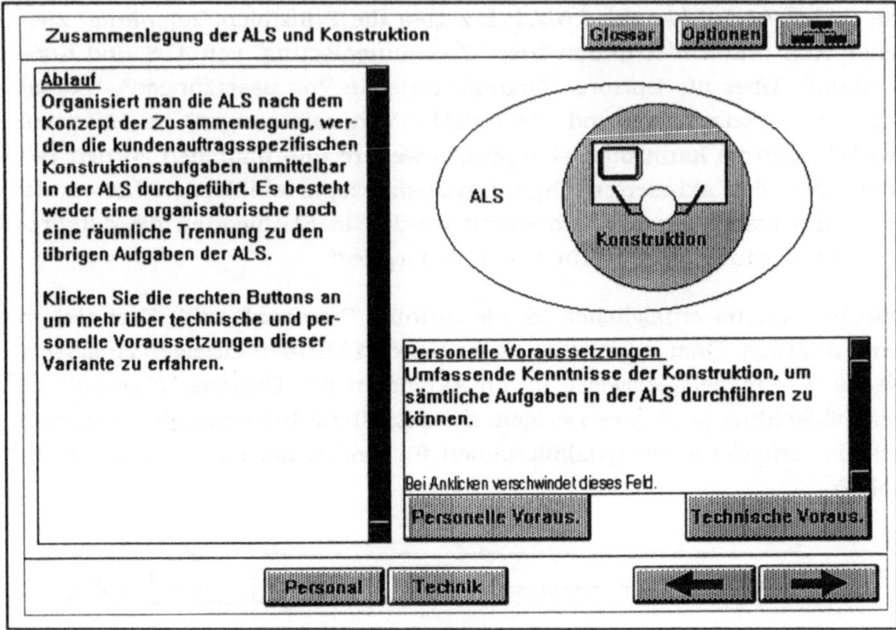

Bild 7.5.2.1/5:   Zusammenlegung von ALS und Konstruktion

7.5.2.2   Beispiel-Konsultation zu personellen Aspekten der CIM-Einführung

Die folgenden Bilder zeigen am Beispiel der Konstruktion/Arbeitsvorberei-
tung Bildschirmmasken aus dem Themenbereich "CIM-Tätigkeitsfelder"
(vgl. Bild 7.3.3/1).

Die in Bild 7.5.2.2/1 dargestellte Maske gibt einen Überblick über die
Informationen, welche zu den Tätigkeitsfeldern des Bereichs Konstruk-
tion/Arbeitsvorbereitung (in den Bildschirmmasken wurden hier die entsprechenden Kürzel verwendet) hinterlegt sind.

Möchte sich ein Anwender des Beratungssystems beispielsweise über die
Möglichkeiten des "Job-enlargement" in der Konstruktion und Arbeitsvorbereitung informieren, verzweigt das System zunächst zu der in Bild
7.5.2.2/2 gezeigten Maske, um den Benutzer mit dem Konzept des Job-
enlargement vertraut zu machen. Zur graphischen Visualisierung ist eine
Animation vorgesehen. Bild 7.5.2.2/3 zeigt die Maske nach Ablauf der Animation.

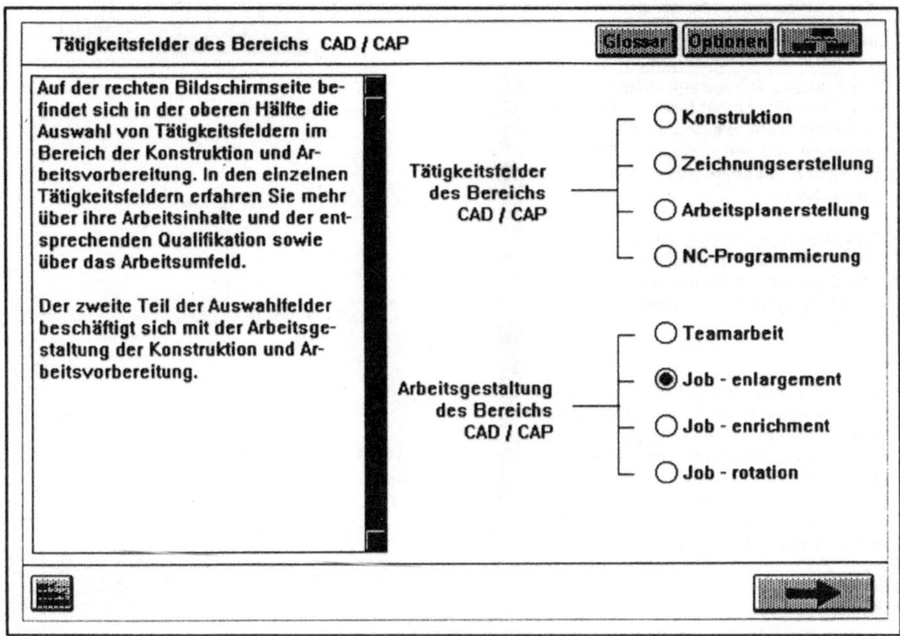

Bild 7.5.2.2/1:   Überblick der Informationen zu den Tätigkeitsfeldern Konstruktion/Arbeitsvorbereitung

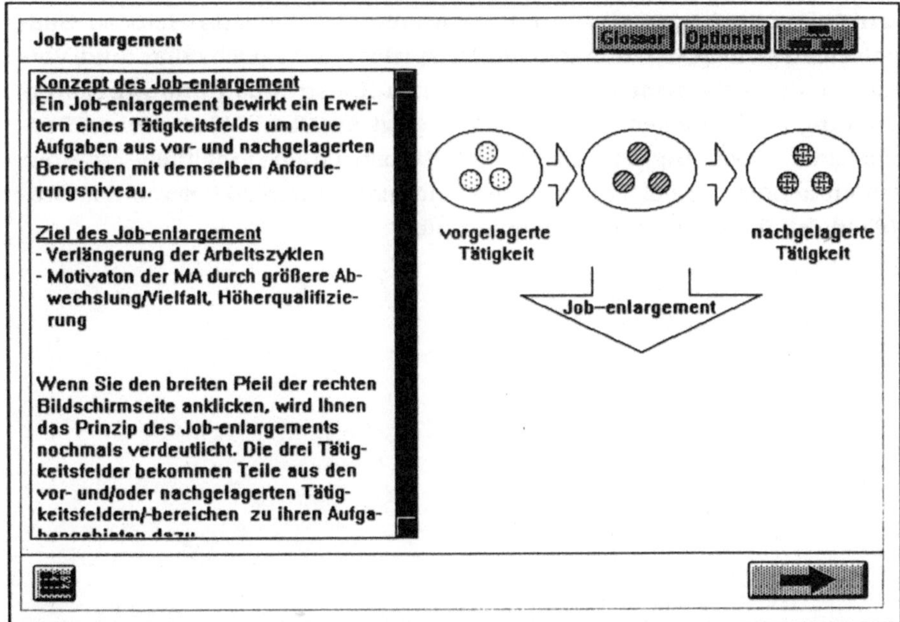

Bild 7.5.2.2/2:   Konzept des Job-enlargement

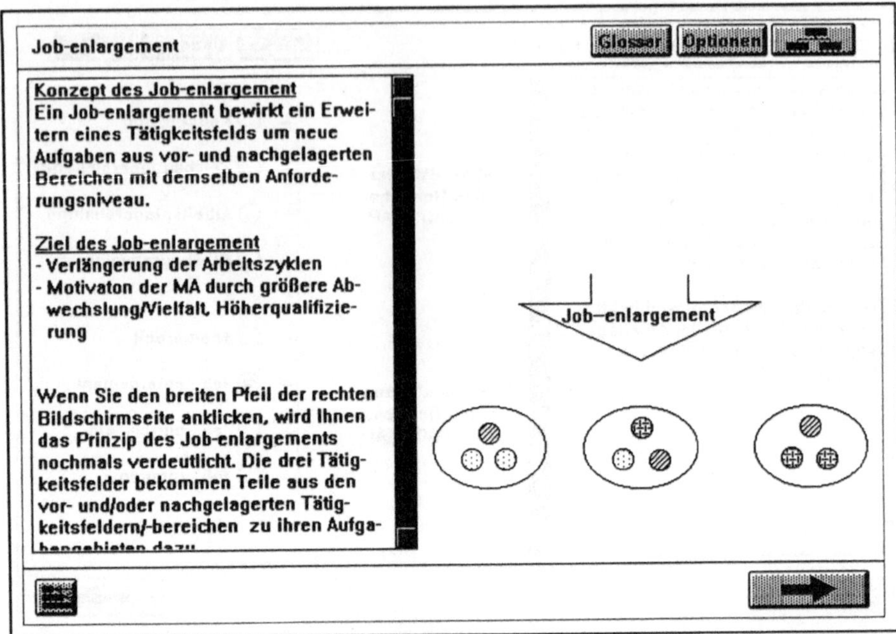

Bild 7.5.2.2/3:　　Konzept des Job-enlargement nach Ablauf der Animation

Hat ein Anwender sich über das grundlegende Konzept des Job-enlargement informiert, gelangt er durch Aktivieren des Vorwärts-Pfeils zu Bildschirmmasken, welche anhand von Beispielen die Möglichkeiten und Vorteile des Job-enlargement in den Bereichen Konstruktion und Arbeitsvorbereitung verdeutlichen. Bild 7.5.2.2/4 zeigt im Überblick, wie die Tätigkeitsfelder Zeichnungserstellung und Konstruktion inhaltlich erweitert
werden können. Auch hier kann der Anwender durch Aktivieren der Graphiken detailliertere Informationen abrufen.

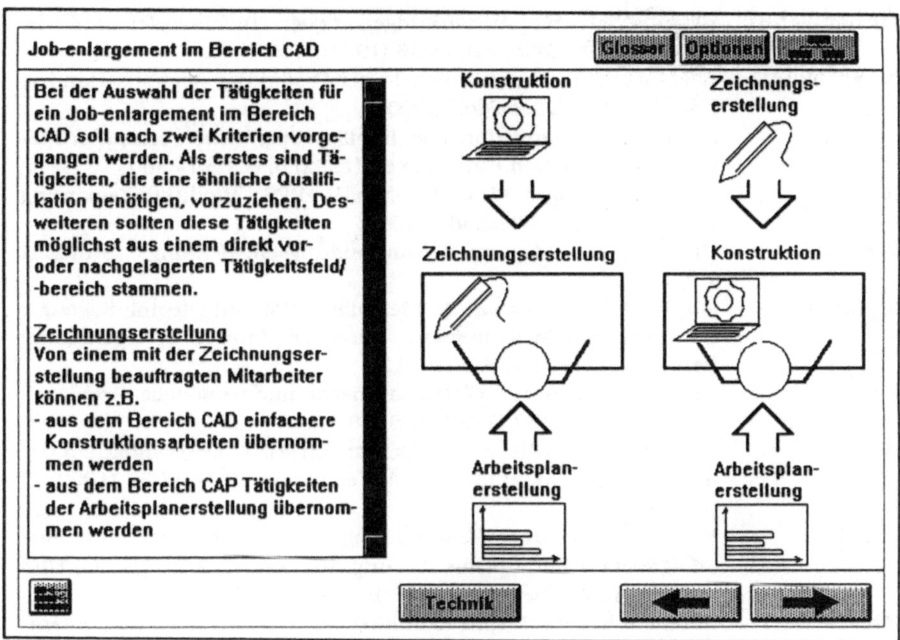

Bild 7.5.2.2/4:   Job-enlargement im Bereich Konstruktion

7.6 Literatur zu Kapitel 7

Asymetrix 90   Asymetrix (Hrsg.), Using Toolbook - A Guide to Building and
                  Working with Books, Washington 1990.

Behr 88   Behr, M. und Hirsch-Kreinsen, H., Arbeitsgestaltung bei CIM-
                  Einführung, VDI-Z 130 (1988) S. 18 - 21.

Bilger 91   Bilger, W., CIM für mittelständische Unternehmen, Heidelberg
                  1991.

Bray 88   Bray, O.H., Computer Integrated Manufacturing, Digital Press
                  CIM Series 1988.

Brelowski 93   Brelowski, K. und Krebs, J., PPS-Einführung bei einem traditi-
                  onsreichen Einzelfertiger, ZwF 88 (1993) 3, S. 112 - 115.

Bühner 86   Bühner, R., Entwicklungslinien zukünftiger Fabrikorganisation -
                  jenseits von Taylor, VDI-Z 128 (1986) 14, S. 535 - 539.

de Young 90   de Young, L., Linking Considered Harmful, in: Streitz, N., Rizk,
                  A., und André, J. (Hrsg.), Hypertext: Concepts, Systems and App-
                  lications, Cambridge 1990.

Dieckhoff-   Dieckhoff-Schulze, M., CIM-Technologietransferzentrum Darm-
Schulze 89   stadt - Praxisnahe Lösungsmöglichkeiten der CIM-Technologie
                  für den Mittelstand, in: Scheer, A.W. (Hrsg.), CIM im Mittelstand,
                  Berlin u.a. 1989, S. 219 - 226.

Dostal 90   Dostal, W., Personal für CIM, in: Krallmann, H. (Hrsg.), CIM
                  Expertenwissen für die Praxis, München Wien 1990, S. 438 -
                  454.

Eidenmüller 87   Eidenmüller, B., Auswirkungen neuer Technologien auf die Arbeitsorganisation, FB/IE 36 (1987) 1, S. 4 - 8.

Eversheim 90   Eversheim, W., Organisation in der Produktionstechnik, Band 2, Konstruktion, Düsseldorf 1990.

Funk 92   Funk, W., Organisatorische Implikationen einer computerintegrierten Produktion (CIM), zfo 61 (1992) 6, S. 355 - 360.

Glaser 91   Glaser, H., Geiger, W. und Rohde, V., PPS - Produktionsplanung und -steuerung, Wiesbaden 1991.

Gloor 90   Gloor, P.A., Hypermedia-Anwendungsentwicklung, Stuttgart 1990.

Gupta 89   Gupta, Y.P. und Goyal, S., Flexibility of Manufacturing Systems: Concepts and Measurement, European Journal of Operational Research 43 (1989), S. 119 - 135.

Hirsch-   Hirsch-Kreinsen, H., Organisatorische und personelle Probleme
Kreinsen 90   bei CIM, VDI-Z 132 (1990) 5, S. 18 - 23.

Joseph 92   Joseph, J., Knauth, P. und Gemünden, H.G., Determinanten der indidviduellen Akzeptanz neuer Technologien, DBW 52 (1992) 1, S. 59 - 69.

Karl 90   Karl, P., Aus- und Weiterbildung - Voraussetzungen für eine erfolgreiche CIM-Implementierung, in: Scheer, A.W. (Hrsg.), CIM im Mittelstand, Berlin u.a. 1990.

Köhl 89   Köhl, E., Esser, U. und Kemmner, A., Die CIM-gerechte Organisation läßt auf sich warten, Technische Rundschau 81 (1989) 10, S. 14 - 22.

Kuhlen 91   Kuhlen, R., Hypertext: Ein nicht-lineares Medium zwischen Buch und Wissenschaft, Berlin u.a. 1991.

Kurbel 93   Kurbel, K., Produktionsplanung und -steuerung, München Wien 1993.

Lahner 88   Lahner, M., Qualifikation für CIM, FB/IE 37 (1988) 1, S. 26 - 29.

Lay 90   Lay, G., Entwicklungstendenzen, Problemfelder, Gestaltungspotentiale und FuE-Bedarf im Zusammenhang mit CIM-Strategien, in: Noack, M., Wegner, K., Gluch, D. und Dienhart, U. (Hrsg.), CIM - Integration und Vernetzung, Berlin u.a. 1990, S. 75 - 94.

Lay 92   Lay, G., CIM-Projekte in der Bundesrepublik Deutschland: Ziele, Schwerpunkte, Vorgehen, VDI-Z 134 (1992) 3, S. 20 - 30.

Ludwig 86   Ludwig, J., Leistung und Lohn, Bergisch Gladbach 1986.

Martin 91   Martin, H., Auswirkungen auf die Arbeitssituation, in: Geitner, U.W. (Hrsg.), CIM-Handbuch, 2. Aufl., Braunschweig 1991, S. 645 - 652.

Meyer 85   Meyer, M. und Hansen, K., Planungsverfahren des Operations Research, München 1985.

O.V. 92   O.V., CIM/CAD Führer 92, München 1992.

Panskus 87   Panskus, G., CIM als Herausforderung an Arbeitsorganisation und Personalentwicklung, Technische Rundschau 79 (1987) 20, S. 28 - 33.

Paul 92   Paul, H.J. und Borges, C., Auftragsleitstelle: Lösung für den Maschinenbau, Der Betriebsleiter 33 (1992) 12, S. 48 - 51.

Rinza 91   Rinza, P., Auswirkungen neuer Technologien auf Mitarbeiterqualifikation und Organisationsstruktur, in: Neipp, G. und Stracke, H.J. (Hrsg.), Einführung in die CIM-Praxis, Düsseldorf 1991.

Roos 92   Roos, E., Marktspiegel PPS-Systeme auf dem Prüfstand, Köln
                     1992.

Sauerbrey 90   Sauerbrey, G., Neue Aufbau- und Ablauforganisation - eine Vor-
                     aussetzung für CIM, in: Krallmann, H. (Hrsg.), CIM Expertenwis-
                     sen für die Praxis, München Wien 1990, S. 432 - 437.

Scheer 90a   Scheer, A.W., Keller, G. und Nüttgens, M., Integrationsschwer-
                     punkt CIM-Qualifkation, Personal Mensch und Arbeit, 32 (1990)
                     6, S. 244 - 249.

Scheer 90b   Scheer, A.W., CIM-Strategie als Teil der Unternehmensstrategie,
                     Berlin u.a. 1990.

Schulte 90   Schulte, C., Mitarbeiterorientierte Organisationsgestaltung durch
                     Fertigungssegmentierung, zfo 59 (1990) 6, S. 415 - 420.

Schulz 90   Schulz, H., CIM-Planung und -Einführung, Berlin u.a. 1990.

Springer 84   Springer, R. und Hirsch-Kreinsen, H., Alternativen der Arbeitsor-
                     ganisation bei CNC-Einsatz, VDI-Z 126 (1984) 5, S. 114 - 118.

Stein 91   Stein, T., Standardsoftware oder Individuallösung, ioManage-
                     ment Zeitschrift 60 (1990) 11, S. 91 - 93.

Upmann 91   Upmann, R., Integrierte Produktionssysteme als Wettbewerbsin-
                     strument, in: Nedeß, Ch. (Hrsg.), CIM-Anwendungen: Erfahrun-
                     gen und Perspektiven, ONLINE 91, 14. Europäische Kongress-
                     messe für Technische Kommunikation, Hamburg 1991, VII/25.

Vajna 91   Vajna, S. und Storck, M., Interdisziplinäre Qualifikation für CIM,
                     in: Geitner, U.W. (Hrsg.), CIM-Handbuch, 2. Aufl., Braunschweig
                     1991, S. 627 - 644.

Vajna 92   Vajna, S., Gruppentechnologie und CIM, CIM Management 8
                     (1992) 6, S. 4 - 11.

Wildemann 87a   Wildemann, H., Fertigungssegmentierung, VDI-Z 129 (1987) 11,
                     S. 36 - 43.

Wildemann 87b   Wildemann, H., Auftragsabwicklung in einer computergestützten
                     Fertigung (CIM), ZFB 57 (1987) 1, S. 6 - 29.

Wildemann 90   Wildemann, H., Einführungsstrategien für die computerinte-
                     grierte Produktion (CIM), München 1990.

Wittkowsky 90   Wittkowsky, A. und Gottschalch, H., Arbeitstätigkeiten, Qualifi-
                     kationsanforderungen und Weiterbildungskonzepte bei der
                     computergestützten Integration von Produktionsprozessen, in:
                     Noack, M., Wegner, K., Gluch, D. und Dienhart, U. (Hrsg.), CIM -
                     Integration und Vernetzung, Berlin u.a. 1990, S. 195 - 218.

Zoll 91   Zoll, J., Organisation einer Auftragsleitstelle und ihre Stellung
                     zwischen Vertrieb, Produktion und Beschaffung, in: Nedeß, Ch.
                     (Hrsg.), CIM-Anwendungen: Erfahrungen und Perspektiven,
                     ONLINE 91, 14. Europäische Kongressmesse für Technische
                     Kommunikation, Hamburg 1991, VII/10.

8 Einsatzfelder des CIM-Planungstools

8.1 Überblick

Grundsätzlich hat ein Unternehmen die Alternativen, CIM-Lösungen als Standard-Softwarepakete zuzukaufen oder durch Eigenentwicklungen selbst zu erstellen. Eine Entscheidungshilfe hierbei bietet die hypertextbasierte CIM-Einführungsberatung (vgl. 7.3.4). Insbesondere kleinere und mittelgroße Unternehmen, die nicht über ausreichende finanzielle und/oder personelle Entwicklungsressourcen verfügen, sollten soweit wie möglich auf CIM-Standardsysteme zurückgreifen. Unabhängig davon, ob die einzusetzenden Anwendungen eigenentwickelt, Standardsysteme eingesetzt oder ob beide Möglichkeiten kombiniert werden, sind die durch das hybride CIM-Planungstool unterstützten Aufgaben

- CIM-Analyse,
- Gestalten des CIM-(Soll-)Konzepts und
- CIM-Einführungsberatung

durchzuführen.

Dieses Kapitel beinhaltet Einsatzfelder, die über diese (Kern-)Aufgaben hinaus gehen, und in denen sich das CIM-Planungstool bzw. einzelne Module nutzen lassen. Es wird gezeigt, daß insbesondere die CASE-basierten Referenzmodelle auch bzw. gerade beim Einsatz von CIM-Standardsoftware eine wesentliche Integrationshilfe zum Schaffen einer betrieblichen CIM-Lösung sind. Zunächst werden Anwendungsfelder für die CIM-Planung in einem Unternehmen behandelt. Ebenso findet man auch für Anbieter von CIM-Systemkomponenten interessante Einsatzbereiche. Hemmnisse, welche diese Einsatzfelder einschränken, werden ebenfalls diskutiert. Bild 8.1/1 zeigt die weitergehenden Anwendungsfelder im Überblick.

Einsatzfelder des hybriden CIM-Planungstools	
CIM-Planung in einem Unternehmen	**Anbieter von CIM-Komponenten**
▫ Integrationsrahmen für Standard- software ▫ Integrations- und Entwicklungs- rahmen zur Individualprogrammierung ▫ Integrationsrahmen für Altsysteme ▫ Ableiten von CIM-Schnittstellen ▫ Pflichtenheft für CIM-Anwendungen ▫ Dokumentation von CIM-Systemen ▫ Schulung von CIM-Anwendern ▫ Serviceleistung von Interessensverbänden	▫ Kundenindividuelle Spezifikation von CIM-Bausteinen ▫ 'Value Added' Service für CIM-Bausteine ▫ Referenzmodelle als eigenständige Produkte

Bild 8.1/1:   Einsatzfelder im Überblick

8.2   Einsatzfelder für die CIM-Planung in einem Unternehmen

Neben den Unternehmen, in denen CIM-Systeme eingesetzt bzw. erweitert werden sollen, sind diese Einsatzfelder auch für Dienstleister relevant, die Firmen beim Planen und Realisieren von CIM-Lösungen mit Beratungsleistungen unterstützen, wie z.B. Unternehmensberatungen.

8.2.1   Integrationsrahmen für Standardsoftware

Betriebe, die für CIM-Lösungen Standardsoftware einsetzen, erwerben damit auch die den Anwendungen implizit zugrundeliegenden Daten- und Funktionsstrukturen sowie die verwendete Terminologie der Applikation. Diese Strukturen und Begriffe stimmen häufig jedoch nicht mit den in dem Unternehmen eingeführten Definitionen für die identischen Sachverhalte überein. Dadurch können sich Fehlinterpretationen und Mißverständnisse ergeben, die vor allem in der Anfangsphase die Nutzung der Standardsysteme erschweren [vgl. Endl 92a].

Ein Weg, um trotz dieser Problematik eine möglichst effiziente und nahtlose Integration der Standardanwendung in die betriebliche CIM-Umgebung sicherzustellen, kann darin bestehen, die in den modifizierten Referenzmodellen abgebildeten Daten- und Funktionsstrukturen denen der CIM-Standardsoftware gegenüberzustellen und beide aufeinander abzustimmen [vgl. Endl 92b]. Dieses setzt u.a. voraus, daß die Daten- und Funktionsstrukturen der Standardsoftware transparent dokumentiert und dem Anwenderunternehmen zugänglich sind. (Auf den letztgenannten Aspekt wird in 8.3 noch detaillierter eingegangen.)

Beim Abgleich des betriebsspezifischen CIM-Modells mit dem Modell der Standardsoftware stellt sich die Frage, in welche "Richtung" man angleicht. Dabei lassen sich prinzipiell drei Alternativen unterscheiden:
1) Die Standardsoftware wird dem unternehmensindividuellen CIM-Modell angeglichen, d.h. die Daten- und Funktionsstrukturen der Standardsoftware sind so zu modifizieren, daß sie denen des CIM-Modells entsprechen.
2) Das unternehmensindividuelle Modell wird der Standardlösung angeglichen, d.h. die Daten- und Funktionsstrukturen der Standardsoftware bleiben unverändert bestehen. Das CIM-Modell wird modifiziert, bis es dem durch die Standardlösung vorgegebenen "Modell" entspricht.
3) Die Modelle werden nicht zusammengeführt. Sie existieren nebeneinander. Fälle, in denen sich in Überlappungsbereichen, d.h. für identische Sachverhalte, unterschiedliche Begriffsinterpretationen finden, müssen kenntlich gemacht werden.

Welche dieser Richtungen man einschlägt, hängt von verschiedenen Einflußfaktoren ab:

- Modifikationseignung der Standardsoftware

  Die Alternative 1 setzt voraus, daß sich in der Standardanwendung entsprechende Modifikationen, z.B. der Datenstrukturen, vornehmen lassen. Dieses wird - wenn überhaupt möglich - mit einem erheblichen Aufwand verbunden sein. Somit wäre die Alternative 2 vorzuziehen.

- Wartung/Gewährleistung der Standardsoftware

  Bei der Alternative 1 können sich durch Systemmodifikationen Nachteile etwa hinsichtlich der Gewährleistungspflicht sowie der Wartung/ Weiterentwicklung der Standardanwendung durch den Hersteller einstellen. Zudem müßten die Änderungen ggf. bei Versionswechsel der Standardanwendung nachgezogen werden [vgl. Kühle 92, S. 199], wodurch jeweils zusätzlicher Aufwand entsteht. Somit würden sich traditionelle Vorteile des Einsatzes von CIM-Standardlösungen gegenüber Eigenentwicklungen reduzieren.

- CIM-Standardlösungen von einem Anbieter einsetzbar

  Alternative 2 verspricht einen hohen Nutzen, wenn ein großer Anteil der Aufgaben in den CIM-Bereichen - idealerweise alle - durch Standardanwendungen abgedeckt werden, die auf einem einheitlichen Modell basieren und "von Haus aus" einen hohen Integrationsgrad aufweisen. In solchen Fällen stellt das unternehmensindividuelle Referenzmodell eine methodische und begriffliche Grundlage dar, um die betrieblichen Daten- und Funktionsstrukturen in die entsprechenden Strukturen der Standardanwendungen zu überführen.

- CIM-Standardanwendungen verschiedener Anbieter notwendig

  Der dritten Alternative wird man dann den Vorzug geben, wenn heterogene Standardsoftware eingesetzt wird, d.h. wenn die einzelnen Applikationen nicht auf einem einheitlichen Modell basieren. Dies wird vor allem dann der Fall sein, wenn die erforderlichen CIM-Anwendungen von verschiedenen Anbietern stammen.

8.2.2 Integrations- und Entwicklungsrahmen zur Individualprogrammierung

Standardsoftware deckt oftmals nicht alle Anforderungen und Wünsche der Anwender an die DV-Unterstützung in den CIM-Bereichen ab. Dabei kann zum einen die Situation auftreten, daß Standardsysteme überhaupt nicht eingesetzt werden können. Zum anderen ist es häufig so, daß CIM-Standardanwendungen prinzipiell eingesetzt werden können, diese jedoch nicht das volle Anforderungsspektrum des Unternehmens abdecken und deshalb "Lücken" offen bleiben, die zu schließen sind. In beiden Fällen muß man durch Individualprogrammierung auf den Betrieb zugeschnittene Softwarelösungen erarbeiten.

Hier kann das modifizierte CIM-Referenzmodell als Integrations- und Entwicklungsrahmen fungieren. Dabei lassen sich drei Ansatzpunkte abgrenzen: inhaltliche Vorgaben, Kommunikationsmittel sowie Design- und Codierungsplattform.

Inhaltliche Vorgaben

Hinsichtlich der inhaltlichen Vorgaben kann man funktionelle und datenorientierte unterscheiden (die integrationsbezogenen Vorgaben werden unter 8.2.4 separat behandelt):

- Ausgehend von einer Analyse der Funktionsstrukturen lassen sich die verschiedenen Funktions-/Aufgabenbereiche des CIM-Konzepts voneinander abgrenzen. Dieses ist Grundlage für die Definition von einzelnen CIM-Entwicklungsprojekten. Die einer Funktion untergeordneten Teilfunktionen stellen den funktionellen Rahmen für den Entwurf, das Design und die Implementierung der CIM-Applikationen dar.

- Die Sichten der Teilfunktionen auf das logische CIM-Gesamtdatenmodell bilden den datenorientierten Rahmen. Die vorgegebenen konzeptionellen Datenschemata des CIM-Referenzmodells vereinfachen u.a. einen anwendungsübergreifenden einheitlichen Entwurf der physischen Datenstrukturen. Damit sind wesentliche Grundvoraussetzungen für die Entwicklung von integrationsfähigen CIM-Applikationen erfüllt. Dabei darf jedoch nicht übersehen werden, daß die CIM-Daten sehr heterogen sind [vgl. u.a. Samadar 92, S. 1176] und primär betriebswirtschaftlich genutzte Daten, z.B. für die Produktionsplanung, vielfach andere Anforderungen an die logische Beschreibung sowie die physische Speicherung stellen als technische Daten, wie z.B. Konstruktionszeichnungen [vgl. Kemper 85; Ihme 91]. Unter diesem Aspekt ist das durchgängige Verwenden der Entity Relationship-Methode für die konzeptionelle Datenmodellierung in allen CIM-Bereichen als ein Ansatz zur Lösung der Problematik einer einheitlichen Beschreibung technischer und betriebswirtschaftlicher Daten zu verstehen.

Kommunikationsmittel

Aus Systementwicklungsprojekten in den traditionellen Bereichen, wie z.B. dem Rechnungswesen oder der Personalwirtschaft, sind Kommunikations- und Koordinationsschwierigkeiten zwischen den beteiligten Fach- und DV-Abteilungen bekannt [vgl. u.a. Heeg 91, S. 7]. Diese Probleme resultieren beispielsweise aus unterschiedlichen Begriffsinterpretationen oder verschiedenen Problemlösungsansätzen. Beim Entwickeln von CIM-Systemen verschärft sich diese Problematik noch, da zusätzlich betriebswirtschaftliche und technische Sichtweisen mit oftmals eigenen Terminologien "aufeinanderprallen", die abzustimmen und in Einklang zu bringen sind.

Um hier Reibungsverlusten vorzubeugen, ist ein hoher Kommunikationsaufwand zwischen den beteiligten Personen(-kreisen) notwendig. Voraussetzung für ein möglichst effektives Bewältigen dieses Aufwandes sind geeignete Kommunikationsmittel bzw. -medien, d.h. einheitliche Darstellungs- sowie Beschreibungsformen der zu bearbeitenden Sachverhalte. Diese Mittel sollen es ermöglichen, daß Fachabteilungen ihre Anforderungen eindeutig und unmißverständlich formulieren und Systementwickler diese verstehen sowie in lauffähige Applikationen umsetzen können [vgl. Vetter 90, S. 53]. Praxisbeispiele zeigen, daß auf der Grundlage eines Referenzmodells [vgl. Isenberg 91, S. 7] bzw. einer modellbasierten Vorgehensweise mit Daten- und Funktionsmodellen sehr effektiv zwischen Fach- und DV-Abteilungen oder betriebswirtschaftlich und technisch orientierten Mitarbeitern kommuniziert werden kann [vgl. auch Hars 90, S. 121; Mistelbauer 89, S. 113; Pingel 93]. Somit erscheint es sinnvoll, die CIM-Referenzmodelle auch als wirksames Kommunikationsmittel für die CIM-Realisierung einzusetzen. Bild 8.2.2/1 illustriert diesen Sachverhalt.

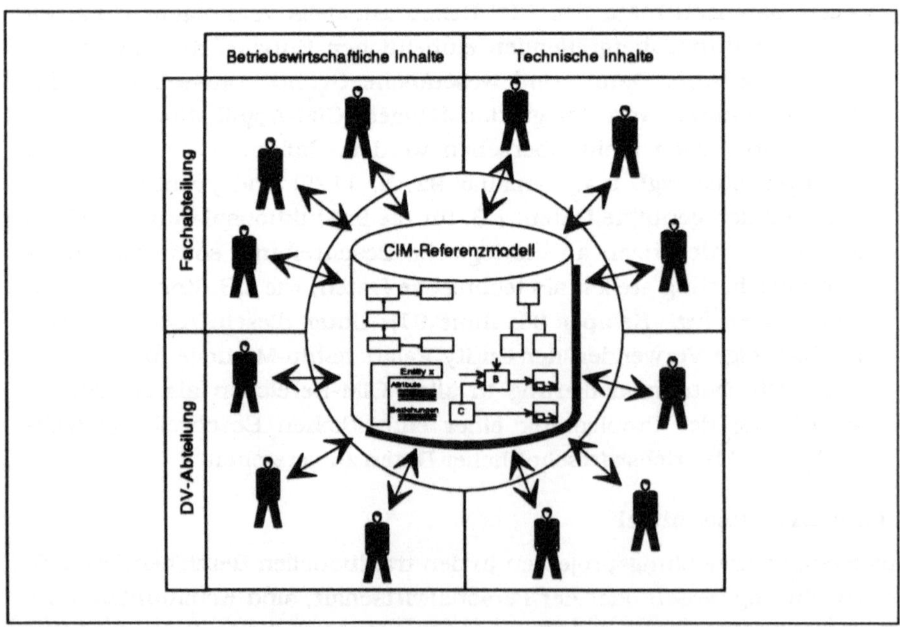

Bild 8.2.2/1:   CIM-Referenzmodell als Kommunikationsmedium der an einem CIM-Projekt beteiligten Personen

Design- und Codierungsplattform

Als Implementierungsplattform für die CIM-Referenzmodelle fungieren die Planungs- und Analysewerkzeuge eines marktgängigen I-CASE-Tools (vgl. 6.2.2.2.1). Dieses erschließt die Option, über die für das Implementieren der Modelle eingesetzten Planungs- und Analyse-Werkzeuge hinaus, Hilfsmittel für das Design und die Codierung individuell zu erstellender CIM-Anwendungen einzusetzen. Beispielsweise lassen sich Methoden und Tools zum Gestalten von Bildschirmmasken, für das Design von Datenbanken, zum Entwurf der Modulstrukturen einer Applikation sowie zum automatischen Generieren von Programmcode oder Datenbankstatements nutzen. Dieses Einsatzfeld unterliegt jedoch verschiedenen Einschränkungen, auf die im Abschnitt 8.4 noch näher eingegangen wird.

8.2.3   Integrationsrahmen für Altsysteme

In vielen Unternehmen werden bereits einzelne CIM-Komponenten eingesetzt. Vor allem die Nutzung von PPS- und CAD-Komponenten ist verbreitet. Häufig findet man jedoch Insellösungen, die erzielbares Integrationspotential nicht ausschöpfen. Ob diese bereits vorhandenen CIM-Bausteine im zukünftigen CIM-Konzept weiterverwendet werden können, ermittelt die IC im Schritt "Ist-Analyse" (vgl. 5.3.3). Falls ja, sollten die Daten- und Funktionsstrukturen dieser Anwendungen integraler Bestandteil des betrieblichen CIM-Konzepts sein. Meist sind diese Strukturen jedoch nicht explizit dokumentiert. Somit werden eine Analyse und Aufbereitung der Daten und Funktionen sowie ein Abgleich mit den entsprechenden Strukturen des unternehmensspezifisch angepaßten Referenzmodells erforderlich.

Im Zusammenhang mit der transparenten Darstellung sowie Wieder-/Weiterverwendung der Daten- und Funktionsstrukturen der Altsysteme spricht man auch von "Reuse", "Reengineering" oder "Reverse Engineering". Abgrenzungen zwischen den Begriffen wurden beispielsweise von Richter [Richter 92] oder Zaleski [Zaleski 92] vorgenommen. Eine generelle Vorgehensweise bzw. ein Vorgehensmodell für das Reengineering von Datenmodellen wurde von Reindl [Reindl 91] entwickelt. Bei McCabe [McCabe 92] oder Maiden [Maiden 92] findet man Vorgehensweisen für ein kombiniertes Reengineering von Daten und Funktionen. Eicker et al. betrachten das Reengineering unter der Zielrichtung der "Einbindung von (Alt-)Systemen in eine integrierte Anwendungsarchitektur" [Eicker 92, S. 140] und bezeichnen dieses als integrationsorientiertes Reengineering.

Für ein Reengineering von vorhandenen CIM-Lösungen und die Integration dieser in das zukünftige CIM-Konzept sind die Daten- und Funktions-

strukturen der Altsysteme mit den Darstellungstechniken der CIM-Referenzmodelle zu beschreiben. Für die gewünschte Integration sind vor allem

- die "Rück"-Überführung der Datenstrukturen in das konzeptionelle
  Schema eines Entity Relationship-Modells,

- das Beschreiben der Entities mit Attributen,

- das Darstellen der Integrationsbeziehungen mittels eines Kontextdiagramms sowie

- das Klarlegen der funktionellen Struktur in einem Dekompositionsdiagramm

erforderlich. Bild 8.2.3/1 zeigt schematisch das Vorgehen, um Altsystem-
Strukturen mit den Daten- und Funktionsstrukturen des Referenzmodells
zu verknüpfen.

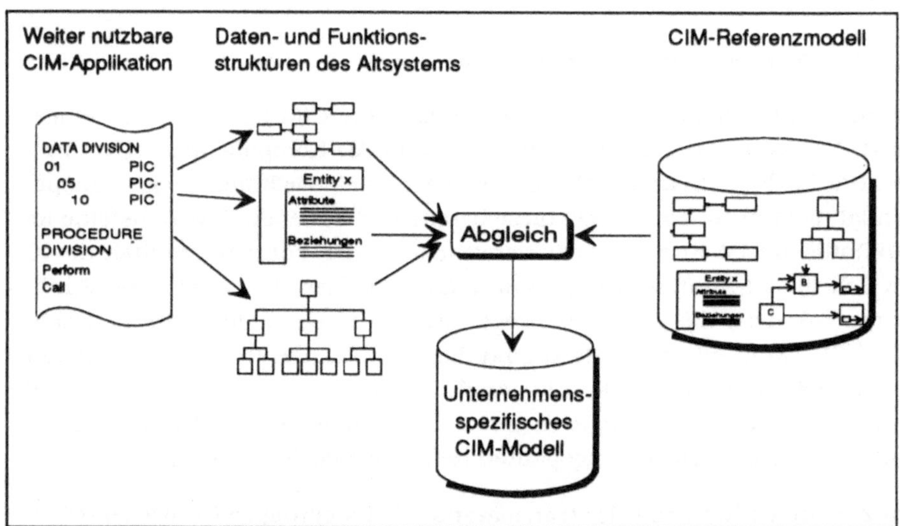

Bild 8.2.3/1:   Verknüpfung von Altsystem-Strukturen und Referenz-
                  modell

Für ein derartiges Vorgehen sind i.d.R. aufwendige Analysen, z.B. von
Handbüchern, Dateibeschreibungen, Quellcode oder Felddefinitionen, notwendig. Mittlerweile sind eine Reihe von Werkzeugen verfügbar, mit denen
sich diese Aufgaben automatisieren lassen [vgl. u.a. Krallmann 92]. Spie-
gelbildlich zur automatischen Codierung zielen viele dieser Reengineering-
Tools auf die Programmiersprache COBOL [vgl. Duckwitz 90] ab. So läßt
sich beispielsweise aus einer Analyse von "Call" und "Perform"-Anweisun-
gen die Funktionsstruktur einer Anwendung ableiten. Das verwendete
CASE-Tool verfügt - wenn auch begrenzt - ebenfalls über derartige Reengi-
neering-Komponenten. Darüber hinaus bieten verschiedene Komplemen-
tärprodukte speziellere Reengineering-Funktionen, um Software-Struktu-

ren bereits realisierter Anwendungen nachträglich mittels der ADW-Werkzeuge abzubilden [vgl. O.V. 92a; O.V. 92b].

Allerdings ist zu berücksichtigen, daß trotz des Einsatzes von Reengineering-Werkzeugen i.d.R. noch aufwendige personelle Anpassungen erforderlich sind, um aus den im Programmcode implementierten Daten- und Funktionsstrukturen saubere logische Konzepte zu gewinnen. Dieses wird insbesondere dann der Fall sein, wenn Programme von verschiedenen Personen öfters modifiziert wurden, z.B. um die Performance zu verbessern oder Funktionen zu ergänzen, und die verwendeten Bezeichner die logischen Programmstrukturen nicht mehr korrekt widerspiegeln bzw. kein sachlicher Zusammenhang zwischen den Bezeichnern und der Programmlogik besteht [vgl. Ortner 91, S. 272].

8.2.4   Ableiten von CIM-Schnittstellen

Unabhängig davon, ob man CIM-Anwendungen auf der Basis von Standard-Softwarelösungen oder durch Individualprogrammierung realisiert, stellen die logischen Schnittstellen zwischen den verschiedenen Applikationen eine wesentliche Grundlage des Integrationskonzepts dar [vgl. auch Brenig 90]. Aus einem CIM-Referenzmodell lassen sich wertvolle Anhaltspunkte zum Realisieren entsprechender Schnittstellen gewinnen. Dabei ist ein stufenweises Vorgehen notwendig.

1) Zunächst ist zu identifizieren, wo überhaupt Schnittstellen auftreten. Hier kann nach internen Schnittstellen unterschieden werden, die einzelne CIM-Anwendungen verbinden, und externen Schnittstellen, welche Integrationsbeziehungen zu Objekten außerhalb des CIM-Konzepts klarlegen. Letztgenannte gehen aus dem Kontextdiagramm des CIM-Modells hervor. Aus jeder Datenflußbeziehung zu einem externen Partner (*External Agent*) resultiert eine entsprechende externe Schnittstelle. Grundlage für das Erkennen interner Schnittstellen ist das Datenflußmodell, welches die Datenflüsse zwischen den einzelnen CIM-Bausteine offenlegt. Jeder Datenfluß, der zwei Bausteine verbindet, entspricht einer internen Schnittstelle.

2) Im zweiten Schritt sind die Entity Relationship-Modelle der Datenflüsse zu analysieren. Diese Sichten enthalten die Informationen über die an den Schnittstellen zu übertragenden Daten (Entities) und deren Beziehungen.

3) Den höchsten Informationsgrad bezüglich der logischen Gestaltung der CIM-Schnittstellen erhält man durch die Analyse der Attribute, welche die "Schnittstellenentities" näher beschreiben. Diese Attributbeschrei-

bungen lassen sich beispielsweise um Formatierungsmerkmale, z.B. die Feldlänge, ergänzen. Daraus können dann Transaktionsprotokolle oder Datensatzformate für einen automatisierten Datenaustausch abgeleitet werden [vgl. u.a. Heidrich 92].

Bild 8.2.4/1 skizziert das Vorgehen zum Ableiten von Schnittstellen aus den CIM-Referenzmodellen.

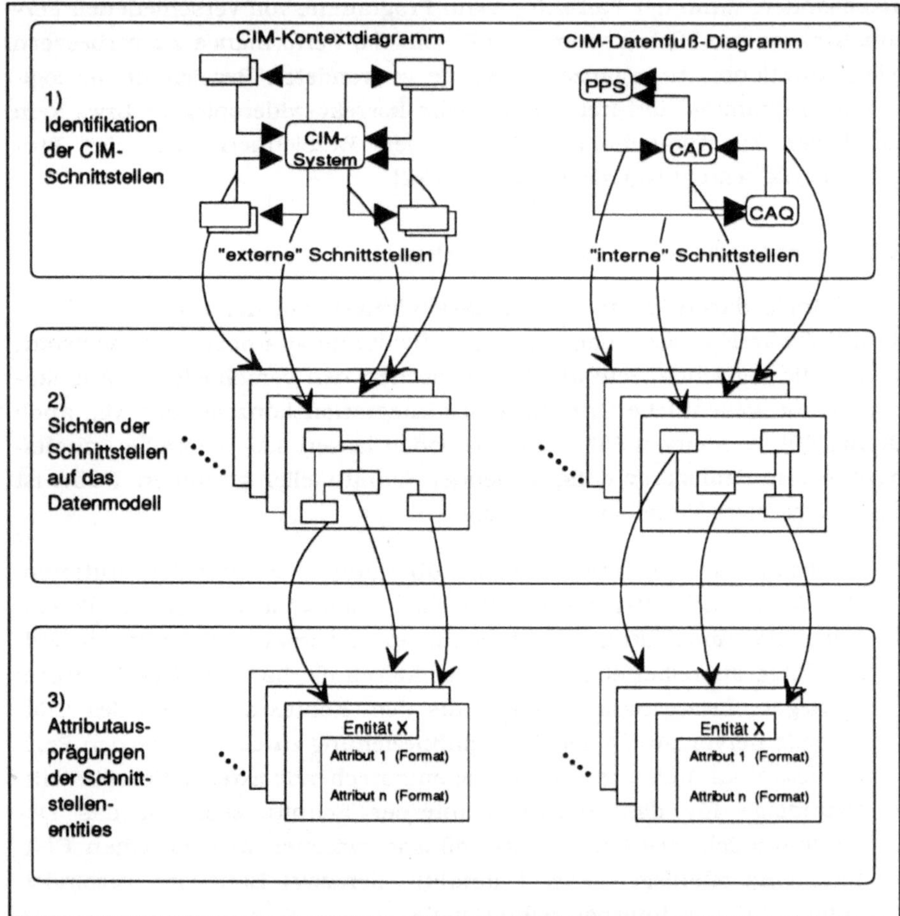

Bild 8.2.4/1:   Stufenkonzept zum Ableiten von Schnittstellen aus Refe-
                  renzmodellen

8.2.5   Pflichtenheft für CIM-Anwendungen

Ein vorliegendes CIM-Modell kann das Erstellen eines Pflichtenheftes beschleunigen. Beispielsweise geht aus dem hierarchischen Funktionsmodell, speziell den Elementarfunktionen, die grundsätzlich notwendige

Funktionalität einer Anwendung bereits hervor. Somit lassen sich die funktionellen Anforderungen an eine CIM-Anwendung sehr rasch ableiten. Darüber hinaus ist es denkbar, das CIM-Referenzmodell (oder Teile davon) selbst als Pflichtenheft einzusetzen, um so Anforderungen an Standardsysteme oder Eigenentwicklungen transparenter abzubilden. Diese modellbasierten Pflichtenhefte können einfache Checklisten, wie man sie üblicherweise zur Anforderungsbeschreibung verwendet, ergänzen. Auf diesem Wege lassen sich u.a. speziellere, Integrationsaspekte betreffende Leistungsmerkmale einer gewünschten CIM-Applikation transparenter spezifizieren. So kann man beispielsweise das Kontextdiagramm auch als Anforderungsbeschreibung der von einer Anwendung zu unterstützenden Schnittstellen interpretieren. Im Rahmen des Einsatzes von Standardsoftware können solche Modelle vor allem dann als Pflichtenheft eingesetzt werden, wenn entsprechende Systembeschreibungen auch für CIM-Standardapplikationen verfügbar sind (s.u.).

8.2.6 Dokumentation von CIM-Systemen

Aufgrund neuer oder geänderter Anforderungen an die DV-Unterstützung in den CIM-Bereichen sind im Zeitablauf Modifikationsmaßnahmen an den entsprechenden DV-Systemen erforderlich. Beispielsweise kann es notwendig werden, Einzelfunktionen eines CAQ-Systems zu ergänzen, eine zentrale Produktionssteuerung mittels eines PPS-Systems durch ein dezentrales, werkstattnahes Steuerungskonzept auf der Basis von Leitständen zu ersetzen oder flexiblere Möglichkeiten für die Variation von Arbeitsplänen zu schaffen [vgl. Franke 93, S. 19].

Eine wesentliche Voraussetzung zum Reduzieren des Aufwands derartiger Modifikationen ist eine aussagekräftige Dokumentation der Anwendung. Hier erschließt sich ein weiteres Einsatzfeld für die CASE-basierten CIM-Modelle. Diese beschreiben nicht nur Anforderungen an CIM-Bausteine, sondern sie dienen auf konzeptioneller Ebene gleichzeitig der Dokumentation einer realisierten CIM-Applikation [vgl. Bieberstein 91]. Einen wesentlichen Vorteil bietet dabei die Einheitlichkeit der Dokumentation [vgl. u.a. Becker 93, S. 13]. Sämtliche Anwendungsbeschreibungen sind nach demselben Schema aufgebaut und verfügen über die gleichen Darstellungsformen, unabhängig von welcher Person sie erstellt wurden.

Voraussetzung hierfür ist jedoch, daß das Modell auch tatsächlich das eingesetzte System beschreibt. Nutzt man bei Eigenentwicklungen auch die Design- und Codierungswerkzeuge (vgl. 8.2.2), ist dies gegeben. Jedoch kann bei einer zugekauften CIM-Applikation beispielsweise die Funktionsstruktur von der Struktur des unternehmensspezifischen CIM-Modells abweichen. Damit letzteres die real eingesetzte Anwendung auch wirklich dokumentiert, müssen die Abweichungen auf Modellebene "nachgezogen" werden, d.h. das Modell wäre entsprechend der funktionellen Struktur der zugekauften Anwendung zu modifizieren.

Dadurch entsteht zunächst einmal ein gewisser Modellierungsaufwand, dessen Nutzen nicht unmittelbar erkennbar ist. Es sollte jedoch bedacht werden, daß eine saubere CASE-basierte Dokumentation bei Anwendungsmodifikationen eine hohe Transparenz hinsichtlich

- der funktionellen Eingliederung neuer oder geänderter Einzelfunktionen in das CIM-Gesamtsystem,
- der datenorientierten Abstimmung mit dem CIM-Datenmodell sowie
- der integrativen Verknüpfung innerhalb eines CIM-Bereichs, zu weiteren CIM-Bausteinen und zu anderen Unternehmensbereichen

gewährleistet. Die relevanten Ansatzpunkte für Maintenancemaßnahmen können schneller lokalisiert werden. Diese Vorteile vereinfachen die Wartung und Pflege während des betrieblichen Einsatzes der CIM-Applikationen, wodurch sich der ggf. notwendige Mehraufwand für die Modellierung rechtfertigen läßt.

8.2.7 Schulung von CIM-Anwendern

Die Mitarbeiter eines Unternehmens sind sowohl Anwender von CIM-Applikationen als auch selbst integraler Bestandteil des CIM-Konzepts. Um eine möglichst hohe Akzeptanz der Mitarbeiter zu erlangen, sind entsprechende Schulungsmaßnahmen notwendig. Zum einen sind Kenntnisse hinsichtlich der Funktionalität und Bedienung einzelner Systemkomponenten zu vermitteln. Zum anderen müssen die integralen Zusammenhänge einer CIM-Lösung den Mitarbeitern transparent gemacht werden.

Während die Bedienungsaspekte traditionell bei jedem neu einzuführenden DV-System zu erlernen sind, ist die Notwendigkeit von anwendungsübergreifendem Know-how CIM-charakteristisch. Demgemäß sind spezifischere, auf die Integrationsaspekte ausgerichtete Schulungskonzepte erforderlich. Hier ergeben sich in zweierlei Hinsicht tutorielle Einsatzfelder für das CIM-Planungstool.

1) Teilbereiche des im siebten Kapitel vorgestellten hypertextbasierten Beratungssystems beinhalten grundlegende Informationen zu der Idee von CIM und den Komponenten eines CIM-Systems. Diese Hypertext-Dokumente können gewissermaßen auch als eine "Einführung in CIM" betrachtet werden und sind somit von generellem Interesse für alle CIM-Anwender. Es ist denkbar, diesen Personen die Einführung als

"Online-Tutorial" zu präsentieren. Jeder betroffene Mitarbeiter wäre dann in der Lage, die hinterlegten CIM-Kenntnisse zu erlangen. Dieses stellt insbesondere im Vorfeld einer CIM-Realisierung einen mit wenig Aufwand verbundenen Weg zum Vermitteln von allgemeinem CIM-Wissen dar.

2) Tiefere Einblicke in die unternehmensspezifische Ausprägung des CIM-Systems ermöglicht das CASE-basierte CIM-Modell. Anhand der Funktionshierarchie beispielsweise kann ein Anwender den gesamten Funktionsumfang überschauen und den Aufgabenbereich lokalisieren, für den er zuständig ist. Mittels der Datenflußdiagramme lassen sich die Informationsbeziehungen zu vorgelagerten und nachfolgenden Funktionen abbilden. Sofern das logische CIM-Modell mit einem Organisationsmodell (vgl. 6.2.2.2.1) verknüpft wird, ergibt sich die Möglichkeit, auch die Stellen, welche die Funktionen ausüben, zu identifizieren.

Das CASE-Tool gestattet es dem Anwender, sich sehr flexibel durch das CIM-Modell zu bewegen. Er kann dabei fließend zwischen unterschiedlichen Daten-, Funktions-, Datenfluß- oder auch Organisationssichten wechseln und auf unterschiedlichen Aggregationsebenen navigieren [vgl. Nüttgens 93, S. 25]. Zu jedem Informationsobjekt lassen sich erläuternde Definitionen und Kommentartexte anzeigen. Dieses ermöglicht die selektive Präsentation der für den Anwender relevanten CIM-Informationen.

8.2.8   Serviceleistung von Interessensverbänden

Oftmals sind Fertigungsunternehmen in Interessensvertretungen, z.B. Branchenverbänden, zusammengeschlossen. Für derartige Institutionen könnte man sich vorstellen, daß sie gewissermaßen als Dienstleistung das hybride CIM-Planungstool für die Mitgliedsunternehmen bereithalten. An einer CIM-Realisierung interessierte Firmen können nach Anwendung der Intelligenten Checkliste auf die "CIM-Referenzmodellbank" zugreifen und relevante CIM-Referenzmodelle selektieren.

Die Modellbank läßt sich beliebig erweitern, indem man die betriebsspezifisch modifizierten Referenzmodelle als "Beispiellösung" der zentral verwalteten Modellbank zuführt. Mit Hilfe von Deskriptoren werden die spezielleren Rahmenbedingungen, die in das modifizierte Modell eingeflossen sind, beschrieben. Unternehmen mit ähnlichen Implementierungsvoraussetzungen für ein CIM-Konzept können dann für ihre Planung auf die detaillierteren Beispiellösungen zurückgreifen.

Darüber hinaus lassen sich die CIM-Referenzmodelle sowie der Fragenkatalog der IC im Zeitablauf verfeinern. Dazu analysiert man die Beispiellösungen und stellt fest, inwieweit neu hinzugenommene Funktionen, Daten oder Informationsbeziehungen einen allgemeingültigen Charakter besitzen, der beim ursprünglichen Entwurf des Referenzmodells nicht als solcher angesehen wurde. Durch den sukzessiven Ausbau der Referenzmodelle sowie der Intelligenten Checkliste können zukünftige CIM-Planungsprojekte besser unterstützt werden.

Der skizzierte Ansatz wird jedoch dann auf Grenzen stoßen, wenn ein modifiziertes Modell firmenspezifische Lösungen mit strategischem Charakter enthält. Dies können z.B. spezielle PPS-Algorithmen mit einer hohen Planungsgenauigkeit sein, die eine geringere Lagerhaltung ermöglichen. Um sich den damit evtl. verbundenen Wettbewerbsvorteil möglichst lange zu sichern, wird ein Unternehmen bestrebt sein, die entsprechenden Modellkomponenten "unter Verschluß" zu halten.

8.3 Einsatzfelder für Anbieter von CIM-Komponenten

Die Gruppe der Anbieter von CIM-Komponenten umfaßt Unternehmen, die CIM-Software-Pakete oder Software in Kombination mit Hardware, z.B. Lagersysteme einschließlich der entsprechenden Lagerverwaltungs- und -steuerungssoftware, anbieten.

8.3.1 Kundenindividuelle Spezifikation von CIM-Bausteinen

In Praxisfällen, bei denen CIM-Realisierungen auf der Basis von Standardsoftware erfolgen, wird häufig bemängelt, daß die Funktionalität des angebotenen CIM-Bausteins die betrieblichen Anforderungen nicht angemessen unterstützt. Dabei können sowohl Unterdeckungen, d.h. vom Anwender gewünschte Funktionen sind nicht vorhanden, als auch Überdeckungen, d.h. vorhandene Optionen der Standardsoftware werden vom Anwender nicht benötigt, auftreten. Letzteres führt beispielsweise bei PPS-Systemen dazu, daß die Anwendungen unnötig komplex und teuer sind und der Käufer gezwungen ist, nicht benötigte Funktionen mitzukaufen [vgl. u.a. Vorspel-Rüter 90, S. 87].

CIM-Software-Anbieter versuchen, diese Problematik durch einen modularen Systemaufbau einzugrenzen [vgl. u.a. Siepe 91, S. 21]. Ist diese Modularisierung jedoch zu "grob", resultiert daraus für den Anwender keine wesentliche Verbesserung. Darüber hinaus besteht bei modularen Systemen oftmals nur die Alternative, ob das Modul eingesetzt wird oder ob nicht. Aus Anwendersicht wären methodische Alternativen, etwa die

Wahlmöglichkeit zwischen verschiedenen Terminierungsverfahren für die Produktionsplanung, wünschenswert [vgl. auch Heubach 89, S. 90].

Der CIM-Planungsansatz birgt für Anbieter, z.B. eines PPS-Systems, Möglichkeiten, das eigene Produkt flexibel zu "customizen", d.h. den kundenspezifischen Anforderungen anzupassen. Dazu wird die Idee der CIM-Modellbank (vgl. 8.2.8) beibehalten, jedoch das Modellierungsobjekt eingegrenzt. In den Enzyklopädien des CASE-Tools hinterlegt man dann anstatt betriebstypenspezifischer CIM-Bereichsmodelle unterschiedliche Modelle für die verschiedenen PPS-Module [vgl. Kühle 92, S. 189]. Diese Modelle dokumentieren lauffähige PPS-Module des Anbieters.

Die Anforderungen eines Kunden an seine PPS-Lösung werden durch einen auf den Produktionsplanungs- und -steuerungsbereich reduzierten Analyseumfang der IC ermittelt. Je nachdem, welche Ergebnisse die IC ausgibt, d.h. welche Anforderungen an das PPS-System zu stellen sind, greift man auf die geeigneten Modulmodelle zu, stimmt sie aufeinander ab und fügt sie zu einer individuellen Anwendung zusammen [vgl. Schmidhäusler 90, S. 47]. Diese Schritte sind vom Prinzip her ähnlich dem Vorgehen beim Zusammenfassen von verschiedenen CIM-Bereichsmodellen. Ein Unterschied besteht darin, daß die betriebsspezifische Konfiguration des gewünschten CIM-Systems nicht nur auf Modellebene erfolgt, sondern auch auf der Ebene des ablauffähigen Programmcodes zu vollziehen ist. Das Modell gibt hierzu die entsprechenden Vorgaben. Bild 8.3.1/1 skizziert das Schema der kundenindividuellen Konfiguration von PPS-Lösungen.

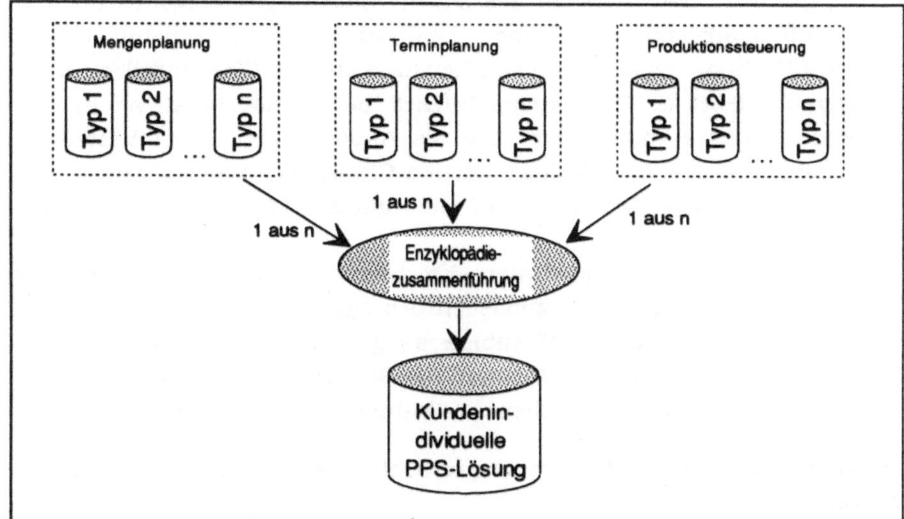

Bild 8.3.1/1:   Schema der kundenindividuellen Konfiguration von PPS-Lösungen

Sofern über die individuelle Zusammenstellung von PPS-Modulen hinaus kundenspezifische Systemmodifikationen notwendig sind, können sie zusammen mit dem Kunden direkt an den Modellen vorgenommen werden. Die dadurch erforderlichen Änderungen im Programmcode lassen sich anhand des Modells präziser und unmißverständlicher spezifizieren als dies etwa bei textuellen Formulierungen der Fall ist. Es ist zu vermuten, daß der Modifikationsaufwand sowie die Modifikationsrisiken (die Gefahr, Kundenwünsche nicht adäquat umzusetzen) geringer werden. Zudem ergeben sich dadurch auch Ansätze, die Wartung kundenspezifischer Applikationen einfacher zu gestalten.

8.3.2   "Value Added"-Service für CIM-Bausteine

Die CIM-Anbieter können die Funktions- und Datenmodelle ihrer Applikationen den Kunden als Zusatzleistung zur Verfügung stellen. Dieses Vorgehen weist für beide Seiten verschiedene Vorteile auf:

- Die Anwendungsmodelle lassen sich als zusätzliches Verkaufsargument nutzen, da sie einen Mehrwert gegenüber Systemen ohne entsprechendes Modell aufweisen. Dadurch können Investitionsentscheidungen des Käufers positiv beeinflußt werden, sofern der Kunde zwischen sonst sehr ähnlichen Produkten entscheiden muß.

- Durch ein dem Kunden zur Verfügung gestelltes CIM-Anwendungsmodell läßt sich ggf. auch eine langfristige Bindung des Kunden zum Anbieter erzielen oder verstärken. Nimmt man an, daß der Käufer seine CIM-Lösung modellbasiert plant, dann wird sich sein unternehmensspezifisches CIM-Modell an das Daten- und Funktionsmodell der zugekauften Anwendung anlehnen. Beabsichtigt das Unternehmen, weitere CIM-Komponenten zu erwerben und in das CIM-Modell zu integrieren, fließt die Integrationsfähigkeit eines CIM-Bausteins in das Beschaffungskalkül mit ein. Um als Anbieter hier einen Vorteil zu erzielen, müssen für alle angebotenen CIM-Anwendungen Daten- und Funktionsmodelle verfügbar und auch auf der Modellebene "kompatibel" sein.

- Für einen CIM-Planer im Unternehmen vereinfacht sich der Vergleich von Daten- und Funktionsmodellen des eigenen CIM-Konzepts gegenüber dem Modell eines CIM-Anbieters [vgl. Scheer 90, S. 27]. Dadurch erleichtert sich auch das Einbetten der Standardsoftware in den unternehmensindividuell vorgegebenen CIM-Integrationsrahmen.

Dieser Einsatzbereich ist allerdings verschiedenen Einschränkungen unterworfen:

- Es wird vorausgesetzt, daß Anwender und Anbieter identische oder zumindest kompatible Modellierungswerkzeuge einsetzen. Entsprechende

Standards für einen reibungslosen Datenaustausch zwischen CASE-Tools entwickeln sich jedoch erst allmählich [vgl. Chen 93].

- Bei Abweichungen im Detaillierungsgrad der Modelle, in der zugrunde-liegenden Terminologie, in den angewandten Methoden oder den Prinzipien der Modellierung ist die Vergleichbarkeit verschiedener Modelle schwierig.

- CIM-Anbieter werden nur begrenztes Interesse daran haben, die Daten- und Funktionsstrukturen ihrer Anwendungen derart transparent zu machen, wie es für eine sinnvolle Gegenüberstellung mit den Unternehmensmodellen notwendig ist.

8.3.3 Referenzmodelle als eigenständige Produkte

Daten- und Funktionsmodelle lassen sich in Verbindung mit den entsprechenden Modellierungswerkzeugen auch als eigenständige Produkte vertreiben. Beispielsweise wurde das unternehmensweite Datenbankschema nach Scheer toolgestützt modelliert und wird zum Kauf angeboten [O.V. 91, S. 76]. Über die CIM-Modelle hinausgehend ergeben sich auch Möglichkeiten, Modellierungsdienstleistungen zu verkaufen, um einen Kunden beim Abgleich seines CIM-Modells mit dem Produktmodell zu beraten.

8.4 Hemmnisse des Tooleinsatzes

Grundsätzlich kann man festhalten, daß die erläuterten Einsatzfelder verschiedene Möglichkeiten aufzeigen, die CIM-Realisierung methodisch und inhaltlich zu verbessern. Insbesondere die Einbindung von Alt-Systemen sowie der kombinierte Einsatz von CIM-Standardsoftware und Eigenentwicklungen lassen sich systematischer vorantreiben. Um jedoch eine realistische Bewertung der Einsatzchancen der rechnergestützten Hilfsmittel für die CIM-Planung zu erzielen, darf man die einschränkenden Hemmnisse nicht außer Betracht lassen. Versucht man, diese Hemmnisse zu systematisieren, lassen sich im wesentlichen vier Gruppen unterscheiden: methodische Aspekte, tooltechnische Voraussetzungen, personelle Qualifikationen sowie die Verfügbarkeit von Daten-/Funktionsmodellen auch für CIM-Standardapplikationen.

8.4.1 Methodische Aspekte der CIM-Referenzmodelle

Die in dieser Arbeit dargestellten CIM-Referenzmodelle basieren auf bewährten Software Engineering-Methoden zur Daten- und Funktionsmodellierung. Diese Methoden haben ihren Ursprung vor allem in betriebswirtschaftlich orientierten Anwendungen. Wie im sechsten Kapitel gezeigt wurde, lassen sich damit auch die logisch-konzeptionellen Strukturen von

CAx-Applikationen abbilden. Jedoch können mit diesen Methoden nicht alle Anforderungen aus technischer Sicht, z.B. hinsichtlich der Verarbeitung von Geometriedaten in einem CAD- oder CAP-System oder der Echtzeitverarbeitung im Rahmen der (Fertigungs-)Prozeßsteuerung, ausreichend dargestellt werden. Notwendig sind somit Modellierungsmethoden, mit denen sich alle CIM-relevanten Aspekte abbilden lassen. Hansen u.a. [Hansen 93] stellen einen in diese Richtung gehenden methodischen Ansatz vor, der es erlauben soll, unterschiedliche Software Engineering-Methoden in ein einheitliches Konzept zu überführen.

8.4.2   Tooltechnische Voraussetzungen

Möchte man, wie in 8.2.2 skizziert, aus den modifizierten CIM-Referenzmodellen mit Hilfe integrierter CASE-Werkzeuge ablauffähige CIM-Applikationen entwickeln, ist folgendes zu beachten. Da CASE-Tools Software Engineering-Methoden DV-technisch unterstützen, gelten für die Verwendbarkeit der erzielbaren Ergebnisse entsprechende Einschränkungen, d.h. I-CASE-Werkzeuge wie ADW zielen primär auf das Entwickeln von betriebswirtschaftlich orientierten Anwendungen. Im speziellen Falle von ADW sind zur Zeit leistungsfähige Generatoren im wesentlichen nur für die Programmiersprache COBOL sowie für das Datenbanksystem DB2 verfügbar. COBOL beispielsweise ist jedoch nicht für CIM-Lösungen im technischen Bereich geeignet. Zum gegenwärtigen Zeitpunkt sind aber nur vereinzelt Entwicklungsumgebungen bekannt, die Design und Codierung sowohl für betriebswirtschaftliche als auch für technische Anwendungen unterstützen. Die mangelnde Funktionalität von CASE-Werkzeugen ist nach einer 1992 durchgeführten Umfrage bei Forschungseinrichtungen, Softwarehäusern sowie Unternehmen, die sich mit der Entwicklung von CIM-Systemen beschäftigen, die häufigste Ursache für deren Nichteinsatz in diesem Bereich [vgl. Lüth 93, S. 57].

Jedoch ist damit zu rechnen, daß neuere CASE-Entwicklungen über zunehmend flexiblere Möglichkeiten verfügen werden, um Informationssysteme zu beschreiben und Programmcode auch in verschiedenen Sprachen zu generieren [vgl. u.a. Ricciuti 93, S. 73]. Diese Prognose ist auch unter dem Aspekt zu sehen, daß zukünftig durch leistungsfähige Hardwarearchitekturen mit immer besserem Preis-Leistungs-Verhältnis hinsichtlich Verarbeitungsgeschwindigkeit und Speicherplatz die Performancegesichtspunkte (automatisch generierte Anwendungen weisen gegenüber manuell erstellten Applikationen i.d.R. eine schlechtere Performance und/oder Speicherplatzausnutzung auf) von nachrangiger Bedeutung sein werden.

8.4.3 Personelle Qualifikationen

Die modellbasierte Realisierung von CIM-Lösungen, wie sie durch das CIM-Planungstool unterstützt wird, setzt Fachkräfte voraus, die
- über Kenntnisse in den Software Engineering-Methoden, die den Modellen zugrunde liegen, verfügen [vgl. Brüggemann 92],
- Fähigkeiten in der Nutzung von CASE-Werkzeugen aufweisen sowie
- die integrativen Verknüpfungen von umfassenden CIM-Lösungen analysieren und toolgestützt modellieren können.

Angesichts der zunehmenden Popularität z.B. der Entwicklung von unternehmensweiten Datenmodellen sowie der wachsenden Verbreitung von CASE-Werkzeugen, um Anwendungssysteme strukturiert zu entwickeln [vgl. u.a. Bachmann 92; Aschmann 91], ist zu vermuten, daß entsprechende Ausbildungskonzepte in den betrieblichen und staatlichen (Weiter-)Bildungseinrichtungen ebenfalls einen breiteren Raum finden werden.

8.4.4 Verfügbarkeit von Modellen für CIM-Anwendungssysteme

Wesentliche Einsatzfelder, die in diesem Kapitel vorgestellt wurden, lassen sich erst dann umfassend erschließen, wenn Daten- und Funktionsmodelle auch für CIM-Standardapplikationen verfügbar sind. Wenngleich dies zum gegenwärtigen Zeitpunkt noch nicht der Fall ist, weisen aktuelle Entwicklungen in diese Richtung. Beispielsweise arbeitet man bei IBM an entsprechenden Modellen für das PPS-System CIMAPPS [vgl. Eckert 91]. Die Firma SAP legt die Funktions- und Datenmodelle der R/3-Software ihren Kunden offen [vgl. u.a. O.V. 92c, S. 2]. Hewlett Packard verfolgt mit dem Konzept OPEN CAM das Ziel, den Anwendern eine einheitliche Architektur für die Integration von CAx-Systemen bereitzustellen [vgl. u.a. Pocsay 93, Scheer 93].

8.5 Literatur zu Kapitel 8

Aschmann 91   Aschmann, M., Systematische Anwendungsentwicklung mit Hilfe eines CASE-Tools, in: Rau, K.H. und Stickel, E. (Hrsg.), Software Engineering, Wiesbaden 1991.

Bachmann 92   Bachmann, R., Gerstmair-Weggen, A. und Hannemann, U., Auftragsabwicklung bei der Thyssen Edelstahlwerke AG mit dem CASE-Tool-IEF, IST 2 (1992) 3, S. 24 - 29.

Becker 93   Becker, H., Die SW-Entwicklung verlangt ein standardisiertes Vorgehen, Computerwoche 20 (1993) 9, S. 13 - 16.

Bieberstein 91 Bieberstein, N.K.M., Bilder sagen mehr als viele Statements, Computerwoche Focus o.Jg. (1991) 3, S. 37 - 39.

Brenig 90   Brenig, H., Informationsflußbezogene Schnittstellen bei industriellen Produktionsprozessen, Information Management 5 (1990) 1, S. 28 - 39.

Brüggemann 92   Brüggemann, P., CASE: Der Einsatz von Tools ist nach wie vor sehr sinnvoll, Computerwoche 19 (1992) 30, S. 12.

Chen 93   Chen, M., CASE Data Interchange Format (CDIF) Standards: Introduction and Evaluation, Proceedings of the Twenty-Sixth Annual Hawaii International Conference on Systems Science 1993, Vol. III, S. 31 -39.

Duckwitz 90   Duckwitz, S., Werkzeuge zur Restrukturierung und Nachdokumentation von COBOL-Programmen, in: Thurner, R. (Hrsg.), Reengineering - Ein integrales Wartungskonzept zum Schutz von Software-Investitionen, Halbergmoos 1990, S. 137 - 154.

Eckert 91   Eckert, H., CIM-Unternehmensmodellierung mit ADW, I.T.-News o. Jg. (1991) 4 (Firmenzeitschrift der Ernst & Young CASE-Service), S. 7 - 9.

Eicker 92   Eicker, S., Kurbel, K., Pietsch, W. und Rautenstrauch, C., Einbindung von Software-Altlasten durch integrationsorientiertes Reengineering, Wirtschaftsinformatik 34 (1992) 2, S. 137 - 145.

Endl 92a   Endl, R. und Fritz, B., Standardsoftware läßt sich sinnvoll in UDM integrieren, Computerwoche 19 (1992) 44, S. 47 - 51.

Endl 92b   Endl, R. und Fritz, B., Integration von Standardsoftware in das unternehmensweite Datenmodell, Information Management 7 (1992) 3, S. 38 - 44.

Franke 93   Franke, J. und Thum, R., Analyse und Optimierung des Änderungsdienstes, ZwF 88 (1993) 1, S. 17 - 19.

Hansen 93   Hansen, R., Mühlbacher, R. und Neumann, G., Begriffsbasierte Integration von Systemanalysemethoden, Heidelberg 1993.

Hars 90   Hars, A., EDV-gestützte Datenstrukturierung, in: Scheer, A.W. (Hrsg.), CIM im Mittelstand, Berlin u.a. 1990, S. 115 - 133.

Heeg 91   Heeg, F.J., CASE und CIM - Vorgehensweise zur Gestaltung und Einführung aufgaben- und nutzergerechter CIM-Systeme, in: Westkämper, E. (Hrsg.), CIM: Strategien, Konzepte und Systeme zur Gestaltung der Produktion, ONLINE 91, 14. Europäische Kongressmesse für Technische Kommunikation, Hamburg 1991, VIII/02.

Heidrich 92   Heidrich, R. und Ohnemus, T., Schnittstellenformat für CAD-Normteile im Umfeld relationaler Datenbanken, VDI-Z 134 (1992) 3, S. 56 - 60.

Heubach 89   Heubach, H. und Kruppke, H., Probleme der Einführung einer geschlossenen Logisitk-Kette bei stark heterogenen Fertigungsstrukturen, in: Scheer, A.W. (Hrsg.), CIM im Mittelstand, Berlin u.a. 1989, S. 79 - 95.

Isenberg 91   Isenberg, R., Anwendererfahrungen beim Einsatz eines wissensbasierten CIM-Modelles zur Analyse und Design von CIM-Organisationen, in: Nedeß, Ch. (Hrsg.), CIM-Anwendungen: Erfahrungen und Perspektiven, ONLINE 91, 14. Europäische Kongressmesse für Technische Kommunikation, Hamburg 1991, VII/03.

Ihme 91   Ihme, J., Relationale Datenbanken in CIM-Architekturen, in: Westkämper, E. (Hrsg.), CIM: Strategien, Konzepte und Systeme zur Gestaltung der Produktion, ONLINE 91, 14. Europäische Kongressmesse für Technische Kommunikation, Hamburg 1991, VIII/09.

Kemper 85   Kemper, A., CAM Databases: Requirements and Survey, Interner Bericht der Universität Karlsruhe Fakultät für Informatik, Karlsruhe 1985.

Krallmann 92   Krallmann, H. und Wöhrle, G., Marktübersicht CARE-Tools, Wirtschaftsinformatik 34 (1992) 2, S. 181 - 189.

Kühle 92   Kühle, F., Wunschtraum Wissensingenieur statt Alptraum Wartungsingenieur, Informationstechnik it 34 (1992) 3, S. 188 - 192.

Lüth 93   Lüth, T. und Mackay, R., Einsatz von CASE-Tools bei der Erstellung von CIM-Systemen, Informationstechnik und Technische Informatik 35 (1993) 1, S. 55 - 59.

Maiden 92   Maiden, R. und Sutcliffe, A.G., Exploiting Reusable Specifications Through Analogy, Communications of the ACM 35 (1992) 4, S. 55 - 64.

Mistelbauer 89   Mistelbauer, H., Datenstrukturanalyse in der Systementwicklung, in: Müller-Ettrich, G. (Hrsg.), Effektives Datendesign, Köln 1989, S. 109 - 160.

McCabe 92   McCabe, T.J. und Williamson, E.S., Tips on Reengineering Redundant Software, Datamation 38 (1992) 8, S. 71 - 74..

Nüttgens 93   Nüttgens, M. und Scheer, A.W., ARIS-Navigator, Information Management 8 (1993) 1, S. 20 - 25.

Ortner 91   Ortner, E., Unternehmensweite Datenmodellierung als Basis für integrierte Informationsverarbeitung in Wirtschaft und Verwaltung, Wirtschaftsinformatik 33 (1991) 4, S. 269 - 280.

O.V. 91   O.V., Nachrichten vom CIM-Markt, CIM Management 7 (1991) 6, S. 76.

O.V. 92a   O.V., Auch mit Re-Engineering-Tools möbelt die IBM ihr AD/Cycle auf, Computerwoche 19 (1992) 30, S. 11.

O.V. 92b   O.V., Tools zum Reengineering, Online o. Jg. (1992) 9, S. 41.

O.V. 92c   O.V., Mehrplattformenkonzept R/3 bringt SAP auf Distanz zur IBM, Computerwoche 19 (1992) 9, S. 1 - 2.

Pocsay 93   Pocsay, A. und Eichacker, S., Ein einheitliches Fundament für integrierte CAx-Systeme, Computerwoche 20 (1993) 1/2, S. 32 - 33.

Pingel 93   Pingel, D., CASE-Einführung Strategie und Konzept, Vortragsunterlagen zur ADW-Benutzerkonferenz, Hamburg 1993.

Reindl 91   Reindl, R., Re-Engineering des Datenmodells, Wirtschaftsinformatik 33 (1991) 4, S. 281 - 288.

Ricciuti 93   Ricciuti, M., Knowledge Ware Revs Up Its OS/2 CASE Tools, Datamation 19 (1993) 2, S. 73 - 76.

Richter 92   Richter, L., Wiederbenutzbarkeit und Restrukturierung oder Reuse, Reengineering und Reverse Engineering, Wirtschaftsinformatik 34 (1992) 2, S. 127 - 136.

Samadar 92   Samadar, S. und Rai, A., Data Magement for Integrated Manufacturing Systems, 1992 Proceedings Decision Sciences Institute, 1992 Annual Meeting San Francisco, Volume 2, S. 1176 - 1178.

Scheer 90   Scheer, A.W., Unternehmensdatenmodell, IBM Nachrichten 40 (1990) 302, S. 22 - 28.

Scheer 93   Scheer, A.W., Hoffman, W. und Wein, R., HP OPenCAM - Offene
                  Strukturen mit der ARIS-Architektur, CIM Management 9 (1993)
                  2, S. 52 - 55.
Schmid-   Schmidhäusler, F.J., Anwendungsentwicklung für die Fertigung,
häusler 90   Computer Magazin 19 (1990) 12, S. 44 - 48.
Siepe 91   Siepe, K., Einführung eines PPS-Systems bei einem mittleren
                  Unternehmen der Zulieferindustrie, Information Management 6
                  (1991) 3, S. 20 - 26.
Vetter 90   Vetter, M., Datenorientierte Anwendungsentwicklung, HMD 27
                  (1990) 152, S. 43 - 54.
Vorspel-Rüter 90 Vorspel-Rüter, F., Datenqualität - Achillesferse der PPS, in:
                  Hackstein, R. (Hrsg.), Auswahl, Einführung und Überprüfung
                  von PPS-Systemen, Köln 1990, S. 79 - 93.
Zaleski 92   Zaleski, M., Reengineering - Zurück in die CASE-Zukunft, Online
                  o. Jg. (1992) 1-2, S. 38 - 41.

9 Resümee und Ausblick

9.1 Kritische Würdigung des hybriden CIM-Planungstools

Das Konzept und die prototypische Realisierung des in dieser Arbeit vorgestellten hybriden CIM-Planungstools zeichnen sich vor allem durch 1) den modularen Aufbau der Werkzeuge sowie 2) durch die durchgängige und umfassende DV-Unterstützung für die Aufgaben der CIM-Planung aus.

1) Durch den modularen Aufbau kann sichergestellt werden, daß das in den Hilfsmitteln implementierte CIM-Know-how flexibel gepflegt und inhaltliche Erweiterungen vorgenommen werden können. Somit lassen sich Erfahrungen, die in einzelnen CIM-Projekten gemacht werden, in den Planungshilfsmitteln speichern und für weitere Projekte nutzen.

2) Die umfassende DV-technische Unterstützung gestattet es, die einzelnen Aufgaben zum Entwickeln und Einführen von CIM-Konzepten sehr effizient und mit eindeutig definierten Methoden und Vorgehensweisen zu bewältigen. Die Durchgängigkeit der Werkzeuge ermöglicht es, das gesamte Aufgabenspektrum auf einer einheitlichen Informationsgrundlage abzuwickeln. Dieses erweist sich vor allem dann als vorteilhaft, wenn mehrere Personen an der CIM-Planung und -Einführung beteiligt sind.

Zu beachten ist, daß aus der Anwendung des CIM-Planungstools nur Empfehlungen zum Gestalten und Einführen von CIM-Lösungen resultieren können. Die Werkzeuge sollten nicht zum vollständigen Automatisieren von CIM-Entscheidungen verwendet werden. Auf hochqualifizierte Mitarbeiter oder Berater kann ein Unternehmen, das CIM-Lösungen einführen oder ergänzen will, deshalb nicht verzichten.

Dieses liegt zum einen daran, daß die Nutzung des CIM-Planungstools vom Anwender ein fundiertes Verständnis des CIM-Gedankens voraussetzt. Zum anderen lassen sich durch die Analysehilfsmittel der Intelligenten Checkliste nicht sämtliche unternehmensspezifischen Rahmenbedingungen, welche das betriebliche CIM-Konzept determinieren, erfassen. Wenngleich durch den betriebstypologischen Ansatz detaillierte Gestaltungsempfehlungen möglich sind, sind für den "Feinschliff" der CIM-Lösung Fachkräfte notwendig.

Das CIM-Planungstool stellt damit ein wirksames Werkzeug dar, wenn die einzelnen Hilfsmittel von Personen mit qualifiziertem CIM-Know-how genutzt werden.

9.2 Ansätze für Erweiterungen

Ansätze zum Erweitern des CIM-Planungstools gehen im wesentlichen in zwei Richtungen:

1) Die Wissensbasen der Intelligenten Checkliste sowie die Referenzmodelle können anhand von Testfällen, d.h. Praxisbeispielen, verifiziert und verfeinert werden. Daneben lassen sich weitere, bislang noch nicht oder nur unvollständig berücksichtigte Bereiche, z.B. der Vertrieb, ergänzen. Ebenso ist es möglich, in dem hypertextbasierten Beratungswerkzeug ergänzende Themenbereiche aufzunehmen.

2) Die zweite Richtung weist auf die Hinzunahme weiterer Hilfsmittel. Dabei ist vor allem an die Kopplung mit Produktdatenbanken für CIM-Anwendungen zu denken (vgl. Abschnitt 3.5). In einer Produktdatenbank werden die am Markt verfügbaren Standardanwendungen anhand von Leistungsmerkmalen charakterisiert. Mit solchen Hilfsmitteln könnte aus dem breiten Marktangebot an CIM-Standardsoftware eine Vorauswahl der für das betrachtete Unternehmen geeigneten Produkte getroffen werden. Dazu müssen die Leistungscharakteristika entsprechend den Anforderungen eines konkreten Unternehmens bewertet werden.

    Ein Teil der für die Auswahl von CIM-Standardanwendungen notwendigen Informationen wird bereits jetzt durch die Intelligente Checkliste erfaßt. Die darin enthaltenen Fragenkataloge müßten um weitere, auf die einzelnen Softwarebausteine zugeschnittene Anforderungskriterien ergänzt werden. Dabei wären u.a. auch systemtechnische Merkmale, z.B. vorhandene Hardwareplattformen, zu erfragen.

Abkürzungsverzeichnis

BDE	Betriebsdatenerfassung
BFuP	Betriebswirtschaftliche Forschung und Praxis
CAD	Computer Aided Design
CAE	Computer Aided Engineering
CAM	Computer Aided Manufacturing
CAP	Computer Aided Planning
CAQ	Computer Aided Quality Assurance
CASE	Computer Aided Software Engineering
CIM	Computer Integrated Manufacturing
CIM-KSA	CIM-Kommunikationsstrukturanalyse
CIMOSA	CIM Open System Architecture
CNC	Computerized Numeric Control
DLZ	Durchlaufzeit
DIN	Deutsche Industrienorm
DNC	Direkt Numeric Control
DV	Datenverarbeitung
EF	Einzelfaktor
E-F-I	Eigenschaft, Funktion und Integration
FB/IE	Fortschrittliche Betriebsführung/Industrial Engineering
HMD	Handbuch der modernen Datenverarbeitung
IC	Intelligente Checkliste
ICAM	Integrated Computer Aided Manufacturing
IDEF	ICAM Definitions
it	Informationstechnik
ist	Intelligente Software-Technologien
KB	Knowledge Base (Wissensbasis)
KEF	Kritische(r) Erfolgsfaktor(en)
NC	Numeric Control
O.V.	ohne Verfasser
PPS	Produktionsplanung und -steuerung
PRISMA	Planung rechnerintegrierter Informationssysteme im Anlagen- und Maschinenbau
PSB	Produktionssynchrone Beschaffung
RC	Robot Control
SADT	Structured Analysis and Design Technique
SYCAT	Systematische CIM-Analyse-Tools
UDM	Unternehmensweite(s) Datenmodell(ierung)
VDI-Z	Verein deutscher Ingenieure-Zeitschrift
WISU	Das Wirtschaftsstudium
zfo	Zeitschrift für Führung und Organisation
zfbf	Zeitschrift für betriebswirtschaftliche Forschung
ZwF	Zeitschrift für wirtschaftliche Fertigung